Linguistische
Arbeiten 126

Herausgegeben von Hans Altmann, Herbert E. Brekle, Hans Jürgen Heringer,
Christian Rohrer, Heinz Vater und Otmar Werner

Silben, Segmente, Akzente

Referate zur Wort-, Satz- und Versphonologie anläßlich der vierten Jahrestagung der Deutschen Gesellschaft für Sprachwissenschaft, Köln, 2.-4. März 1982

Herausgegeben von Theo Vennemann

Max Niemeyer Verlag
Tübingen 1982

CIP-Kurztitelaufnahme der Deutschen Bibliothek

Silben, Segmente, Akzente :
Referate zur Wort-, Satz- u. Versphonologie anlässl. d. 4. Jahrestagung d. Dt. Ges. für Sprachwiss., Köln, 2. – 4. März 1982 / hrsg. von Theo Vennemann. – Tübingen : Niemeyer, 1982.
(Linguistische Arbeiten ; 126)
NE: Vennemann, Theo [Hrsg.]; Deutsche Gesellschaft für Sprachwissenschaft; GT

ISBN 3-484-30126-0 ISSN 0344-6727

VORWORT

Anläßlich der vierten Jahrestagung der Deutschen Gesellschaft für Sprachwissenschaft, die vom 2. bis 4. März 1982 in Köln stattfand, wurde erstmals auch ein Symposium über Phonologie abgehalten. Ich habe es auf Einladung des Organisationskomitees eingerichtet und geleitet.

Die Vorträge und Diskussionen behandelten beinahe das gesamte Spektrum lauttheoretischer und -methodologischer Fragestellungen: Probleme der segmentalen, syllabischen, akzentuellen und intonatorischen Struktur von Wörtern und Sätzen (vor allem im Deutschen), der relativen Natürlichkeit phonologischer Regularitäten und ihres Verhältnisses zum Lautwandel, des Zusammenhangs von Akzent bzw. Intonation und Bedeutung, der systematischen Beziehungen zwischen dialektaler und hochsprachlicher Lautung, der angemessenen Formate phonologischer Beschreibung, der Argumentationsweisen in der Phonologie, der axiomatischen Grundlegung der Phonologie, der Simulation von Lautstrukturen mit dem Computer, der Verwendung des Computers als Hilfsmittel bei der Aufspürung phonologischer Regularitäten und bei der Aufdeckung lautlicher Strukturierungsmuster in poetischen Texten.

Vielfältig wie die behandelten Gebiete waren auch die theoretischen und methodologischen Ausgangspunkte. Dies wurde besonders deutlich bei Vorträgen, die sich mit ähnlichen oder überlappenden Problembereichen befaßten. Aber weder in den Vorträgen noch in den Diskussionen standen Darstellung oder Kritik von Hintergrundsannahmen im Zentrum, überall ging es in erster Linie um konstruktive und weiterführende Vorschläge.

Die elf Referate dieses Bandes präsentieren alle Vorträge des Symposiums und berücksichtigen einschlägige Diskussionsbeiträge. Ich danke meinen Mitautoren, daß sie meine knapp gesetzten Termine eingehalten, nur um ein Geringes verfehlt oder immerhin berücksichtigt haben. Wolfgang Kreitmair hat mir ein Gutteil der Aufgaben eines Herausgebers abgenommen, und Gabriele Hollmann hat die oft sehr komplexen Texte typographisch gestaltet; ihnen beiden gebührt mein besonderer Dank. Dem Verleger, Herrn R. Harsch-Niemeyer, sind alle Autoren für die rasche Veröffentlichung ihrer Arbeiten sehr verbunden.

Das dreitägige Phonologie-Symposium stieß bei der Jahrestagung trotz elf "konkurrierender" Arbeitsgruppen auf reges Interesse. Wir würden uns freuen, wenn unsere gedruckten Referate ein ähnlich lebhaftes Echo fänden.

Theo Vennemann

INHALTSVERZEICHNIS

ÜBER EINEN FORMALEN ANSATZ ZUR THEORETISCHEN PHONOLOGIE*

Jerzy Bańczerowski
Universität Poznań

1. Einleitende Bemerkungen

Die wissenschaftliche Erkenntnis phonologischer Sprachwirklichkeit bestimmt die Grenzen der Phonologie. Phonologische Sprachwirklichkeit bildet den Teilbereich phonischer Sprachwirklichkeit, der unter dem Aspekt der Zeichensimilarität aus der Perspektive minimaler Sprachsegmente, d.h. Laute, herausgesondert wird, wobei Zeichensimilarität sowohl Distinktion (Ungleichheit, Differenz) als auch Äqualität (Gleichheit) zwischen sprachlichen Zeichen umfaßt.

Das im Erkenntnisprozeß der phonologischen Wirklichkeit erworbene Wissen wird in Form mehr oder weniger abgeschlossener Theorien präsentiert. Konsequenterweise kann Phonologie als die Klasse der linguistischen Theorien aufgefaßt werden, die auf Erforschung der phonologischen Sprachwirklichkeit hin orientiert sind. Das Endziel phonologischer Theorien ist somit die Ermittlung der Wahrheit über diese Wirklichkeit, was der Projektion eines adäquaten Bildes über ihre Struktur gleichkommt. Mit anderen Worten sollten die phonologischen Theorien die Erscheinungen der phonologischen Wirklichkeit auf allgemeine und abstrakte Weise beschreiben, erklären, und vorhersagen.

Der Aufbau von phonologischen Theorien stellt eine der Methoden des wissenschaftlichen Erkennens der phonologischen Wirklichkeit dar, deren Struktur in Gestalt von phonologischen Systemen

---

* Der vorliegende Aufsatz stellt ein Teilergebnis des Forschungsprojekts "Axiomatische Phonologie" dar, an dem der Autor im Rahmen des ihm verliehenen Alexander von Humboldt Forschungsstipendiums 1981/82 arbeitete. Der Humboldt--Stiftung möchte er an dieser Stelle seinen Dank aussprechen. Ferner gilt Herrn Dipl.-Phys. Johannes E. Philipp vom Institut für Phonetik der Universität zu Köln Dank für das Durchsehen des Manuskripts. Nach seinen kritischen Bemerkungen konnte vielerorts die Klarheit und Verständlichkeit des Texts verbessert werden. Für etwaige noch verbliebene Fehler und Ungenauigkeiten trägt der Autor natürlich allein die Verantwortung

konzipiert werden kann. Unter einem *System* werden wir ein geordnetes Paar (X,R) verstehen, das aus einer Menge von Entitäten X und einer die Elemente dieser Menge verbindenden Relation R besteht.

2. Einige mengentheoretische Begriffe

Die logischen Junktoren von *Konjunktion*, *Negation*, *Disjunktion*, *Implikation* und *Äquivalenz* werden jeweils durch die folgenden Symbole wiedergegeben: $\wedge$ "und", $\sim$ "nicht", $\vee$ "oder(vel)", $\rightarrow$ "wenn, dann", $\leftrightarrow$ "genau dann, wenn".

Den Allquantor *für alle x gilt* und den Existenzquantor *es gibt (wenigstens) ein x, so daß gilt*, die eine Variable x binden, kürzt man jeweils durch die Symbole $\bigwedge_x$ und $\bigvee_x$ ab. Die Phrase *es gibt genau ein x, so daß gilt* wird zu dem Symbol $\dot{\bigvee}_x$ abgekürzt.

Die *leere Menge* wird mit $\emptyset$ und die *Einermenge* von x mit $\{x\}$ bezeichnet. Diese beiden Begriffe werden folgendermaßen definiert:

Df 2.1 $\emptyset = \{x: x \neq x\}$

Df 2.2 $\{x\} = \{y: y = x\}$

Nächstfolgend werden vier Mengenoperationen eingeführt, die für zwei Mengen erklärt werden. Die drei ersten lassen sich leicht auf beliebig viele Mengen ausweiten. Es handelt sich der Reihe nach um *Summe*, *Durchschnitt*, *Kartesisches Produkt* und *Differenz* von zwei Mengen X und Y.

Df 2.3 $X \cup Y = \{x: x \in X \vee x \in Y\}$

Df 2.4 $X \cap Y = \{x: x \in X \wedge x \in Y\}$

Df 2.5 $X \times Y = \{(x,y): x \in X \wedge y \in Y\}$

Df 2.6 $X - Y = \{x: x \in X \wedge x \notin Y\}$

Die Summe einer Mengenfamilie $\mathfrak{X}$ wird mit $\cup\mathfrak{X}$ und der Durchschnitt einer Mengenfamilie $\mathfrak{X}$ mit $\cap\mathfrak{X}$ bezeichnet. Die entsprechenden Definitionen werden wie folgt formuliert:

Df 2.7 $\cup\mathfrak{X} = \{x: \bigvee_X (X \in \mathfrak{X} \wedge x \in X)\}$

Df 2.8 $\cap\mathfrak{X} = \{x: \bigwedge_X (X \in \mathfrak{X} \rightarrow x \in X)\}$

Die Menge aller Untermengen einer Menge X heißt *Potenzmenge* von X. Sie wird durch $\mathcal{P}(X)$ symbolisiert und folgendermaßen definiert:

Df 2.9 $\mathcal{P}(X) = \{Y: Y \subset X\}$

Die Anzahl der Elemente einer Menge X wird *Mächtigkeit* oder *Kardinalzahl* von X genannt und durch das Symbol card(X) bezeichnet. Die Formel card(X) $< \aleph_0$ besagt, daß die Menge X endlich ist.

Eine besondere Art der Gruppierung von Elementen einer Menge X heißt *Klasseneinteilung* oder *Klassifikation*.

Df 2.10 Eine Mengenfamilie $\mathfrak{X}$ bildet eine Klassifikation von einer Menge X, in Zeichen: $\mathfrak{X} \in$ clsf(X) genau dann, wenn die folgenden Bedingungen erfüllt sind:

(i) $\bigwedge_Y (Y \in \mathfrak{X} \rightarrow Y \neq \emptyset)$

(ii) $\bigwedge_Y (Y \in \mathfrak{X} \rightarrow Y \subset X)$

(iii) $\bigwedge_x [x \in X \rightarrow \bigvee_Y (Y \in \mathfrak{X} \wedge x \in Y)]$

(iv) $\bigwedge_Y \bigwedge_Z (Y, Z \in \mathfrak{X} \rightarrow Y = Z \vee Y \cap Z = \emptyset)$

Eine Untermenge R des Kartesischen Produkts $X \times Y$ zweier Mengen X und Y heißt *zweigliedrige* oder *binäre Relation* zwischen X und Y. Ist (x,y) mit $x \in X$ und $y \in Y$ ein geordnetes Paar aus R, so schreibt man $(x,y) \in R$ oder x R y. Die Formel x R y wird gelesen: x steht in der Relation R zu y. Dabei wird x als Vorgänger von y und y als Nachfolger von x in dem geordneten Paar $(x,y) \in R$ bezeichnet.

Das *Bild des Elements* x *unter der Relation R*, d.h. die Menge aller Nachfolger von x in den geordneten Paaren $(x,y) \in R$ wird durch $R^{<}x$ und das *Urbild des Elements* y *unter der Relation R*, d.h. die Menge aller Vorgänger von y in den geordneten Paaren $(x,y) \in R$ wird durch $R^{>}y$ bezeichnet. Vermittels der folgenden Definitionen werden diese beiden Begriffe festgelegt.

Df 2.11 $R^{<}x = \{y: x\ R\ y\}$

Df 2.12 $R^{>}y = \{x: x\ R\ y\}$

Das *Bild einer Menge X unter der Relation R*, durch R<X symbolisiert, und das *Urbild (inverse Bild) von Y unter der Relation R*, durch $R{>}Y$ symbolisiert, werden mithilfe der folgenden Definitionen eingeführt:

Df 2.13 $R{<}X \;=\; \{y\colon \bigvee_{x}(x\ R\ y \wedge x \in X)\}$

Df 2.14 $R{>}Y \;=\; \{x\colon \bigvee_{y}(x\ R\ y \wedge y \in Y)\}$

Die zu *R konverse Relation*, symbolisiert als $\breve{R}$, und das *Komplement der Relation R*, symbolisiert als $\tilde{R}$, werden folgendermaßen definiert:

Df 2.15 $\breve{R} = \{(y,x)\colon x\ R\ y\}$

Df 2.16 $\tilde{R} = \{(x,y)\colon \sim x\ R\ y\}$

Eine Relation $R \subset X \times X$ heißt *reflexiv*, wenn für alle Elemente aus X gilt: $(x,x) \in R$. Verallgemeinernd werden wir schreiben $R \in \text{ref}(X)$. Die Klasse ref(X) aller reflexiven Relationen in X wird formal durch die folgende Definition eingeführt:

Df 2.17 $\text{ref}(X) = \{R\colon \bigwedge_{x}(x \in X \rightarrow x\ R\ x)\}$

Für die *symmetrischen*, *transitiven* und *kompakten* Relationen in einer Menge X gelten die folgenden Definitionen:

Df 2.18 $\text{sym}(X) = \{R\colon \bigwedge_{x,y}(x,y \in X \wedge x\ R\ y \rightarrow y\ R\ x)\}$

Df 2.19 $\text{tra}(X) = \{R\colon \bigwedge_{x,y,z}(x,y,z \in X \wedge x\ R\ y \wedge y\ R\ z \rightarrow x\ R\ z)\}$

Df 2.20 $\text{com}(X) = \{R\colon \bigwedge_{x,y}(x,y \in X \wedge x\ R\ y \rightarrow \bigvee_{z}(z \in X \wedge x\ R\ z \wedge z\ R\ y)\}$

Relationen, die zugleich reflexiv, symmetrisch und transitiv sind, heißen *Äquivalenzrelationen*. Die Klasse aller Äquivalenzrelationen in X wird durch aeq(X) bezeichnet. Jede Äquivalenzrelation R in einer Menge X induziert eine entsprechende Klassifikation dieser Menge in nicht-leere und paarweise disjunkte Untermengen, die *Äquivalenzklassen* von X bezüglich R genannt werden. Die *Familie aller Äquivalenzklassen von X bezüglich R* wird mit X/R symbolisiert.

Eine Relation R zwischen zwei Mengen X und Y heißt *Funktion* von X nach Y, wenn jedem Element $x \in X$ genau ein Element $y \in Y$ zugeordnet ist. Formal wird diese Bedingung folgendermaßen ausgedrückt:

$\bigwedge_x [x \in X \rightarrow \bigvee_y (y \in Y \wedge x\, R\, y)]$

Eine suggestive Schreibweise für eine Funktion R von X nach Y ist

$R\colon \quad X \rightarrow Y.$

Dasjenige Element $y \in Y$, das dem Element $x \in X$ unter der Funktion R zugeordnet ist, wird durch $R(x)$ bezeichnet.

3. Einige mereologische Begriffe

Eine aqäquate und unseren Intuitionen entsprechende Erfassung der Beschaffenheit mancher Sprachobjekte macht die Einführung einiger Konzepte der Mereologie erforderlich. Zu den Grundbegriffen dieser Disziplin gehören die *Relation ein Teil zu sein (P)* und die *Relation des zeitlichen Vorangehens (T)*.

Die Formel $x\, P\, y$ bedeutet, daß die Entität x ein Teil der Entität y ist. Die Formel $x\, T\, y$ bedeutet, daß entweder die ganze Entität x der ganzen Entität y zeitlich vorangeht, oder, daß der letzte Zeitabschnitt von x mit dem ersten Zeitabschnitt von y temporal zusammenfällt.

Die nachstehenden Definitionen führen drei mereologische Konzepte ein, die, neben den Relationen P und T, in den Axiomen dieser Disziplin auftreten werden. Es folgen der Reihe nach:

(i) die *Relation der mereologischen Summe (S)*;
(ii) die *Menge aller Punkte (Pu)* und
(iii) die *Menge aller momentanen Entitäten (Mo)*.

Df 3.1 $S = \{(y,X)\colon X \subset P^{>}y \wedge \bigwedge_z (z\, P\, y \rightarrow P{>}X \cap P^{>}z \neq \emptyset)\}$
Df 3.2 $Pu = \{x\colon P^{>}x = \{x\}\}$
Df 3.3 $Mo = \{x\colon x\, T\, x\}$

Der Definition 3.1 zufolge ist eine Entität y die mereologische Summe einer Menge X, oder y ist die Ganzheit zusammengesetzt aus den und nur den Elementen der Menge X, in Zeichen: $y\, S\, X$, genau dann, wenn alle Elemente von X Teile der Entität y sind und wenn jeder Teil von y durch irgendein Element der Menge X überdeckt wird. Kraft der Definition 3.2 ist eine Entität x als Punkt zu betrachten, in Zeichen: $x \in Pu$, genau dann, wenn x den einzigen Teil von sich selbst bildet, d.h. wenn x aus keinen kleineren Teilen zusammengesetzt ist. Die Definition 3.3 kann auf zweifache Weise verstanden werden:

(i) entweder, daß die ganze Entität x der ganzen Entität x zeitlich vorangeht, oder

(ii) daß der letzte Zeitabschnitt von x mit dem ersten Zeitabschnitt von x temporal koinzidiert.

Die erste Alternative entfällt schon deswegen, weil keine Entität sich selbst in der Zeit vorangehen kann, und somit stellt die Formel $x\ T\ x$ die zweite Alternative fest. Demgemäß gehört x der Menge momentaner Entitäten an, oder einfach, x ist eine momentane Entität, wenn sein Anfang zeitlich mit seinem Ende zusammenfällt. Momentane Entitäten haben also keine temporale Erstreckung.

Die folgenden Aussagen gehören zu den Axiomen der Mereologie.

Ax 3.1 $P \in \mathrm{ref} \cap \mathrm{tra}$

Ax 3.2 $x\ S\{y\} \rightarrow x = y$

Ax 3.3 $X \neq \emptyset \rightarrow S^{>}X \neq \emptyset$

Ax 3.4 $Pu \cap P^{>}x \neq \emptyset$

Ax 3.5 $T \in \mathrm{tra} \cap \mathrm{com}$

Ax 3.6 $\bigwedge_{x} \bigvee_{y,z} (y\ \tilde{T}\ x \wedge x\ \tilde{T}\ z)$

Ax 3.7 $x,y \in Mo \rightarrow x\ T\ y \vee y\ T\ x$

Im folgenden werden sieben wichtige und brauchbare Begriffe der Mereologie definiert. Es handelt sich der Reihe nach um:

(i) die *Relation der Koinzidenz in der Zeit zwischen momentanen Entitäten (Ctm)*;

(ii) die *Relation des vollständigen (kompletten) zeitlichen Vorangehens (Tc)*;

(iii) die *Relation des unmittelbaren (immediaten) zeitlichen Vorangehens (Ti)*;

(iv) die *Menge aller momentanen Weltschnitte oder einfach Momente (Mom)*;

(v) die *mereologische Intersektion zweier Entitäten* ($\underset{m}{\frown}$);

(vi) die *mereologische Differenz zweier Entitäten* ($\underset{m}{-}$);

(vii) die *Menge aller temporal linearen Objekte (Lt)*.

Df 3.4 $Ctm = \{(x,y): x\ T\ y \wedge y\ T\ x\}$

Df 3.5 $Tc = \{(x,y): \bigwedge_{u,v}(u\ P\ x \wedge v\ P\ y \rightarrow \sim v\ T\ u)\}$

Df 3.6 $Ti = \{(x,y): x\ Tc\ y \wedge \sim \bigvee_{z}(x\ Tc\ z \wedge z\ Tc\ y)\}$

Df 3.7 $Mom = Mo \cap \{x: Ctm^{>}x \subset P^{>}x\}$

Df 3.8 $x \underset{m}{\frown} y = \overset{y}{S}(P^{>}x \cap P^{>}y)$

Df 3.9 $x \underset{m}{-} y = \overset{y}{S}(P^{>}x - P^{>}y)$

Df 3.10 $Lt = \{x: \bigwedge_{y}(y \in Mom \wedge \sim y\ Tc\ x \wedge \sim x\ Tc\ y \rightarrow x \underset{m}{\frown} y \in Pu)\}$

Der intuitive Sinn der obigen Definitionen läßt sich leicht ergründen. Nichtsdestoweniger möchten wir auf Df 3.7 und Df 3.10 kurz eingehen.

Eine Entität x ist ein Moment, in Zeichen: x ∈ *Mom*, genau dann, wenn x ein momentanes Objekt ist und wenn jedes momentane Objekt, das mit x zeitlich zusammenfällt, einen Teil von x bildet. Momente sind folglich die totalen Weltschnitte in festen Zeitpunkten und damit kontinuierlich im Raum und nicht extensiv in der Zeit. Momente verfügen also über spatiale, nicht aber über temporale Erstreckung.

Eine Entität x ist ein temporal lineares Objekt, in Zeichen: x ∈ *Lt*, genau dann, wenn jeder gemeinsame Teil von x und einem beliebigen Moment, das dem x weder vorangeht noch nachfolgt, einen Punkt bildet. Temporal lineare Objekte sind also kontinuierlich in der Zeit und nicht extensiv im Raum, d.h. sie können über temporale, nicht aber über spatiale Erstreckung verfügen.

4. Phonologische Grundbegriffe

Die folgenden acht Symbole bezeichnen Begriffe, die in unserer Theorie als Grundbegriffe gelten.

(i) *Äuß* - die *Menge aller aktuellen Sprachäußerungen;*

(ii) *Seg* - die *Menge aller Sprachsegmente;*

(iii) *Sgn* - die *Menge aller bezeichnenden Sprachsegmente;*

(iv) *hsg* - die *Relation der Homosignifikation;*

(v) *hf* - die *Relation der Homophonie;*

(vi) *AR* - die *Menge aller Artikulationsmerkmale;*

(vii) *Hgar* - die *Relation der artikulatorischen Homogenität;*

(viii) *far* - die *Relation der Lautartikulemisation.*

Es wird angenommen, daß die anschauliche Bedeutung dieser Grundtermini jedermann, d.h. jedem Linguisten klar ist. Um jedoch mögliche Zweifel darüber zu zerstreuen, welche Begriffe hinter diesen Termini stecken, wollen wir jetzt einige Informationen vorausschikken, jedoch mit dem Vorbehalt, daß eine exakte Charakterisierung dieser Begriffe erst in Axiomen erreicht wird.

Aktuelle Sprachäußerungen sind individuelle, empirische Entitäten. Jede aktuelle Sprachäußerung als eine artikulatorisch-akustische Materialisierung des Sprachbewußtseins wird *hic et nunc* hervorgebracht, d.h. durch einen bestimmten Sprecher in einer bestimmten Situation, die ihrerseits einen bestimmten Ort und eine bestimmte Zeit einschließt. Sie existiert nur in dem Augenblick ihrer Verwendung, oder, genauer gesagt, sie dauert lediglich während der aufeinanderfolgenden Augenblicke ihrer Hervorbringung und Wahrnehmung fort, um danach unwiederbringlich in der Vergangenheit zu verschwinden. Somit ist jede Sprachäußerung ein einmaliges Ereignis, präsent nur während ihrer Verwendung und als solche nicht mehr wiederholbar.

Dem auditiven Sprachbewußtsein erscheinen aktuelle Sprachäußerungen als segmentiert, oder, anders ausgedrückt, als auditive Objekte weisen aktuelle Sprachäußerungen einen diskreten Charakter auf. In den artikulatorisch und akustisch kontinuierlichen Objekten werden also gewisse Abschnitte auditiv ausgesondert, wodurch ihnen eine diskrete, quasi-diskontinuierliche Struktur eingeprägt wird; anders gesagt, vollzieht das auditive Sprachbewußtsein deren Segmentation.

Bezeichnende Segmente stellen eine bestimmte Art von Sprachsegmenten dar, und zwar diejenigen, die als sprachliche Zeichen fungieren. Die Relation der Homosignifikation betrifft nur bezeichnende Segmente. Homosignifikative Segmente haben einen identischen Bezeichnungsbereich.

Die Eigenschaft des auditiven Sprachbewußtseins, Sprachsegmente in bezug auf ihren Schall zu äqualieren, d.h. als gleich wahrzunehmen, werden wir als Homophonie auffassen. Die Relation der Homophonie betrifft selbstverständlich alle Sprachsegmente.

Artikulationsmerkmale sind bestimmte Artikulationseigenschaften der Sprachsegmente bzw. der Klassen von Sprachsegmenten. Die Menge *AR* umfaßt nur die Artikulationsmerkmale, die Lautsegmente, d.h. Laute und Bestandteile von Lauten, sowie Lauttypen (Phone) charakterisieren. Laute werden später als auditiv minimale Sprachsegmente konzipiert. Neben den Artikulationsmerkmalen müßte man auch zugleich mit akustischen und auditiven Merkmalen operieren und die gegenseitigen Korrespondenzen zwischen diesen drei Arten von Merkmalen aufstellen.

Je zwei beliebige Artikulationsmerkmale sind entweder homogen oder heterogen. Von den homogenen Merkmalen werden wir sagen, daß sie in der Relation der artikulatorischen Homogenität *Hgar* stehen. So ist z.B. Okklusivität mit Spirantität artikulatorisch homogen, nicht aber mit Konsonantität.

Der artikulatorische Vergleich der Lautsegmente bzw. Klassen von Lauten setzt eine frühere Zuordnung ihnen der Artikulationsmerkmale voraus. Die Zuordnung basiert auf der Relation der Lautartikulemisation *far*, die ein Lautsegment mit einem Artikulationsmerkmal α verbindet, das diesem Lautsegment aufgrund des auditiven Sprachbewußtseins und der entsprechenden artikulatorischen Messungen zugeschrieben werden sollte.

Die Menge der Grundtermini könnte leicht auf sechs reduziert werden. Aktuelle Sprachäußerungen könnten als maximale Segmente definiert und *AR* und *Hgar* zusammen durch die Menge aller Artikulationsdimensionen ersetzt werden.

5. Einige definierte phonologische Begriffe

Neben den phonologischen Grundbegriffen werden in den Axiomen der hier skizzierten Theorie auch die folgenden definierten Begriffe auftreten.

(i) # - die *Menge aller Segmentgrenzen;*

(ii) *gi* - die *Relation, initiale Segmentgrenze zu sein;*

(iii) *gf* - die *Relation, finale Segmentgrenze zu sein;*

(iv) *FON* - die *Menge aller Lauttypen oder Phone;*

(v) DIM_{ar} - die *Menge aller Artikulationsdimensionen* oder *Artikulationsparameter;*

(vi) *Far* - die *Relation der Phonartikulemisation.*

Um die Begriffe *#, gi, gf* und *FON* einführen zu können, werden wir uns der folgenden Hilfsbegriffe bedienen:

(vii) $\vdash$ - die Menge aller initialen Segmentgrenzen;

(viii) $\dashv$ - die Menge aller finalen Segmentgrenzen;

(ix) *Fon* - die *Menge aller Laute;*

(x) *fhf* - die *Relation der Homophonie restringiert auf die Laute.*

Im folgenden werden die obigen zehn Begriffe vermittels der nachstehenden Definitionen formal eingeführt.

Df 5.1 $\vdash \; = \{g: \bigvee_s [s \in Seg \wedge g \in P^{>}s \cap Mom \wedge \bigwedge_x (x\ P\ s \wedge x \neq g \rightarrow g\ Tc\ x)]\}$

Df 5.2 $\dashv \; = \{g: \bigvee_s [s \in Seg \wedge g \in P^{>}s \cap Mom \wedge \bigwedge_x (x\ P\ s \wedge x \neq g \rightarrow x\ Tc\ g)]\}$

Df 5.3 $\# = \vdash \cup \dashv$

Df 5.4 $gi = \{(s,g): s \in Seg \wedge g \in P^{>}s \cap \vdash\}$

Df 5.5 $gf = \{(s,g): s \in Seg \wedge g \in P^{>}s \cap \dashv\}$

Df 5.6 $Fon = \{x: x \in Seg \wedge \sim\bigvee_y (y \in P^{>}x \cap Seg \wedge y \neq x)\}$

Df 5.7 $fhf = \{(x,y): x,y \in Fon \wedge x\ hf\ y\}$

Df 5.8 $FON = Fon/fhf$

Df 5.9 $DIM_{ar} = AR/Hgar$

Df 5.10 $Far = \{(X,\alpha): X \in FON \wedge \alpha \in AR \wedge \bigwedge_x (x \in X \rightarrow x\ far\ \alpha)\}$

Im Lichte der ersten drei Definitionen sind Segmentgrenzen momentane Objekte, d.h. sie haben keine Erstreckung in der Zeit, und zugleich sind sie Teile entsprechender Sprachsegmente. Die initiale

Grenze eines Segments s geht allen anderen Teilen von s zeitlich voran und die finale Grenze von s folgt allen anderen Teilen von s zeitlich nach. Die Segmentgrenzen werden hier somit als Individuen angesehen. Ähnlich wie im Falle aller momentanen Objekte koinzidiert der Anfang einer Segmentgrenze mit ihrem Ende in der Zeit.

Sowohl die Relation *gi* als auch *gf* sind Funktionen. Folglich werden wir die Symbole *gi*(s) und *gf*(s) benutzen, um jeweils die initiale Segmentgrenze von einem Sprachsegment s, und die finale Grenze von s zu bezeichnen.

Laute oder aktuelle Phone werden als minimale Sprachsegmente, d.h. auditiv weiter nicht zerlegbare Objekte, konzipiert. Die Relation der Homophonie *fhf* bezieht sich ausschließlich auf die Laute. Lauttypen oder Phone sind wiederum als Mengen von homophonen Lauten definiert.

Eine Artikulationsdimension oder ein Artikulationsparameter ist nichts anderes als eine Menge aller homogenen Artikulationsmerkmale.

Die Relation *Far* verbindet ein Phon X und ein Artikulationsmerkmal α, das diesem Phon aufgrund des auditiven Sprachbewußtseins zugeschrieben werden sollte, um die auditiven Eigenschaften von X in einer gegebenen Sprache zu begründen. Die Menge aller Artikulationsmerkmale, die einem Phon X zugeordnet werden, bildet seine Artikulationscharakteristik, die mit dem Symbol $Far^{<}X$ bezeichnet wird.

Die Symbole Fon_s, FON_s, *Fn* und *Wrt* kommen zwar in den Axiomen nicht vor, werden aber in anderen Formeln unserer Theorie auftreten. Aus verschiedenen Gründen halten wir es für zweckmäßig, ihren Sinn schon hier zu bestimmen. Es handelt sich um:

(i) die *Menge aller Laute, die Teile eines Sprachsegments* s *sind* (Fon_s);

(ii) die *Menge aller Phone, die einem Sprachsegment* s *zugeordnet sind* (FON_s);

(iii) die *Relation der Phonisierung (Fn)* und

(iv) die *Menge aller aktuellen Wörter (Wrt).*

Die Definitionen dieser Begriffe werden in folgender Weise formuliert:

Df 5.11 $Fon_s = \{x: s \epsilon Seg \wedge x \in P^{>}s \cap Fon\}$
Df 5.12 $FON_s = \{X: s \in Seg \wedge X \in FON \wedge \bigvee_x (x \in Fon_s \cap X)\}$
Df 5.13 $Fn = \{(x,X): x \in Fon \wedge X \in FON \wedge x \in X\}$
Df 5.14 $Wrt = \{w: w \in Sgn \wedge \bigvee_{w_i} [w_i \in \breve{A}u\beta \wedge w_i \; hf \cap hsg \; w$
$\wedge \sim\bigvee_{w_j} (w_j \neq w_i \wedge w_j \; P \; w_i \wedge w_j \in \breve{A}u\beta)]\}$

Die Relation der Phonisierung *Fn* verbindet also einen Laut x und genau ein Phon X, zu dem x gehört. Da *Fn* eine Funktion ist, werden wir dasjenige Phon X, zu welchem ein Laut x gehört, mit dem Symbol *Fn*(x) bezeichnen. Aktuelle Wörter werden als minimale Sprachäußerungen konzipiert.

6. Axiome der Phonologie

Die Menge der insgesamt vierzehn phonologischen Termini, die in den Axiomen unserer Theorie vorkommen, umfaßt acht Grundtermini und sechs definierte Termini. Die letzteren werden nur deswegen benutzt, um den Axiomen eine übersichtlichere und dadurch verständlichere Gestalt zu verleihen. Die Axiome heben die relevanten Eigenschaften der Entitäten hervor, die durch die in diesen Axiomen auftretenden Termini bezeichnet werden. Es wird von der Annahme ausgegangen, daß die Aussagen, die diese Axiome ausdrücken, intuitiv einleuchtend sind, relativ wenig Zweifel aufkommen lassen, und darüber hinaus im Einklang mit der sprachlichen Erfahrung stehen.

Unser Axiomensystem besteht aus den folgenden siebzehn Sätzen:

Ax 1 $0 < card(\breve{A}u\beta) < \aleph_0$
Ax 2 $\breve{A}u\beta \subset Lt$
Ax 3 $a_i, a_j \in \breve{A}u\beta \wedge a_i \neq a_j \rightarrow P^{>}a_i \cap P^{>}a_j = \emptyset$
Ax 4 $Seg \subset P{>}\breve{A}u\beta$
Ax 5 $Sgn \subset Seg$

Ax 6 $\mathit{Äuß} \subset \mathit{Sgn}$

Ax 7 $\mathit{Seg} \cap \# = \emptyset$

Ax 8 $a \in \mathit{Äuß} \wedge x,y \in P^{>}a \cap \mathit{Fon} \wedge x \neq y \rightarrow x\ \mathit{Tc}\ y \vee y\ \mathit{Tc}\ x$

Ax 9 $a \in \mathit{Äuß} \wedge s_i, s_j \in P^{>}a \wedge s_i\ \mathit{Ti}\ s_j \rightarrow \mathit{gf}(s_i) = \mathit{gi}(s_j)$

Ax 10 $\mathit{hsg} \in \mathrm{aeq}(\mathit{Sgn})$

Ax 11 $\mathit{hf} \in \mathrm{aeq}(\mathit{Seg})$

Ax 12 $0 < \mathrm{card}(\mathit{AR}) < \aleph_0$

Ax 13 $\mathit{Hgar} \in \mathrm{aeq}(\mathit{AR})$

Ax 14 $\mathit{far} \subset P{>}\mathit{Fon} \times \mathit{AR}$

Ax 15 $X \in \mathit{FON} \rightarrow \bigwedge_{A}(A \in \mathit{DIM}_{ar} \rightarrow A \cap \mathit{Far}^{<}X \neq \emptyset)$

Ax 16 $X,Y \in \mathit{FON} \wedge X \neq Y \rightarrow \mathit{Far}^{<}X \neq \mathit{Far}^{<}Y$

Ax 17 $\sim\bigvee_{\alpha}[\alpha \in \mathit{AR} \wedge \bigwedge_{X}(X \in \mathit{FON} \rightarrow X\ \mathit{Far}\ \alpha)]$

Aus diesen Axiomen lassen sich unserer Überzeugung nach Theoreme ableiten, die die Mannigfaltigkeit der Erscheinungen der phonologischen Wirklichkeit oder wenigstens eines beträchtlichen Fragments dieser Wirklichkeit widerspiegeln. Versuchen wir jetzt, den intuitiven Sinn der Axiome aufzuhellen, um ihr Verständnis zu erleichtern.

Axiom 1 besagt, daß die Anzahl aktueller Sprachäußerungen grösser als Null und zugleich endlich ist. Gemäß dem Axiom 2 treten aktuelle Sprachäußerungen in Gestalt temporal linearer Objekte in Erscheinung, woraus folgt, daß sie gewisse Ganzheiten im mereologischen Sinne darstellen. Dieses Axiom entscheidet aber nicht, ob aktuelle Sprachäußerungen zeitliche Erstreckung haben oder Zeitpunkte sind.

Kraft des Axioms 3 haben zwei beliebige verschiedene aktuelle Sprachäußerungen keine gemeinsame Teile.

Axiom 4 stellt fest, daß Sprachsegmente im mereologischen Sinne Teile von aktuellen Sprachäußerungen sind, und Axiom 5 läßt bezeichnende Segmente als eine Art von Segmenten auffassen. Ferner reduziert sich Axiom 6 zu der Aussage, daß auch aktuelle Sprachäußerungen eine Art von Segmenten darstellen.

Axiom 7 präzisiert in gewissem Sinn den Inhalt des Axioms 2, indem es besagt, daß kein Sprachsegment mit einer Segmentgrenze identisch ist. Folglich sind Sprachsegmente keine momentanen Objekte, sondern verfügen über temporale Erstreckung. Dies ist die Voraussetzung dafür, daß sie auditiv wahrgenommen werden können.

Aus den Axiomen 2, 4, 5, 6 und 7 folgt, daß aktuelle Sprachäußerungen als temporal lineare Objekte Erstreckung in der Zeit aufweisen. Dadurch steht unsere Auffassung von aktuellen Sprachäußerungen als Individuen, denen konsequenterweise der einfachste logische Typ zukommt, in deutlichem Gegensatz zu allen jenen Auffassungen, die diese Objekte als Folgen von Lauten annähern wollen. Folgen als eine Art von Funktionen sind vom logischen und mathematischen Standpunkt aus abstrakte Entitäten, die nicht durch Sinne wahrgenommen werden können, und darum wäre es absurd, ihnen temporale Duration zuzuerkennen. Wir wollen also zwischen aktuellen Sprachäußerungen und ihren Strukturen streng unterscheiden. Die Identifikation einer aktuellen Sprachäußerung mit einer besonderen Struktur, z.B. einer Lautfolge, ist auch deswegen nicht opportun, weil ein und derselben Äußerung verschiedene Strukturen zugeordnet werden können.

Axiom 8 stellt fest, daß die Relation des kompletten zeitlichen Vorangehens in der Menge aller Laute einer beliebigen aktuellen Sprachäußerung konnex ist.

Axiom 9 besagt, daß die finale Grenze eines Segments s_i, das innerhalb einer aktuellen Sprachäußerung a einem Segment s_j unmittelbar vorangeht, mit der initialen Grenze von s_j identisch ist. Dieses Axiom schließt also Pausen innerhalb aktueller Sprachäußerungen aus. An dieser Stelle ist jedoch zu bemerken, daß ein alternativer Ansatz, der interne Pausen als Teile aktueller Sprachäußerungen voraussieht, denkbar ist.

Den Axiomen 10 und 11 können Informationen über die Relation der Homosignifikation und die Relation der Homophonie entnommen werden. Beide sind Äquivalenzrelationen jeweils auf der Menge der bezeichnenden Segmente und aller Sprachsegmente.

Kraft des Axioms 12 ist die Menge aller Artikulationsmerkmale *AR* weder leer noch unendlich, und Axiom 13 läßt die Relation der artikulatorischen Homogenität als Äquivalenzrelation in *AR* erscheinen.

Gemäß dem Axiom 14 gilt die Relation *far* einem Lautsegment und einem Artikulationsmerkmal α, das dieses Lautsegment besitzt. Die Formel x *far* α wird gelesen: ein Lautsegment x hat ein Artikulationsmerkmal α. Die Menge aller Artikulationsmerkmale, die einem Lautsegment x zugeordnet werden, bilden seine *Artikulationscharak-*

teristik, die mit dem Symbol $far^{<}x$ bezeichnet wird. Dieses Axiom impliziert, daß gewisse Artikulationsmerkmale nicht nur Lauten, sondern auch kleineren Einheiten als diesen zugeschrieben werden können.

Die drei letzten Axiome heben einige wichtige Eigenschaften von Phonen bezüglich der Artikulemisation hervor. Jedes Phon nimmt danach wenigstens ein Artikulationsmerkmal in jeder Artikulationsdimension an, d.h. jedes Phon ist hinreichend in bezug auf alle relevanten Dimensionen charakterisiert. Dabei weisen je zwei beliebige verschiedene Phone keine identischen Artikulationscharakteristika auf. Ferner gibt es keine Artikulationsmerkmale, die für alle Phone zutreffen. Alle Artikulationsmerkmale, die für alle Phone charakteristisch sind, müssen als irrelevant gelten.

Die durch unsere Grundbegriffe und Axiome spezifizierte Theorie läßt sich in viele Richtungen entwickeln. Hier werden wir nur auf einige wenige hindeuten.

7. Artikulemik

In diesem Kapitel wollen wir einige Aspekte der artikulatorischen Struktur der Laute und Phone in Kürze behandeln.

Obwohl Laute auditiv weiter nicht auflösbar sind, können sie artikulatorisch und akustisch gesehen eine *simplexe* bzw. *komplexe* Struktur aufweisen. In einem artikulatorisch simplexen Laut x gibt es keinen von x verschiedenen Bestandteil, der Träger eines Artikulationsmerkmals $\alpha \in AR$ ist. Artikulatorische Komplexität ihrerseits kann sich auf unterschiedliche Art und Weise manifestieren. Hier beschränken wir uns nur auf eine Art dieses Phänomens. In einem komplexen Laut x kann man einen von x verschiedenen Bestandteil y aussondern, der Träger eines Artikulationsmerkmals $\alpha \in AR$ ist derart, daß α ein Phon charakterisiert, dem simplexe Laute angehören. Formal werden die *Menge aller artikulatorisch simplexen Laute* (Fon^{si}) und die *Menge aller artikulatorisch komplexen Laute* (Fon^{co}) wie folgt definiert:

Df 7.1 $Fon^{si} = \{x\colon x \in Fon \wedge \sim \bigvee_{\alpha_i} \bigvee_{\alpha_j} \bigvee_{y} \bigvee_{v} \bigvee_{z} (y\ P\ x \wedge v,z \in Fon \wedge$

$\wedge$ v $\neq$ z $\neq$ x $\wedge$ $\alpha_i \in far^{<}y \cap far^{<}v \wedge \alpha_i$

$\notin far^{<}(x \underset{m}{-} y) \wedge \alpha_j \in far^{<}(x \underset{m}{-} y) \cap far^{<}z \wedge$

$\wedge\ \alpha_j \notin far^{<}y)\}$

Df 7.2 $Fon^{co} = Fon - Fon^{si}$

Zu den artikulatorisch komplexen Lauten gehören unter anderem Affrikaten (ts, tʃ usw.), Labiovelare (g^w, k^w usw.) und Diphthonge (ei, au usw.).

Die folgenden Definitionen führen der Reihe nach die *Relation Homoartikulationsbasis zu sein (Bhar)* und das Konzept einer *heteroartikulatorischen Klassifikation der Phone* ein.

Df 7.3 $Bhar = \{(A,\mathfrak{X}) : A \subset AR \wedge \mathfrak{X} \subset FON \wedge A = \bigcap\{Far^{<}X : X \in \mathfrak{X}\}\}$

Gemäß dieser Definition ist eine Menge von Artikulationsmerkmalen *A* die Homoartikulationsbasis einer Menge von Phonen $\mathfrak{X}$, in Zeichen: $A\ Bhar\ \mathfrak{X}$, genau dann, wenn *A* die maximale Menge von Artikulationsmerkmalen bildet, die den Phonen aus $\mathfrak{X}$ gemeinsam sind. Die Konverse der Relation *Bhar* ist die Funktion

7.1 $\breve{B}har: \mathcal{P}(FON) \rightarrow \mathcal{P}(AR)$,

weil die folgende Bedingung erfüllt ist

7.2 $\bigwedge_{\mathfrak{X}}[\mathfrak{X} \subset FON \rightarrow \bigvee_{A}(A \subset AR \wedge \mathfrak{X}\ \breve{B}har\ A)]$

Diejenige Homoartikulationsbasis einer Phonmenge $\mathfrak{X}$ werden wir mit dem Symbol $\breve{B}har(\mathfrak{X})$ bezeichnen.

Df 7.4 Eine Phonmengenfamilie $\mathcal{F}$ ist eine heteroartikulatorische Klassifikation der Menge *FON* genau dann, wenn die folgenden Bedingungen erfüllt sind:

(i) $\mathcal{F} \in$ clsf(FON)

(ii) $\mathfrak{X}, \mathfrak{Y} \in \mathcal{F} \wedge \mathfrak{X} \neq \mathfrak{Y} \rightarrow \breve{B}har(\mathfrak{X}) \neq \breve{B}har(\mathfrak{Y})$.

Die Familie aller heteroartikulatorischen Klassifikationen der Menge *FON* wird mit dem Symbol htarclsf*(FON)* bezeichnet.

8. Phonetaxis

Junktion oder lineare Verbindung von Sprachobjekten innerhalb anderer Sprachobjekte kann sowohl lokal als auch global aufgefaßt werden. Hier werden wir uns grundsätzlich mit Laut- und Phonjunktion befassen und der erstere Ansatz wird sich auf ein Sprachsegment s, der letztere dagegen auf alle Sprachsegmente der jeweiligen Sprache beziehen.

A. Laut- und Phonjunktion

Die nachstehenden Definitionen führen der Reihe nach

(i) die *Relation der unmittelbaren Lautjunktion in lokaler Sicht* (fj_s);
(ii) die *Relation der unmittelbaren Lautjunktion in globaler Sicht* (fj);
(iii) die *Relation der unmittelbaren Phonjunktion in lokaler Sicht* (Fj_s) und
(iv) die *Relation der unmittelbaren Phonjunktion in globaler Sicht* (Fj)

ein.

Df 8.1 $fj_s = \{(x,y):\ s \in Seg \wedge x,y \in Fon_s \wedge x\ Ti\ y \vee x=y=s\}$
Df 8.2 $fj = \{(x,y):\ \bigvee_s (x\ fj_s\ y)\} = \bigcup\{fj_s:\ s \in Seg\}$
Df 8.3 $Fj_s = \{(X,Y):\ X,Y \in FON_s \wedge \bigvee_x \bigvee_y (x \in X \wedge y \in Y \wedge x\ fj_s\ y)\}$
Df 8.4 $Fj = \{(X,Y):\ \bigvee_s (s \in Seg \wedge X\ Fj_s\ Y)\} = \bigcup\{Fj_s:\ s \in Seg\}$

Die Relation der unmittelbaren Lautjunktion fj_s spiegelt die zeitliche Aufeinanderfolge von Lauten innerhalb eines Sprachsegments s wider. Zwei Laute x und y sind also unmittelbar junktiv bezüglich eines Sprachsegments s, in Zeichen: $x\ fj_s\ y$, genau dann, wenn beide Bestandteile von s sind und x unmittelbar y in der Zeit vorangeht oder wenn s aus einem Laut besteht und folglich die Gleichung s = x = y gilt. Die Relation der unmittelbaren Lautjunktion *fj* bezieht sich schon auf alle Sprachsegmente.

Die Definitionen 8.3 und 8.4 dehnen jeweils lokale und globale Junktion auf die Phone aus.

B. Lineare Laut- und Phonstrukturen

In den Termini der Laut- und Phonjunktion können lineare Laut- und Phonstrukturen definiert werden. Die *Menge aller linearen Lautstrukturen aller Sprachsegmente* wird durch Lin^{Fon}_{Seg} und die *Menge aller linearen Phonstrukturen aller Sprachsegmente* durch Lin^{FON}_{Seg} symbolisiert und wie folgt formal eingeführt.

Df 8.5 $Lin^{Fon}_{Seg} = \{(Fon_s, fj_s): s \in Seg\}$

Df 8.6 $Lin^{FON}_{Seg} = \{(FON_s, Fj_s): s \in Seg \wedge \bigwedge_{x,y}[x,y \in Fon_s \rightarrow$

$\rightarrow (x\ fj_s\ y \leftrightarrow Fn(x)\ Fj_s\ Fn(y))]\}$

Die lineare Lautstruktur eines Segments s kann man sich also als eine endliche Lautfolge vorstellen, deren einzelne Glieder Laute von s sind, gänzlich s ausschöpfen und bei der je zwei konsekutive Laute in der Relation fj_s stehen. Wenn man jeden Laut x_i einer linearen Lautstruktur eines Segments s durch ein Phon X_i ersetzt derart, daß $x_i \in X_i$, so bekommt man die lineare Phonstruktur von s. Lineare Phonstrukturen von einzelnen Sprachsegmenten einer konkreten Sprache werden in eckige Klammern gesetzt, z.B.: [zɔnə] *(Sonne)*, [vɪnt] *(Wind)*, [mo:nt] *(Mond)*, [re:dən] *(reden)*.

Zwischen einem Sprachsegment s und seiner linearen Lautstruktur l besteht die *Relation der linearen Lautstrukturierung (fli)*, dagegen zwischen einem Sprachsegment s und seiner linearen Phonstruktur die *Relation der linearen Phonstrukturierung (Fli)*. Diese Relationen werden durch die nachstehenden Definitionen eingeführt.

Df 8.7 $fli = \{(s,l): s \in Seg \wedge l = (Fon_s, fj_s)\}$

Df 8.8 $Fli = \{(s,L): s \in Seg \wedge L = (FON_s, Fj_s) \wedge (FON_s, Fj_s)$

$\in Lin^{FON}_{Seg}\}$

Sowohl die Relation *fli* als auch *Fli* sind die Funktionen

8.1 $fli\colon Seg \rightarrow Lin_{Seg}^{Fon}$

8.2 $Fli\colon Seg \rightarrow Lin_{Seg}^{FON}$,

weil jeweils die folgenden Bedingungen erfüllt sind:

8.3 $s \in Seg \rightarrow \dot{\bigvee_{l}}(l \in Lin_{Seg}^{Fon} \wedge s\ fli\ l)$

8.4 $s \in Seg \rightarrow \dot{\bigvee_{L}}(L \in Lin_{Seg}^{FON} \wedge s\ Fli\ L)$

Diejenige lineare Lautstruktur l und diejenige lineare Phonstruktur L, die einem Sprachsegment s zugeordnet werden, werden wir jeweils mit den Symbolen *fli*(s) und *Fli*(s) bezeichnen.

Die folgenden zwei Definitionen stellen uns das Symbol FON_L zur Verfügung, das die *Menge aller Phone in einer linearen Phonstruktur* L designiert, und das Symbol Fj_L, das die *Relation der Phonjunktion bezüglich* L designiert.

$$\text{Df 8.9}\quad FON_L = \{X\colon \bigvee_s(s \in Seg \wedge L = (FON_s, Fj_s) \wedge (FON_s, Fj_s) \in Lin_{Seg}^{FON} \wedge X \in FON_s)\}$$

$$\text{Df 8.10}\quad Fj_L = \{(X,Y)\colon \bigvee_s(s \in Seg \wedge L = (FON_s, Fj_s) \wedge (FON_s, Fj_s) \in Lin_{Seg}^{FON} \wedge X,Y \in FON_s \wedge X\ Fj_s\ Y)\}$$

Jede lineare Phonstruktur L hat genau ein grenzinitiales, d.h. absolut anlautendes Phon, und genau ein grenzfinales, d.h. absolut auslautendes Phon. Die *Relation grenzinitiales Phon zu sein (Fgi)* und die *Relation grenzfinales Phon zu sein (Fgf)* werden wie folgt definiert:

$$\text{Df 8.11}\quad Fgi = \{(X,L)\colon L \in Lin_{Seg}^{FON} \wedge X \in FON_L \wedge \sim\bigvee_Y(Y \in FON_L \wedge Y\ Fj_L\ X)\}$$

$$\text{Df 8.12}\quad Fgf = \{(X,L)\colon L \in Lin_{Seg}^{FON} \wedge X \in FON_L \wedge \sim\bigvee_Y(Y \in FON_L \wedge X\ Fj_L\ Y)\}$$

Das eindeutig bestimmte grenzinitiale Phon einer linearen Phonstruktur L wird durch *Fgi*(L), und das eindeutig bestimmte grenzfinale Phon einer linearen Phonstruktur L wird durch *Fgf*(L) bezeichnet.

Wenn wir die Symbole *Fgi*(L) und *Fgf*(L) zur Verfügung haben, können wir die *Relation des antezedenten Phonjunktionstraktes bezüglich* L *(*$Fjta_L$*)* und die *Relation des sukzedenten Phonjunktionstraktes bezüglich* L *(*$Fjts_L$*)* vermittels der nachstehenden Definitionen einführen.

Df 8.13 $Fjta_L = \{[(X_n, X_{n-1}, \ldots, X_2, X_1), Y]: X_1\ Fj_L\ Y \wedge \bigwedge_{1\leq i\leq n} (X_{i+1}\ Fj_L\ X_i \wedge X_n = Fgi(L))\}$

Df 8.12 $Fjts_L = \{[Y, (X_1, X_2, \ldots, X_{n-1}, X_n)]: Y\ Fj_L\ X_1 \wedge \bigwedge_{1\leq i\leq n} (X_i\ Fj_L\ X_{i+1} \wedge X_n = Fgf(L))\}$

C. Phonumgebung; Phondistribution

Sowohl Phonumgebung als auch Phondistribution können bezüglich der Phonjunktion bzw. bezüglich des Phonjunktionstraktes bestimmt werden. Folglich können die folgenden Relationen unterschieden werden:

(i) die *Relation unmittelbarer Phonumgebung in lokaler Sicht (*Fv_L*);*

(ii) die *Relation unmittelbarer Phonumgebung in globaler Sicht (Fv);*

(iii) die *Relation totaler Phonumgebung in lokaler Sicht (*$Fjtv_L$*);*

(iv) die *Relation totaler Phonumgebung in globaler Sicht (Fjtv).*

Diese vier Relationen werden folgendermaßen definiert:

Df 8.15 $Fv_L = \{[X, (Fj^{>}_{L}X, Fj^{<}_{L}X)]: X \in FON_L\}$

Df 8.16 $Fv = \{[X, (Fj^{>}_{L}X, Fj^{<}_{L}X)]: X \in FON_L \wedge L \in Lin^{FON}_{Seg}\}$

$= \bigcup\{Fv_L: L \in Lin^{FON}_{Seg}\}$

Df 8.17 $Fjtv_L = \{[X, (Fjta^{>}_{L}X, Fjts^{<}_{L}X)]: X \in FON_L\}$

Df 8.18 $Fjtv = \{[X, (Fjta^{>}_{L}X, Fjts^{<}_{L}X)]: X \in FON_{L} \wedge L \in Lin^{FON}_{Seg}\} = \bigcup\{Fjtv_{L}: L \in Lin^{FON}_{Seg}\}$

Die unmittelbare Phonumgebung eines Phons X in einer linearen Phonstruktur L wird mit dem Symbol $Fv_{L}(X)$ und die totale Phonumgebung eines Phons X in L mit dem Symbol $Fjtv_{L}(X)$ bezeichnet. Die Menge aller unmittelbaren Phonumgebungen von einem Phon X in allen linearen Phonstrukturen einer Sprache wird die *unmittelbare Phondistribution* von X genannt und mit dem Symbol $Fv^{<}X$ wiedergegeben. Dagegen wird die Menge aller totalen Phonumgebungen eines Phons X in allen linearen Phonstrukturen einer Sprache die *totale Phondistribution* von X genannt und durch $Fjtv^{<}X$ symbolisiert.

D. Distributionssimilarität

Das Konzept der Distributionssimilarität kann sowohl in den Termini der unmittelbaren Phondistribution als auch in den Termini der totalen Phondistribution definiert werden. Hier werden wir nur dem ersteren Fall einige Aufmerksamkeit schenken. Die nachstehenden sechs Definitionen führen folgende Relationen der Distributionssimilarität ein:

(i) die *Relation der Homodistribution* (Hdb_{Fv});
(ii) die *Relation der vollständigen (kompletten) Homodistribution* (Hdb^{c}_{Fv});
(iii) die *Relation der unvollständigen (inkompletten) Homodistribution* (Hdb^{ic}_{Fv});
(iv) die *Relation der Heterodistribution* ($Htdb_{Fv}$);
(v) die *Relation der kompletten Heterodistribution* ($Htdb^{c}_{Fv}$);
(vi) die *Relation der inkompletten Heterodistribution* ($Htdb^{ic}_{Fv}$).

Df 8.19 $Hdb_{Fv} = \{(X,Y): X,Y \in FON \wedge Fv^{<}X \cap Fv^{<}Y \neq \emptyset\}$

Df 8.20 $Hdb^{c}_{Fv} = \{(X,Y): X,Y \in FON \wedge Fv^{<}X = Fv^{<}Y\}$

Df 8.21 $Hdb^{ic}_{Fv} = Hdb_{Fv} - Hdb^{c}_{Fv}$

Df 8.22 $Htdb_{Fv} = \{(X,Y): X,Y \in FON \wedge Fv^{<}X \neq Fv^{<}Y\}$

Df 8.23 $Htdb^{c}_{Fv} = \{(X,Y): X,Y \in FON \wedge Fv^{<}X \cap Fv^{<}Y = \emptyset\}$

Df 8.24 $Htdb^{ic}_{Fv} = Htdb_{Fv} - Htdb^{c}_{Fv}$

9. Diakrise

Sprachliche Diakrise basiert auf Heterophonie und Bezeichnungsunterschieden. Drei Relationen der Diakrise, nämlich

(i) die *Relation der aktuellen Wortdiakrise (wdk)*,
(ii) die *Relation der Wortdiakrise (Wdk)* und
(iii) die *Relation der (1-1)-Wortdiakrise* ($Wdk_{(1-1)}$)

werden folgendermaßen definiert:

Df 9.1 $wdk = \{w_i, w_j): w_i, w_j \in Wrt \wedge {\sim}w_i \; hf \cap hsg \; w_j\}$

Df 9.2 $Wdk = \{(L_i, L_j): L_i, L_j \in Lin^{FON}_{Wrt} \wedge \bigwedge_{w_i} \bigwedge_{w_j} (w_i \in Fli^{>}L_i \wedge w_j \in Fli^{>}L_j \rightarrow w_i \; wdk \; w_j)\}$

Df 9.3 $Wdk_{(1-1)} = \{(L_i, L_j): L_i \; Wdk \; L_j \wedge \bigvee_{X} \bigvee_{Y} (X \in FON_{L_i} \wedge Y \in FON_{L_j} \wedge X \neq Y \wedge Fjtv_{L_i}(X) = Fjtv_{L_j}(Y))\}$

Jedes Element der Relation $Wdk_{(1-1)}$, d.h. je zwei lineare Phonstrukturen der Wörter, die durch diese Relation verbunden sind, werden wir als *diakritisches Minimalpaar* benennen.

Die folgenden Paare linearer Phonstrukturen der Wörter gehören, unter anderen, zu der Relation $Wdk_{(1-1)}$ im Deutschen: ([fiʃ], [tiʃ]), ([vɪnt], [vant]).

10. Phonologische Opposition

Die *Relation der phonologischen Opposition*, hier mit dem Symbol *Ofl* bezeichnet, läßt sich in den Termini der (1-1)-Diakrise definieren:

Df 10.1 $Ofl = \{(X,Y): X,Y \in FON \wedge X \neq Y \wedge \bigvee_{L_i} \bigvee_{L_j} (L_i, L_j \in Lin^{FON}_{Wrt} \wedge L_i\ Wdk_{(1-1)} L_j \wedge X \in FON_{L_i} \wedge Y \in FON_{L_j})\}$

Kraft dieser Definition stehen zwei Phone X und Y in der Relation der phonologischen Opposition, in Zeichen: X *Ofl* Y, genau dann, wenn sie lineare Phonstrukturen der Wörter unterscheiden, die ein diakritisches Minimalpaar bilden.

11. Freie Variation und komplementäre Distribution

Phonpaare, die keine phonologische Opposition eingehen, stehen in der *Relation der optionellen Variation* oder der *Relation der komplementären Distribution*. Diese beiden Relationen können sowohl in den Termini der unmittelbaren Phondistribution (*Fv*) als auch der totalen Phondistribution (*Fjtv*) bestimmt werden, jeweils unter Heranziehung der phonologischen Opposition. Hier wird nur der erstere Fall erörtert. Folglich werden die in Frage kommenden Relationen jeweils mit Vro_{Fv} und Cdb_{Fv} bezeichnet und folgendermaßen definiert:

Df 11.1 $Vro_{Fv} = \{(X,Y): X,Y \in FON \wedge X\ Hdb_{Fv}\ Y \wedge \sim X\ Ofl\ Y\}$

Df 11.2 $Cdb_{Fv} = \{(X,Y): X,Y \in FON \wedge X\ Htdb_{Fv}\ Y \wedge \sim X\ Ofl\ Y\}$

Gemäß der Definition 11.1 variieren zwei Phone X und Y optionell, in Zeichen: X Vro_{Fv} Y, genau dann, wenn sie homodistributiv sind und außerhalb der phonologischen Opposition bleiben. Die Definition 11.2 wiederum besagt, daß zwei Phone X und Y sich genau dann komplementär verteilen, in Zeichen: X Cdb_{Fv} Y, wenn sie heterodistributiv, aber nicht phonologisch oppositionell sind.

11. Homophonemität und das Konzept des Phonems

Phonologische Opposition beruht auf den Phoneigenschaften, die sich aus der Rolle ergeben, die Phone in der Differenzierung von bezeichnenden Sprachsegmenten, d.h. in der sprachlichen Diakrise einnehmen. Substantiell gründet sich die Diakrise auf die Heterophonie von Sprachsegmenten, die auf artikulatorische (bzw. akustische) oder distributive Differenzen zwischen den Phonen zurückgeht. Jedoch ist nicht jede Art von Heterophonie für die Diakrise relevant. Konsequenterweise ist nicht jede Art von artikulatorisch-distributiver Differenz für das diakritische System von Belang. So haben z.B. in der deutschen Sprache die Distinktionen zwischen [r] und [R], [p^h] und [p], [x] und [ç] eine andere Qualität als die Distinktionen zwischen [p] und [t], [a] und [o], [m] und [n].

Die für die Diakrise irrelevanten Differenzen zwischen den Phonen lassen sich auf zwei Arten zurückführen. Es kann sich handeln um:

(i) artikulatorische Differenzen distributiv gleicher Phone (vgl. optionelle Variation);

(ii) artikulatorische Differenzen distributiv ungleicher Phone (vgl. komplementäre Distribution).

Die für das System der Unterscheidung von bezeichnenden Sprachsegmenten irrelevanten Differenzen zwischen Phonen können folglich ignoriert und die betreffenden Phone in dieselbe Klasse eingeteilt werden. Von solchen Phonen werden wir sagen, daß sie in der *Relation der Homophonemität* stehen, oder einfach, daß sie homophonemisch sind.

Im voraus läßt sich nicht ausschließen, daß es mehr als eine Homophonemitätsrelation geben kann. Deswegen werden wir von der Familie aller Homophonemitätsrelationen sprechen, die als *Homophonemitätsbasis* aufgefaßt und mit dem Symbol *Bhfm* bezeichnet wird. Jede Homophonemitätsrelation, die dieser Familie angehört, muß die Eigenschaften aufweisen, die durch die folgende Definition verlangt werden:

Df 12.1 $Bhfm = \{R\colon R \subset Vro_{Fv} \cup Cdb_{Fv} \wedge FON/R \in \mathrm{htarclsf}(FON)$

$\wedge \sim\bigvee_{R^*}[R^* \neq R \wedge R^* \subset Vro_{Fv} \cup Cdb_{Fv} \wedge FON/R^*$

$\in \mathrm{htarclsf}(FON) \wedge (\mathrm{X}\; R\; \mathrm{Y} \rightarrow \mathrm{X}\; R^*\; \mathrm{Y})]\}$

Wie leicht ersichtlich ist, stellt diese Definition die Konjunktion von drei Postulaten dar, die erfüllt werden müssen, damit eine Relation R als Homophonemitätsrelation anerkannt werden kann. Es handelt sich mithin um die folgenden Postulate:

(i) *Postulat der optionellen Variation und komplementären Distribution:*

$R \in Bhfm \wedge \mathrm{X}\; R\; \mathrm{Y} \rightarrow \mathrm{X}\; Vro_{Fv}\; \mathrm{Y} \vee \mathrm{X}\; Cdb_{Fv}\; \mathrm{Y}$

(ii) *Postulat der Heteroartikulation:*

$R \in Bhfm \wedge \mathfrak{X}, \mathfrak{Y} \in FON/R \wedge \mathfrak{X} \neq \mathfrak{Y} \rightarrow \check{B}har(\mathfrak{X}) \neq \check{B}har(\mathfrak{Y})$

(iii) *Postulat der Ökonomie:*

$R \in Bhfm \rightarrow \sim\bigvee_{R^*}[R^* \neq R \wedge R^* \subset Vro_{Fv} \cup Cdb_{Fv} \wedge FON/R^*$

$\in \mathrm{htarclsf}(FON) \wedge (\mathrm{X}\; R\; \mathrm{Y} \rightarrow \mathrm{X}\; R^*\; \mathrm{Y})]$

Wenn also R eine Homophonemitätsrelation ist, dann wird das geordnete Paar *(FON, R)* ein *phonemisches System* genannt. Dieses System spezifiziert die entsprechende Familie aller Phoneme, die hier durch *FON/R* bezeichnet wird. Gemäß dem Postulat (i) ist ein Phonem eine Klasse von Phonen, die in der Relation der optionellen Variation oder der komplementären Distribution stehen. Im Lichte des Postulats (ii) soll jedem Phonem $\mathfrak{X}$ eine bestimmte Menge von Artikulationsmerkmalen zugeordnet werden, die allen Phonen von $\mathfrak{X}$ gemeinsam sind und die seine Homoartikulationsbasis bilden. Die Homoartikulationsbasen zweier verschiedener Phoneme sind nie identisch. Schließlich fordert das Postulat (iii) die Minimalisierung der Phonemanzahl im phonemischen System.

Als fundamentale Hypothese der Phonologie, die zugleich als Gipfelpunkt unserer Theorie betrachtet werden kann, gilt die folgende Aussage, in der Γ die Menge aller Sprachen symbolisiert und γ eine Variable ist, die diese Menge durchläuft.

Hy 12.1 $\bigwedge_{\gamma}(\gamma \in \Gamma \rightarrow Bhfm^{(\gamma)} \neq \emptyset)$

Der obige Satz stellt fest, daß jede Sprache wenigstens eine Homophonemitätsrelation hat und dadurch mindestens über ein phonemisches System verfügt. Man kann jedoch einen Schritt weitergehen und die folgende Hypothese aufstellen:

Hy 12.2 $\bigwedge_{\gamma}[\gamma\ \Gamma \rightarrow \bigvee_{R}(R \in Bhfm^{(\gamma)} \wedge \text{card}(FON^{(\gamma)}/R) < \text{card}(\{\{X\}: X \in FON^{(\gamma)}\} \wedge \text{card}(FON^{(\gamma)}/R) > 1)]$

Diese Hypothese besagt, daß es in jeder Sprache wenigstens eine Homophonemitätsrelation gibt, die eine Familie von Phonemen spezifiziert, die

(i) kleiner als die Menge aller Phone ist, und zugleich
(ii) mehr als ein Phonem besitzt.

Weder 12.1 noch 12.2 lassen sich in unserem System beweisen und müssen somit als empirische Hypothesen gelten. Man kann jedoch nach den Bedingungen fragen, unter welchen die Beweisführungen dieser Aussagen möglich wären.

Literatur

Bańczerowski, J., Pogonowski, J., Zgółka, T. 1982. *Wstęp do językoznawstwa (Einführung in die Sprachwissenschaft)*. Poznań, Uniwersytet im. Adama Mickiewicza.

Bartsch, R., Vennemann, T. 1982. *Grundzüge der Sprachtheorie*. Tübingen, Max Niemeyer.

Batóg, T. 1967. *The axiomatic method in phonology*. London, Routledge and Kegan.

- 1978. *On the classical concept of phonemic basis*. In: Lingua Posnaniensis XXI, 53-64.

Brainerd, B. 1974. *Etic systems and phonological theory*. In: Cahiers de Lingusitique Théorique et Appliquée 11, 25-34.

Kortlandt, F.H.H. 1972. *Modelling the phoneme*. The Hague, Mouton.

Lieb, H.-H. (Hrsg.), 1980a. *Oberflächensyntax und Semantik*. Tübingen, Max Niemeyer.

- 1980b. *Segment und Intonation: Zur phonologischen Basis von*

Syntax und Morphologie. In: Lieb, 1980a, 134-150.

Vennemann, T. 1978. *Universal syllabic phonology*. In: Theoretical Linguistics 5, No. 2/3, 175-215.

- 1979. *An outline of universal phonology*. MS.

- 1980. *Universalphonologie als partielle Sprachtheorie*. In: Lieb, 1980, 125-133.

PHONOLOGIE UND LITERARISCHER STIL: EINE COMPUTERUNTERSTÜTZTE UNTERSUCHUNG*

David Chisholm
University of Arizona

Schon seit langem gibt es Versuche, das Verhältnis zwischen der klanglichen Struktur der Lyrik und deren Bedeutung zu bestimmen und zu beschreiben. Viele dieser Untersuchungen, insbesondere diejenigen, die um die Jahrhundertwende erschienen sind, haben impressionistischen Charakter. Zwar wurden wohlbekannte Einzelphänomene wie Stabreim, Assonanz und Endreim in Betracht gezogen, doch blieb ein großer Teil der poetischen Phonologie vollkommen unberücksichtigt.

Den meisten Interpretationen, die zum Reim und zur Klangsymbolik durchgeführt wurden, mangelte es an einer zuverlässigen Statistik, und allzuoft wurde einzelnen Lauten und Klangmustern große Aussagekraft zugeschrieben, ohne ihre normale Häufigkeit in der Dichtersprache, Wissenschaftssprache und Alltagssprache zu berücksichtigen. Dies führte nicht selten zu farbigen, phantasievollen Deutungen, die häufig völlig irregingen. Noch heute wird ein Teil der Literaturkritik von solchen Interpretationen geprägt.

Vor einigen Jahren habe ich eine computerunterstützte Methode beschrieben, die Lautwiederholungen auffindet und hinsichtlich der Anzahl der dazwischenliegenden Silben verschiedenen "phonologischen Rahmen" zuordnet.[1] Anstatt sich wie bisher üblich auf eine kleine Anzahl von Phänomenen zu beschränken, erfaßt diese Methode mit wenigen Ausnahmen *alle* Lautwiederholungen eines Textes, gleich ob

---

* Ich danke der Alexander von Humboldt-Stiftung für ein Forschungsstipendium, das es mir ermöglichte, diese Untersuchung zu beenden und den Untersuchungsbereich des ursprünglichen Projekts zu erweitern. Ebenso möchte ich mich bei meinen Kollegen am Institut für Kommunikationsforschung und Phonetik der Universität Bonn für hilfreiche Anregungen und Hinweise bedanken. Der North-Holland Publishing Company danke ich für die freundliche Genehmigung des Abdrucks dieses bereits in der Zeitschrift "Computers and the Humanities" 15 (1981) CHum 228 unter dem Titel "Phonology and Style: A Computer-assisted Approach to German Verse" erschienenen Artikels.

1 Chisholm, D. *Phonological Patterning in German Verse.* In: Computers and the Humanities 10 (1976), 5-20.

es sich dabei um ein Gedicht oder um einen Prossaausschnitt handelt. Meine damalige Untersuchung beschränkte sich auf deutsche Sonette des frühen 19. Jahrhunderts und galt ausschließlich der phonologischen Struktur der Gedichte. Auch wurde dort noch kein Versuch unternommen, das Verhältnis zwischen der phonologischen und semantischen Struktur der einzelnen Gedichte zu untersuchen. Diese Studie dient nun als Ausgangspunkt für meine gegenwärtige Arbeit, in der der Untersuchungsbereich auf andere Dichter und Versformen ausgedehnt wird. Diachron betrachtet erstreckt sich diese neue Untersuchung auch auf Dichter des späten 19. Jahrhunderts (C.F. Meyer, Gottfried Keller) und des frühen 20. Jahrhunderts (Rainer Maria Rilke, Georg Heym, Bertolt Brecht). In metrischer Hinsicht umfaßt sie auch Versformen wie jambische Vierheber, Blankverse und freie Rhythmen.[2] Korrelationen zwischen der phonologischen und der semantischen Ebene führen hier zu neuen Hypothesen über die Wechselbeziehung zwischen lautlicher und semantischer Struktur in der deutschen Lyrik.

Das verwendete Verfahren, das auf dem Begriff des "phonologischen Rahmens" basiert,[3] kann folgendermaßen skizziert werden: Zunächst werden Lautwiederholungsmuster erfaßt, wobei die *Silbe* als grundlegende positionelle Einheit betrachtet wird. Entsprechend der Anzahl der zwischen den wiederholten Lauten vorkommenden Silben werden darüberhinaus die Lautwiederholungen verschiedenen "Rahmen" zugeteilt: nebeneinanderliegende Silben bilden den "Rahmen 1", zwei Silben, die durch *eine* Silbe getrennt sind, den "Rahmen 2" usw. Innerhalb eines Rahmens gilt das Verhältnis der Anzahl der Lautwiederholungspaare zu der Anzahl der vorkommenden Silbenpaare als Maß für die phonologische Äquivalenz (bezüglich dieses Rahmens). In meiner

2 Benützte Ausgaben: Clemens Brentano. *Werke*. München: Hanser, 1968. Bd. 1, S. 69-75. Jörg-Ulrich Fechner (Hrsg.). *Das deutsche Sonett*. München: Fink, 1969, 131-135. Johann Wolfgang von Goethe. *Werke*. Hamburg: Chr. Wegner, 1962. Bd. 1, S. 245, 294-98. Heinrich Heine. *Sämtliche Werke*. München: Winkler, 1969. Bd. 1, S. 94-98. Eduard Mörike. *Sämtliche Werke*. München: Hanser, 1954. S. 100, 115-16, 122-24, 246. Conrad Ferdinand Meyer. *Sämtliche Werke*. Bern: Benteli, 1963. Bd. 1, S. 57, 82, 102, 113, 142, 169, 186, 212, 326, 374. Gottfried Keller. *Sämtliche Werke und ausgewählte Briefe*. München: Hanser, 1958. S. 69-75. Rainer Maria Rilke. *Sämtliche Werke*. Frankfurt: Insel, 1955. Bd. 1, S. 499-501, 731-33, 753, 769f. Georg Heym. *Dichtungen und Schriften*. Hamburg: Ellermann, 1964. Bd. 1, S. 8-10, 13, 23-27. Bertolt Brecht. *Gesammelte Gedichte*. Frankfurt: Suhrkamp, 1967. Bd. 1, S. 1, S. 313 und Bd. 2, S. 536-40, 608-11.

3 Der Begriff des "phonologischen Rahmens" geht auf Karl Magnuson zurück: Karl Magnuson. *Phonological Investigations into the Structure of German Verse*. Ph.D. diss., University of Michigan, 1966.

Untersuchung wurden folgende Erscheinungen nicht als Lautwiederholungspaare gezählt:

1. konsonantische Wiederholungen innerhalb derselben Silbe (z.B. *Tat*, *nun*, *keck*);
2. chiastische Konsonantenwiederholungen, d.h. Wiederholungen zwischen einem vorvokalischen und einem nachvokalischen Konsonanten (z.B. *er reist*, *Tag kommt*).[4]

Dieses Vorgehen soll nun in (1) veranschaulicht werden. Das Beispiel enthält eine Verszeile, deren phonemische Transkription sowie eine Liste der Lautwiederholungspaare für jeden Rahmen. (Die wiederholten Laute sind kursiv gedruckt.)

(1) *Es ist schon spät, es wird schon kalt*
/es ist šo:n špɛ:t, es virt šo:n kalt/

		Laut-paare	Silben-paare	Quotient
Rahmen 1:	/e*s*/ - /i*s*t/			
	/*š*o:n/ - /*š*pɛ:t/	2	7	0,286
Rahmen 2:	/is*t*/ - /špɛ:*t*/			
	/špɛ:*t*/ - /vir*t*/			
	/vir*t*/ - /kal*t*/	3	6	0,500
Rahmen 3:	/*š*pɛ:t/ - /*š*o:n/			
	/i*s*t/ - /e*s*/	2	5	0,400
Rahmen 4:	/*es*/ - /*es*/			
	/*ist*/ - /v*irt*/			
	/*šo:n*/ - /*šo:n*/			
	/špɛ:*t*) - /kal*t*/	8	4	2,000
Rahmen 5:		0	3	0,000
Rahmen 6:	/is*t*/ - /kal*t*/	1	2	0,500
Rahmen 7:		0	1	0,000

---

4 Positionell *nicht*-parallele Wiederholungen - z.B. *wird reisen*, *Tag vergeht* - könnten leicht durch eine kleinere Modifikation des Programms für phonologische Rahmen ausfindig gemacht werden. Dafür müssten solche chiastischen Äquivalenzen strikt von den bedeutsameren, hier untersuchten positionell parallelen Äquivalenzen unterschieden werden.

Mehrfache Wiederholungen werden paarweise erfaßt; so bilden die vier nachvokalischen /t/-Laute im 2. Rahmen beispielsweise *drei* Lautpaare. Das Verhältnis der Lautwiederholungspaare zu den vorhandenen Silbenpaaren kann unter Umständen größer als 1,000 sein, weil ein einziges Silbenpaar mehr als *eine* Äquivalenz enthalten kann (z.B. */ist/* - */virt/*). Um die maschinelle Erfassung der Wiederholungsmuster zu ermöglichen, wird jedes Gedicht phonologisch transkribiert. Die dafür benutzten Zeichen sind in (2) angegeben:

(2) Phonologisches Inventar des Deutschen

Gespannte Vokale:	/i: e: ü: ö: a: o: u:/
Maschinensymbol:	1 2 4 5 6 8 7
Lange ungespannte Vokale:	/ɛ:/
Maschinensymbol:	9
Kurze ungespannte Vokale:	/i e ü ö a o u/
Maschinensymbol:	I E Y Q A O U
Diphthonge:	/ai au oi/
Maschinensymbol:	AI AU OI
Reduzierter Vokal:	/ə/
Maschinensymbol:	3
Konsonanten:	/p b t d k g f v [ç] [x] j h/
Maschinensymbol:	P B T D K G F V C X J H
Konsonanten (Forts.):	/s z š ž n m ŋ l r/
Maschinensymbol:	S Z ( ) N M / L R

Hinsichtlich des langen "ungespannten" /ɛ:/-Lauts, der in Wörtern wie *während*, *dämlich*, *ähnlich*, *Bär* vorkommt, gehen die Meinungen der Linguisten weit auseinander. William Moulton[5] betrachtet diesen Laut als "an artificial phoneme of recent invention, without a phonological history, based only on the spelling system". Otmar

---

5 William Moulton. *The Sounds of English and German.* Chicago: University of Chicago Press, 1962. S. 69.

Werner[6] weist andererseits darauf hin, daß im süddeutschen Sprachraum die Opposition /e:/ - /ɛ:/ existiert, und ist der Überzeugung, daß der Unterschied zwischen diesen beiden Lauten nicht in der Gespanntheit, sondern in der Höhe liegt: /ɛ:/ sei demnach nicht weniger gespannt, sondern einfach *tiefer* als /e:/. Die hier benutzte Transkriptionsmethode ermöglicht sowohl eine phonemische als auch eine allophonische Auffassung des langen ä-Lauts: in den auf Magnetband gespeicherten Daten werden /e:/ und /ɛ:/ unterschieden, in der vorläufig als Eingabe für die Programme benutzten Datei dagegen können alle /ɛ:/ durch /e:/ ersetzt werden. Im allgemeinen gilt für die Vokale die Opposition gespannt-ungespannt anstatt lang-kurz. Die Transkription der Konsonanten ist mit einer Ausnahme rein phonemisch: der palatale Reibelaut [ç] und der velare Reibelaut [x] sind Allophone *eines* Phonems, werden aber hier trotzdem auseinandergehalten. Ein Grund dafür ist, daß sie wegen der komplementären Verteilung nicht miteinander reimen können.

Akzent wird als binäres prosodisches Merkmal betrachtet. Mit der Markierung *+betont* werden folgende Silbentypen versehen:

a) alle einsilbigen Formen von Substantiven, Adjektiven und Vollverben (z.B. *Baum*, *grün*, *sieht*);
b) alle einsilbigen abtrennbaren Verbpräfixe (z.B. *ab*, *hin*, *her*);
c) alle einsilbigen Demonstrativpronomen (z.B. *dér*, *díe*);
d) alle primärbetonten (den Hauptakzent tragenden) Silben in mehrsilbigen Wörtern (*über*, *genug*, *Apfel*, *Universität*, *erlebt*) und
e) alle sekundärbetonten (den Nebenakzent tragenden) Silben in Wörtern, die aus drei oder mehr Silben bestehen (*Apfelbaum*, *Kirschbäume*, *abschicken*, *ausgehen*).

In der maschinenlesbaren Kodierung werden die Silbengrenzen in mehrsilbigen Wörtern durch ein Sternchen (*), betonte Silben durch ein Plus-Zeichen (+) gekennzeichnet. Ein Beispiel für die vollständige Transkription ist folgende Kodierung eines jambischen Fünfhebers:

---

6 Otmar Werner. *Phonemik des Deutschen*. Stuttgart: Metzler, 1972. S. 31.

(3) Orthographischer Text: *Ich meine nur: wenn einer an nichts hinge*

Phonologische Transkription: /iç mainə nu:r ven ainər an niçts hiŋə/

Maschinensymbole: IC + MAI*N3 N7R VEN +AI*N3R AN NICTS +HI/3

Ein in SNOBOL4 geschriebenes Computer-Programm sucht nach allen Lautwiederholungspaaren in vorvokalischer, vokalischer und nachvokalischer Position innerhalb eines jeden phonologischen Rahmens. Die auf diese Weise gewonnenen Daten werden sowohl in tabellarischer Form angeordnet als auch statistisch ausgewertet. Die tabellarische Darstellung enthält alle Silben mit Lautäquivalenzen nach Versen und nach Silbenpositionen im Vers angeordnet. Jedes Gedicht wird als eine einzige lange Silbenkette betrachtet. Zwar ist es möglich, die Äquivalenzen in sämtlichen Rahmen eines Gedichts[7] zu erfassen (bis zum 127. Rahmen in unserem Beispiel von C.F. Meyer), da aber phonologische Äquivalenzen, die durch viele Silben getrennt sind (z.B. zwischen der ersten und der letzten Silbe eines Sonetts) höchstwahrscheinlich als solche nicht wahrgenommen werden, ist es zweckmäßig, nur eine begrenzte Anzahl von phonologischen Rahmen zu berücksichtigen. In den meisten Fällen werte ich so viele Rahmen aus, wie Silben in einer Zeile sind.[8] Während die Statistik nur die Gesamtzahl der Wiederholungspaare erfaßt, zeigt die tabellarische Darstellung die *Verteilung* dieser Lautpaare im Text. Als Beispiel werden der orthographische Text in (4), der transkribierte Eingabetext in (5), die statistische Auswertung in Tabelle 1 und die tabellarische Darstellung für den 2. Rahmen eines Gedichtes von C.F. Meyer in Tabelle 2 angegeben.

---

7 Bei der Berechnung der Anzahl von metrischen Silbenpositionen im jambischen Pentameter-Vers bleibt die außermetrische unbetonte Silbe am Ende von elfsilbigen Zeilen unberücksichtigt.

8 Die Distanz, über welche eine phonologische Äquivalenz als solche wahrgenommen wird, variiert vermutlich von Person zu Person. So spricht man normalerweise dann von Endreim, wenn die Äquivalenz aus zwei oder mehr Phonemen besteht und der Abstand eine, zwei oder drei Zeilen beträgt, während ein Refrain (in dem die Äquivalenz aus einer ganzen Zeile besteht) von einer viel größeren Zeilenzahl getrennt sein kann.

(4) C.F. Meyer

Napoleon im Kreml

Orthographischer Text:

Er nickt mit seinem großen Haupt
Am Feuer eines fremden Herds:
Im Traum erblickt er einen Geist,
Der seines Purpurs Spange löst.

Der Dämon schreit mit wilder Gier:
"Mich lüstet nach dem roten Kleid!
In ungezählter Menschen Blut
Getaucht, verfärbt der Purpur nicht!"

Die beiden rangen Leib an Leib.
"Gib her!" - "Gib her!" Der Dämon fleucht
Mit spitzen Flügeln durch die Nacht
Und schleift den Purpur hinter sich.

Und wo der Purpur flatternd fliegt,
Sprühn Funken, lodern Flammen auf!
Der Korse fährt aus seinem Traum
Und starrt in Moskaus weiten Brand.

(5)

Transkribierter Eingabetext:

```
& C. F. MEYER: NAPOLEON IM KREML
1.  2R +NIKT MIT +ZAI*N3M + GR8*S3N +HAUPT
2.  AM +FOI*3R +AI*N3S +FREM*D3N +H2RTS
3.  IM +TRAUM ER*+BLIKT 2R +AI*N3N +GAIST
4.  D2R +ZAI*N3S +PUR*PURS +(PA*/3 +L5ST
&
5.  D2R +D2*MON +(RAIT MIT +VIL**D3R +G1R
6.  MIC +LYS*T3RT N6X D2M +R8*T3N +KLAIT
7.  IN +UN*G3*+TS2L*T3R +MEN*(3N +BL7T
8.  G3*+TAUXT FER*+FERPT D2R +PUR*PUR NICT
&
9.  D1 +BAI*D3N +RA*/3N +LAIP AN +LAIP
10. +GIP +H2R +GIP +H2R D2R +D2*MON +FLOICT
11. MIT +(PIT*S3N +FL4*G3LN DURC D1 +NAXT
12. UNT +(LAIFT D2N +PUR*PUR +HIN*T3R ZIC
&
13. UNT V8 D2R +PUR*PUR +FLA*T3RNT +FL1KT
14. +(PR4N +FUN*K3N +L8*D3RN +FLA*M3N +AUF
15. D2R +K8R*Z3 +F2RT AUS +ZAI*N3M +TRAUM
16. UNT +(TART IN +MOS*KAUS +VAI*T3N +BRANT
```

Vorkommenshäufigkeit von Lautwiederholungspaaren in vorvokalischer, vokalischer und nachvokalischer Position

	vorvokalische Konsonanten			volle Vokale			reduzierter Vokal			nachvokalische Konsonanten			insgesamt		
	1	2	3	1	2	3	1	2	3	1	2	3	1	2	3
S-S:	9	47	0,191	6	55	0,109	0	55	0,000	9	26	0,346	24	55	0,436
S-U:	0	6	0,000	1	6	0,167	0	6	0,000	1	5	0,200	2	6	0,333
U-S:	0	5	0,000	0	6	0,000	0	6	0,000	1	3	0,333	1	6	0,167
U-U:	3	44	0,068	0	59	0,000	10	59	0,169	15	46	0,326	28	59	0,475
Σ:	12	102	0,118	7	126	0,056	10	126	0,079	26	80	0,325	55	126	0,437

Spalte 1: Anzahl der Lautwiederholungspaare
Spalte 2: Anzahl der Silbenpaare
Spalte 3: Quotient von Lautwiederholungspaaren und Silbenpaaren

S = betonte Silbe
U = unbetonte Silbe

Tab. 1: Statistische Auswertung für Rahmen 2.

TABELLARISCHE DARSTELLUNG FUER RAHMEN 2

	1	2	3	4	5	6	7	8
1					N3M		S3N	
2			3R		N3S		D3N	
3			ER		2R	+AI		+GAIST
4		+ZAI	N3S	+PUR	PURS	+(PA		
5			MON		MIT			
6							T3N	
7	IN		G3		T3R		(3N	+BL7T
8	G3	+TAUXT	FER	+FERPT	D2R	+PUR	PUR	
9	D1		D3N		/3N	+LAIP	AN	+LAIP
10	+G1P	+H2R	+G1P	+H2R		+D2	MON	+FLOICT
11	MIT	+(PIT	S3N		G3LN			+NAXT
12	UNT	+(LAIFT	D2N		PUR	+HIN	T3R	ZIC
13			D2R		PUR	+FLA	T3RNT	+FL1KT
14	+(PR4N	+FUN	K3N	+L8	D3RN	+FLA	M3N	
15		+K8R		+F2RT				+TRAUM
16	UNT	+(TART	IN					

Tab. 2: C.F. Meyer, "Napoleon im Kreml".

In diesem Beispiel zeigt die tabellarische Darstellung *alle* Silben, in denen Lautwiederholungen innerhalb des 2. Rahmens vorkommen. In der dritten und vierten Zeile dieser Tabelle zum Beispiel erscheint die Wiederholung des /ai/-Phonems in den Silbenpositionen 6, 8 und 2. Auf diese Weise läßt sich die Progression der lautlichen Struktur vom Anfang bis zum Ende eines Gedichtes leicht überschauen, da man feststellen kann, welche Laute wiederholt werden und in welchem Teil des Gedichts die Lautwiederholungen überwiegen. Um zwei oder mehrere Gedichte miteinander zu vergleichen, kann man den "Koeffizienten der phonologischen Wiederholung" berechnen, indem man innerhalb einer bestimmten Anzahl von phonologischen Rahmen die Anzahl der Lautwiederholungspaare durch die Anzahl der Silbenpaare dividiert. Tabelle 3 gibt als Beispiel die Äquivalenzkoeffizienten an für die Rahmen 1-10 in den folgenden Texten von Goethe:

(1) zehn 140-silbige Ausschnitte wissenschaftlicher Prosa (aus dem *Entwurf einer Farbenlehre*);
(2) zehn Sonette in jambischen Fünfhebern;
(3) fünfundzwanzig 140-silbige Ausschnitte aus dem Blankversrama *Iphigenie* (5 Ausschnitte aus jedem Aufzug);
(4) neun Ausschnitte aus den Versen in freien Rhythmen.[9]

Diese Tabelle zeigt, daß in typisch jambischen Versen der Klassik und Romantik die geradzahligen Rahmen (2, 4, 6, 8, 10) durchgehend einen höheren Äquivalenzkoeffizienten aufweisen als die ungeradzahligen Rahmen (1, 3, 5, 7, 9). Auf diese Weise unterstützt die Phonologie die Opposition zwischen prominenten und nicht-prominenten Positionen des jambischen Metrums. Wir werden später sehen, daß einige deutsche Sonette des frühen 20. Jahrhunderts die deutliche Tendenz zeigen, diese herkömmliche Alternation durch eine Zunahme der phonologischen Äquivalenzen in den ungeradzahligen Rahmen zu stören. Bemerkenswert ist auch die Tatsache, daß der Äquivalenzkoeffizient sowohl bei Versen als auch bei der Prosa im ersten Rahmen tiefer liegt als in allen anderen Rahmen. Dieses Faktum spiegelt ein manchmal in deutschen Stilhandbüchern explizit ausgedrücktes Gefühl dafür wieder, daß übermäßige Wiederholung in nebeneinanderliegenden Silben "schlechter Stil" sei, und daß Folgen wie "*die, die dir diese Dinge sagen*" zu vermeiden seien.(Beispiel aus Opitz, *Das Buch von der deutschen Poesie*.)

In zehnsilbigen Versen (Sonette, *Iphigenie*) ist der Äquivalenz-

---

9 Diese Verse und Gedichte sind folgender Ausgabe entnommen: Johann Wolfgang von Goethe. *Werke*. Hamburg: Chr. Wegner, Bd. 13 (*Entwurf einer Farbenlehre*), Bd. 1 (Sonette und freie Verse), Bd. 5 (*Iphigenie*). Die Titel der Sonette sind: *Das Sonett*, *Natur und Kunst ...*, *Mächtiges Überraschen*, *Freundliches Begegnen*, *Kurz und Gut*, *Das Mädchen spricht*, *Wachstum*, *Reisezehrung*, *Abschied*, *Die Liebende schreibt*. Die Gedichte in freiem Vers sind: *Gesang der Geister über den Wassern*, *An Schwager Kronos* (zwei Ausschnitte), *Ganymed*, *Grenzen der Menschheit*, *Das Göttliche* (zwei Ausschnitte) und *Prometheus* (zwei Ausschnitte).

	Phonologische Rahmen										
	1	2	3	4	5	6	7	8	9	10	Σ
Farbenlehre (10 Ausschnitte)											
Lautpaare	260	388	410	423	428	403	418	412	414	360	3916
Silbenpaare	1439	1429	1419	1409	1399	1389	1379	1369	1359	1349	12940
Quotient	0,181	0,272	0,289	0,300	0,306	0,290	0,298	0,301	0,305	0,267	0,281
Zehn Sonette											
Lautpaare	287	401	326	415	317	415	314	378	391	476	3630
Silbenpaare	1390	1380	1370	1360	1350	1340	1330	1320	1310	1300	13450
Quotient	0,206	0,291	0,238	0,305	0,234	0,310	0,236	0,286	0,230	0,366	0,270
Iphigenie (25 Ausschnitte)											
Lautpaare	712	1070	757	1136	753	1149	781	1059	740	1259	9376
Silbenpaare	3475	3450	3425	3400	3375	3350	3325	3300	3275	3250	33625
Quotient	0,205	0,310	0,221	0,334	0,223	0,343	0,235	0,321	0,226	0,375	0,279
Freie Verse (9 Ausschnitte)											
Lautpaare	313	454	463	461	513	428	473	472	452	489	4518
Silbenpaare	1481	1472	1463	1454	1445	1436	1427	1418	1409	1400	14405
Quotient	0,211	0,308	0,316	0,315	0,355	0,298	0,331	0,333	0,321	0,349	0,314

Tab. 3: Verhältnis von Laut- und Silbenpaaren in den Rahmen 1-10 in den Gedichten und in Prosa bei Goethe.

koeffizient für den 10. Rahmen, d.h. für vertikale Wiederholungen in aufeinanderfolgenden Zeilen, höher als in den anderen geradzahligen Rahmen. In den Sonetten liegt das zum Teil am Endreim, der Äquivalenz in den Rahmen 10, 20, 30 und 40 erzeugt; in den *reimlosen* Blankversen der Iphigenie dagegen zeigt der hohe Äquivalenzkoeffizient im 10. Rahmen, daß "Endreim" in der deutschen Verskunst zum großen Teil als eine konventionelle Manifestation einer allgemeinen Tendenz, nämlich zur vertikalen Wiederholung nicht nur am Zeilen*ende*, sondern durch die ganze Zeile hindurch zu betrachten ist.

Bemerkenswert ist darüber hinaus die Tatsache, daß der Äquivalenzkoeffizient in den Rahmen 1-10 in den *freirhythmischen* Versen (0,314) signifikant höher liegt als in der Prosa (0,281) und den jambischen Versen (0,270; 0,279).[10] Allerdings wird erst eine Erweiterung der Untersuchung auf die freirhythmischen Verse anderer deutscher Dichter zeigen, ob dies eine allgemeine Tendenz in der deutschen Verskunst darstellt. Sollte dies tatsächlich zutreffen, wäre folgende Erklärung denkbar: während sich traditionelle (gebundene) Verse durch Endreim und Metrum von der Prosa abheben, unterscheiden sich die freirhythmischen Verse (bei denen Versmaß und Endreim fehlen) von der Prosa durch einen signifikant höheren Äquivalenzkoeffizienten in allen phonologischen Rahmen.

Um feststellen zu können, inwieweit zwischen den Sonetten des frühen 19. Jahrhunderts, des späten 19. Jahrhunderts und des frühen 20. Jahrhunderts Unterschiede in der phonologischen Struktur bestehen, wurden für hundert zwischen 1800 und 1938 geschriebene Sonette die Äquivalenzkoeffizienten in den ersten zehn Rahmen ausgerechnet. In (6) sind die Dichter sowie die Entstehungszeit der untersuchten Sonette angeführt:

---

10 Die Signifikanz des Unterschieds kann mit Hilfe des χ^2-Tests geprüft werden. Der Unterschied zwischen den Proben für den freien Vers und für Prosa ist hochsignifikant ($\chi^2 = 22{,}54$) bei einer Irrtumswahrscheinlichkeit von 5%, während der Unterschied zwischen dem Prosabeispiel und bem Beispiel für den jambischen Vers in demselben Bereich nicht signifikant ist ($\chi^2 = 3{,}02$).

(6)	Brentano	1795 - 1810
	Schlegel	1800 - 1806
	Goethe	1802 - 1808
	Heine	1817 - 1821
	Mörike	1824 - 1838
	Meyer	1870 - 1882
	Keller	1870 - 1883
	Rilke	1905 - 1923
	Heym	1910 - 1912
	Brecht	1933 - 1938

Tabelle 4 zeigt für jeden dieser Dichter den Durchschnitt der zehn Äquivalenzkoeffizienten sowohl in geradzahligen (a) als auch in ungeradzahligen Rahmen (b), ferner deren Differenz als Maß für den *Kontrast* zwischen geradzahligen und ungeradzahligen Rahmen (d). Die Äquivalenzkoeffizienten für die geradzahligen Rahmen (a) zeigen einen deutlichen Unterschied zwischen den Sonetten von Heym, Meyer, Heine und Keller und denen aller anderen hier in Betracht gezogenen Dichtern. Der Kontrast zwischen den geradzahligen und ungeradzahligen Rahmen (d) zeigt denselben Unterschied. Es ist auffallend, daß sich Heinrich Heine deutlich von seinen Zeitgenossen in der Lautstruktur unterscheidet und sich den Dichtern des späten 19. und frühen 20. Jahrhunderts annähert, bemerkenswert deswegen, weil die Literaturwissenschaft oft beobachtet hat, daß dieser Dichter, der die Romantik seiner Zeitgenossen häufig mit einem sarkastischen Realismus ironisiert hat, für den Anfang des 19. Jahrhunderts atypisch ist. Die Resultate in Tabelle 4 zeigen, daß der poetische Stil Heinrich Heines sich nicht nur semantisch, sondern auch phonologisch von dem seiner Zeitgenossen scharf unterscheidet.

Um den Unterschied zwischen einem hohen Grad an Kontrast (welcher das Metrum unterstützt) und einem niedrigen Grad an Kontrast (welcher dem Metrum entgegenwirkt) zu veranschaulichen, betrachten wir einige Gedichte von Heym, Rilke und Brecht. Das Diagramm (7) vergleicht das Verhältnis von Lautpaaren zu Silbenpaaren in den

(a) geradzahlige Rahmen (2, 4, 6, 8, 10)

Heym	0,395
Meyer	0,391
Heine	0,367
Keller	0,365
Brecht	0,337
Rilke	0,332
Schlegel	0,331
Brentano	0,328
Mörike	0,312
Goethe	0,311

(b) ungeradzahlige Rahmen (1, 3, 5, 7, 9)

Brecht	0,244
Rilke	0,232
Goethe	0,229
Keller	0,225
Schlegel	0,216
Meyer	0,216
Heine	0,215
Heym	0,213
Brentano	0,212
Mörike	0,203

(c) Rahmen 1-10

(Goethe, *Freie Verse* 0,314)

Heym	0,303
Meyer	0,303
Keller	0,295
Brecht	0,291
Heine	0,291
Rilke	0,282
Schlegel	0,273
Goethe	0,270
Brentano	0,270
Mörike	0,260

(d) Kontrast zwischen geradzahligen und ungeradzahligen Rahmen

Heym	0,182
Meyer	0,175
Heine	0,151
Keller	0,140
Mörike	0,117
Brentano	0,116
Schlegel	0,115
Rilke	0,100
Brecht	0,093
Goethe	0,083

Goethe, *Freie Verse*	0,015
Goethe, *Farbenlehre*	0,010

Tab. 4: Äquivalenzkoeffizienten für 100 Sonette von 10 deutschen Dichtern des 19. und 20. Jahrhunderts.

Rahmen 1-10 bei fünfzig Sonetten des frühen 19. Jahrhunderts (durchgezogene Linie) mit einem einzigen Sonett von Georg Heym (gestrichelte Linie). Dieses Sonett weist einen ungewöhnlich großen Kontrast zwischen phonologischen Übereinstimmungen in geradzahligen und ungeradzahligen Rahmen auf und unterstützt damit das metrische Schema. In (8) werden dieselben 50 Sonette mit einem Rilkeschen Sonett aus dem Orpheus-Zyklus verglichen, einem Zyklus, in dem sich Rilke an der äußersten Grenze des herkömmlichen Sonetts bewegt.

(7)

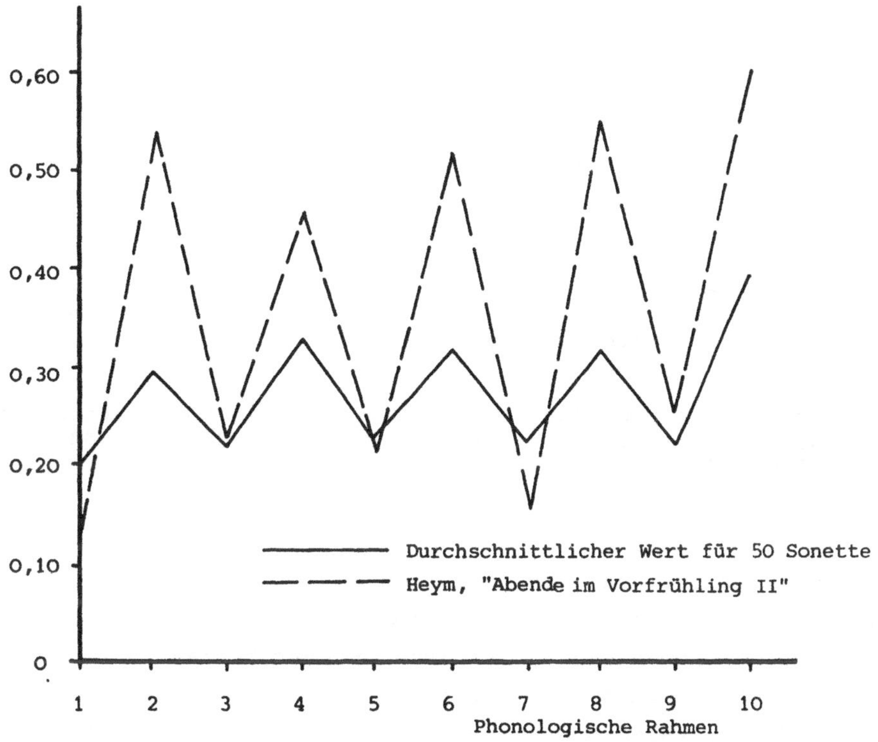

Kontrast der Äquivalenzen für geradzahlige und ungeradzahlige Rahmen: 0,342.

<u>Abb.:</u> Verhältnis von Laut- und Silbenpaaren in 50 Sonetten (Schlegel, Brentano, Goethe, Heine, Mörike) und Georg Heyms "Abende im Vorfrühling II".

(8)

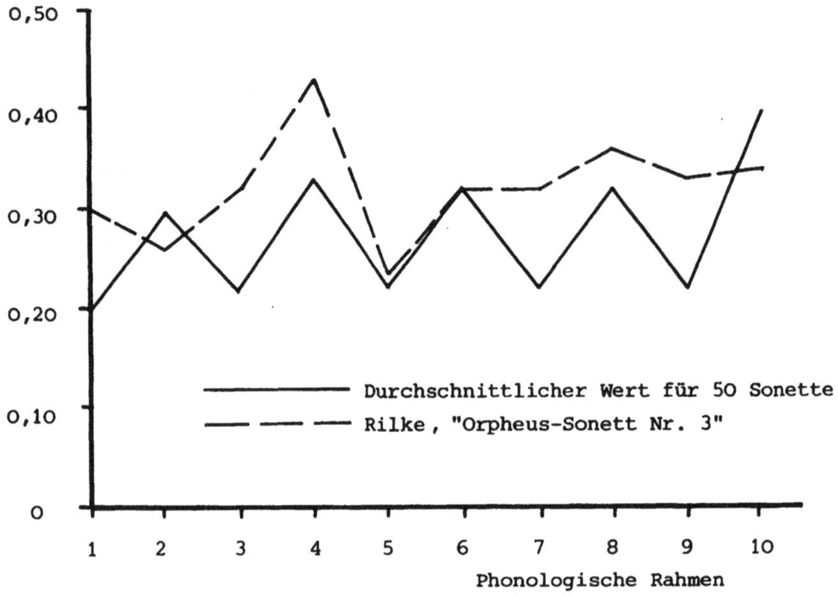

Kontrast der Äquivalenzen für geradzahlige und ungeradzahlige Rahmen: 0,042.

Abb.: Verhältnis von Laut- und Silbenpaaren in 50 Sonetten(Schlegel, Brentano, Goethe, Heine, Mörike) und Rilkes "3. Orpheus--Sonett".

Bemerkenswert ist, daß die Äquivalenzen in den ungeradzahligen Rahmen 1 und 3 höher sind als in Rahmen 2 und daß sie in den Rahmen 6 und 7 gleich hoch sind. In diesem Sonett beträgt der Unterschied zwischen den Äquivalenzen in gerad- und ungeradzahligen Rahmen nur 0,042, während Heyms Sonett einen Unterschied von 0,342 aufweist.

Wolfgang Kayser beklagt in seinem bekannten Buch über den deutschen Vers, daß Rilkes Sonette nicht wirklich Sonette seien, da die häufige Verwendung des Enjambements und metrischer "Inversionen" die Einheit der Verszeile und des jambischen Metrums zu zerstören drohte.[11] Kayser erwähnt jedoch nicht, daß auch die *Phonologie* bei der graduellen Auflösung der Sonett-Form eine wichtige

11 Wolfgang Kayser, *Kleine deutsche Versschule*. München: Francke, 1965. S. 64.

Rolle spielt. In Rilkes drittem Orpheus-Sonett z.B. trägt die Phonologie sogar mehr als das Enjambement zur Auflösung des jambischen Metrums bei.

Diese Auflösungstendenz verstärkt sich noch in vielen Sonetten Bertolt Brechts, so daß das klassische Sonett seit Mitte des 20. Jahrhunderts in der deutschen Dichtung nicht mehr als lebensfähige Versform gelten kann. Dies veranschaulicht das folgende für Brecht typische Sonett.

(9) Das sechste Sonett

Als ich vor Jahr und Tag mich an dich hing
War ich darauf nicht allzu sehr erpicht:
Wenn man nicht wünscht, vermißt man vielleicht nicht
Gab's wenig Lust, ist auch der Gram gering.

Und besser ist: kein Gram als: viele Lust
Und besser als verlieren: sich bescheiden.
Der Männer Wollust ist es: nicht zu leiden.
Gekonnt ist gut, doch allzu schlimm: gemußt.

Natürlich ist das eine schäbige Lehre
Der war nie reich, der niemals was verlor!
Ich sag auch nicht, daß ich verdrießlich wäre ...

Ich meine nur: wenn einer an nichts hinge
Dem stünd auch keine schlimme Zeit bevor.
Indessen sind wir nicht die Herrn der Dinge.

Die phonologische Struktur dieses Gedichts (graphisch dargestellt in Abbildung (10)) weicht drastisch von der des klassischen Sonetts ab: Der Äquivalenzunterschied zwischen gerad- und ungeradzahligen Rahmen beträgt nur 0,034 - er ist also noch geringer als in Rilkes "3. Orpheus-Sonett". Dies bewirkt, daß Brechts Sonett eher wie Prosa klingt, die nur wenig oder überhaupt keinen Kontrast zwischen diesen Rahmen enthält. (Vergleiche den Wert für Goethes *Farbenlehre* in Teil (d) der Tabelle 4.)

Noch stärker wirkt sich jedoch die Tatsache aus, daß das Äquivalenzmaß in den phonologischen Rahmen 3, 5 und 7 wesentlich *höher* ist als in den Rahmen 2, 4 und 6 - eine genaue Umkehrung des Lautwiederholungsmusters des klassischen Sonetts. Hier droht die außerordentliche Höhe der phonologischen Äquivalenz zwischen betonten und unbetonten Positionen des Metrums die zugrundeliegende metrische Abstraktion, die auf dem *Kontrast* zwischen diesen beiden Positionen

(10)

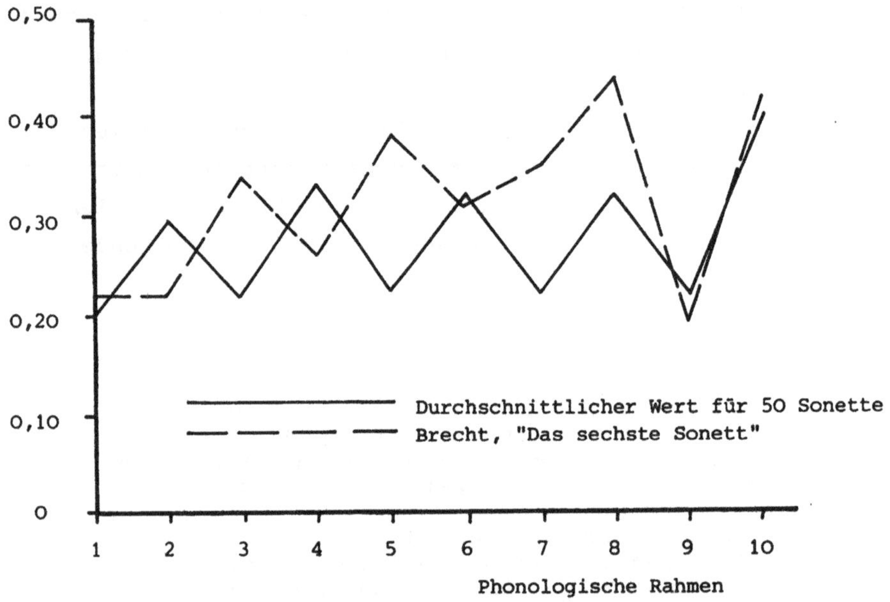

Kontrast der Äquivalenzen für geradzahlige und ungeradzahlige Rahmen: 0,034.

Abb.: Verhältnis von Laut- und Silbenpaaren in 50 Sonetten (Schlegel, Brentano, Goethe, Heine, Mörike) und Brecht, "Das sechste Sonett".

basiert, gänzlich zu zerstören. Nur in den Rahmen 8-10 tritt das erwartete Muster auf (hohe Äquivalenz in Rahmen 8 und 10, niedrige Äquivalenz in Rahmen 9), wodurch eine völlige Auflösung des Metrums verhindert wird.

Dieser Bruch mit der Tradition auf der phonologischen Ebene findet in Brechts Gedicht eine Entsprechung auf der inhaltlichen Ebene: thematisch ist das Gedicht ein nüchternes "Anti-Liebes"-Sonett, das in direktem Gegensatz steht zu den erhabenen Gefühlen des traditionellen klassisch-romantischen Liebessonetts im 18. und 19. Jahrhundert.

Vertikale Lautwiederholungen im deutschen Vers

In der Entwicklungsgeschichte einer Versform treten häufig interne Modifikationen nur in den Werken sehr weniger Dichter auf, während deren Zeigenossen nach wie vor auf traditionelle Art und Weise von der Form Gebrauch machen.

Gewöhnlich wird die traditionelle Versform von den Dichtern, die formale Neuerungen einführen, auch nicht völlig verworfen oder zerstört. Experimentiert der Dichter mit einem Teil des Versifikationssystems, so hält er strikt an den anderen Teilen dieses Systems fest oder verstärkt diese sogar, um seine formalen Veränderungen auszugleichen.

Tabelle 3 legt z.B. die Vermutung nahe, daß der freie Vers in Deutschland, nachdem er sich sowohl vom Metrum als auch vom Reim losgelöst hatte, diesen drastischen Bruch mit der Tradition durch Erhöhung der gesamten phonologischen Äquivalenz im Gedicht ausglich, und zwar bis zu einem Punkt, an dem sie signifikant höher ist als die in nicht-literarischer Prosa derselben Zeit. Auf diese Weise hilft die Phonologie bei der Unterscheidung dieser beiden literarischen Gattungen.

Ein formales Merkmal des deutschen Verses ist jedoch so durchdringend, daß es die Verse selbst so drastischer Erneuerer und Experimentatoren wie Rilke und Brecht beherrscht. Dieses Charakteristikum ist die Vorherrschaft vertikaler Lautwiederholungen zwischen Zeilen gegenüber phonologischen Äquivalenzen innerhalb von Zeilen. Diesen Umstand berücksichtigen wir in unserer Terminologie durch die Unterscheidung von *primären* und *sekundären* Rahmen:

In einem jambischen Pentameter-Sonett sind beispielsweise die Rahmen 10, 20, 30, 40 usw. "primäre" Rahmen, die Rahmen 1-9 "sekundäre" Rahmen.

Die Koeffizienten der phonologischen Äquivalenzen in primären Rahmen und in den geradzahligen sekundären Rahmen für unser Korpus (100 Sonette) werden in Tabelle 5 angeführt. Bei den primären Rahmen werden diese Koeffizienten einmal unter Einbezug des Endreims (die Silben 1-10 jeder Zeile) und einmal unter dessen Ausschluß (die Silben 1-8 jeder Zeile) aufgelistet.

Zu beachten ist, daß alle Gedichte - einschließlich derer von Rilke und Brecht - in den primären Rahmen 10, 20, 30 und 40 höhere Äqui-

	primäre Rahmen 10,20,30,40		sekundäre Rahmen 2,4,6,8
	Silbenpositionen 1-10	Silbenpositionen 1-8	Silbenpositionen 1-10
Heym	0,48	0,44	0,37
Keller	0,46	0,38	0,36
Meyer	0,44	0,41	0,37
Heine	0,44	0,41	0,35
Schlegel	0,42	0,37	0,32
Brentano	0,42	0,37	0,31
Mörike	0,42	0,36	0,30
Rilke	0,38	0,36	0,30
Brecht	0,38	0,33	0,31
Goethe	0,37	0,34	0,30
(Goethe, *Iphigenie*)	(0,38)	(-)	(0,33)

Tab. 5: Koeffizienten der phonologischen Äquivalenz in den primären Rahmen (10, 20, 30, 40) und in den geradzahligen sekundären Rahmen (2, 4, 6, 8) mit und ohne Berücksichtigung des Endreims.

valenzen aufweisen als in den geradzahligen sekundären (2, 4, 6, 8), auch dann, wenn man den Endreim von der Betrachtung ausschließt. So dominieren sogar in den Sonetten der Dichter des 20. Jahrhunderts vertikale Wiederholungsmuster gegenüber horizontalen. Dieses Merkmal des deutschen jambischen Verses hat sich trotz weitreichender formaler Veränderungen in anderen Bereichen seit dem 17. Jahrhundert erhalten.[12]

Das vertikale Wiederholungsmuster ist im Deutschen auch in den meisten *nicht-gereimten* Versen vorherrschend. In den fünfundzwanzig vierzehnzeiligen Ausschnitten aus Goethes Blankvers-Drama "Iphigenie" (die letzten 70 jambischen Pentameter-Zeilen eines jeden Aufzugs) beträgt der Äquivalenzkoeffizient 0,38 in den primären Rahmen und 0,33 in den geradzahligen sekundären Rahmen. Die ungereimten jambischen vierhebigen Gedichte Conrad Ferdinand Meyers weisen einen noch größeren Kontrast zwischen primären und sekundären Rahmen auf: der durchschnittliche Äquivalenzkoeffizient für diese acht Ge-

12 Für den *englischen* Vers des 19. Jahrhunderts ist die Vorherrschaft der Äquivalenz in den primären Rahmen gegenüber der in den geradzahligen sekundären Rahmen nur bei Berücksichtigung des Endreims feststellbar. Wenn kein Endreim vorliegt (z.B. bei Blankvers) oder wenn Endreim aus der Betrachtung ausgeschlossen wird, weisen die geradzahligen sekundären Rahmen einen ebenso grossen Äquivalenzgrad auf wie die primären Rahmen.

dichte erreicht in den primären Rahmen 8, 16, 24 den Wert 0,45 verglichen mit 0,37 in den geradzahligen sekundären Rahmen (2, 4, 6). Zur Veranschaulichung dient Meyers 16-zeiliges Gedicht "Napoleon im Kreml" (vgl. (4)).

Eine Zusammenstellung der statistischen Ergebnisse für die sekundären Rahmen (1-7) und die ersten drei primären Rahmen (8, 16, 24) findet man in Tabelle 6.

Rahmen	Lautwiederholungs-paare	Silbenpaare	Verhältnis von Laut- und Silbenpaaren
1	49	127	0,386
2	55	126	0,437
3	31	125	0,248
4	58	124	0,468
5	31	123	0,252
6	51	122	0,418
7	22	121	0,182
8	70	120	0,583
16	51	112	0,455
24	61	104	0,587
primäre Rahmen 8,16,24	182	336	0,542
sekundäre Rahmen 2,4,6	164	372	0,441

Tab. 6: C.F. Meyer, *Napoleon im Kreml.* Zusammenstellung der statistischen Ergebnisse.

Aus Tabelle 3 ist zu ersehen, daß innerhalb der deutschen Prosa und Dichtung die allgemeine Tendenz besteht, übertriebene phonologische Wiederholungen in Rahmen 1 zu vermeiden. "Napoleon im Kreml" zeigt jedoch in dieser Rahmen einen hohen Äquivalenzgrad, für den zum Teil die vier Vorkommnisse des begrifflich und symbolisch wichtigen Worts *Purpur* (12 Lautpaare) und des darauf bezogenen Verbs *verfärbt* (3 Lautpaare) verantwortlich sind. Die achte Zeile des Gedichts zeigt einen außergewöhnlich hohen Äquivalenzgrad in Rahmen 1:

(11) *Getaucht, verfärbt der Purpur nicht*

Lautwiederholungspaare:	8
Silbenpaare:	7
Quotient:	1,14

Dieses Gedicht weist ebenfalls einen hohen Äquivalenzgrad in allen geradzahligen Rahmen auf und hat - obwohl es ungereimt ist - in den primären Rahmen 8, 16, 24 einen signifikant höheren Äquivalenzkoeffizienten als in den geradzahligen sekundären Rahmen (0,542 vs. 0,441). Um von der Verteilung dieser Lautpaare einen Eindruck zu gewinnen, betrachte man die tabellarische Darstellung für Rahmen 8 in Tabelle 7. Hierbei ist zu beachten, daß die größte Anzahl vertikaler Wiederholungen in diesem ungereimten Gedicht in Reim-Position (Silbenposition 8) und in der ihr unmittelbar vorausgehenden Position (Silbenposition 7) vorkommt.

	1	2	3	4	5	6	7	8
1				+ZAI	N3M	+GR8	S3N	+HAUPT
2	AM		3R	+AI	N3S	+FREM	D3N	+H2RTS
3	IM		ER		2R		N3N	+GAIST
4	D2R				PURS		/3	+L5ST
5	D2R						D3R	
6	MIC		T3RT				T3N	+KLAIT
7	IN		G3		T3R		(3N	+BL7T
8					D2R			NICT
9	D1						AN	+LAIP
10	+G1P					+D2	MON	+FLOICT
11	MIT	+(PIT	S3N			DURC		+NAXT
12	UNT	+(LAIFT	D2N	+PUR	PUR		T3R	
13	UNT		D2R	+PUR	PUR	+FLA	T3RNT	
14	+(PR4N		K3N		D3RN	+FLA	M3N	+AUF
15		+K8R	Z3		ALS	+ZAI	N3M	+TRAUM
16		+(TART			KAUS	+VAI	T3N	+BRANT

Tab. 7: Tabellarische Darstellung für Rahmen 8.

Um Aussagen treffen zu können, inwieweit diese Verteilung auch für andere primäre Rahmen charakteristisch ist, wird in Tabelle 8 für die primären Rahmen 8, 16, 24 und 32 von "Napoleon im Kreml"

Primäre Rahmen	Metrische Silbenpositionen: erste Hälfte der Zeile 1	2	3	4	Σ	zweite Hälfte der Zeile 5	6	7	8	Σ	prozentualer An-Anstieg
8	12	4	9	4	29	11	8	14	13	46	+58,6 %
16	7	2	9	7	25	10	0	13	13	36	+44,0 %
24	6	4	8	10	28	8	2	14	13	37	+32,1 %
32	8	3	11	8	30	9	6	13	11	39	+30,0 %
Σ	33	13	37	29	112	38	16	54	50	158	+41,1 %

Tab. 8: Verteilung der Silben mit vertikaler Äquivalenz in "Napoleon im Kreml".

die Verteilung der Silben angegeben, in denen vertikale Äquivalenz vorkommt. Diese Tabelle zeigt recht deutlich, daß bei diesen Rahmen das vertikale Wiederholungsmuster am häufigsten in der zweiten Hälfte der Verszeile, insbesondere in den letzten beiden Silbenpositionen auftritt. Auf diese Weise entsteht durch die phonologische Struktur der Eindruck eines "Reims", und zwar gerade in dem Teil der Zeile, in dem man normalerweise einen Endreim vorfindet.

Diese Arbeit hatte das Ziel, einige Möglichkeiten aufzuzeigen, wie unsere Kenntnisse über die diachronischen Tendenzen und stilistischen Unterschiede von einzelnen Gedichten, Versformen, Dichtern und Epochen durch computerunterstützte Studien zur phonologischen Struktur der Gedichte ergänzt werden können. Dieses Vorgehen erweist sich als solider Ausgangspunkt für Untersuchungen der Beziehungen zwischen Bedeutungs- und Klangstruktur sowohl in der deutschen Verstradition als auch in den Verstraditionen anderer Sprachen. So lassen die Vorteile, die sich durch diesen Ansatz für die deutsche Poetik ergeben, vermuten, daß ein entsprechendes Verfahren auch gewinnbringend auf die Lyrik und Dramatik anderer Sprachen angewendet werden könnte und somit unser Verständnis für phonologische Muster in Versen insgesamt erhöht würde.

Notiz des Herausgebers: Die Übersetzung aus dem Englischen wurde vom Verfasser vorbereitet und von Wolfgang Kreitmair ausgeführt.

HIERARCHIEN PHONOLOGISCHER REGELN BEI DIALEKTSPRECHERN*

Sascha W. Felix & Dagmar Kühl
Universität Passau

1. Einführung

Die traditionelle Dialektologie hat sich mit Mundarten und regionalen Sprachvarianten in erster Linie unter historisch- und soziolinguistisch-orientierten Fragestellungen beschäftigt (Besch et al. 1977; König 1978; Markey 1977). Man fragt einerseits nach der Entstehung und den linguistischen Eigenschaften von Dialekten sowie deren geographischer Abgrenzung. Dabei geht es sowohl um die Beschreibung eines wichtigen Stücks sprachlicher Realität als auch vor allem um Einsichten in historische Entwicklungsprozesse, die vielfach durch Mundartenvergleich weitaus präziser dokumentiert und spezifiziert werden können als durch die alleinige Betrachtung standardisierter Hochsprachen (Freudenberg 1968; Gabriel 1969; Goosens 1977; Veith 1975). Zum anderen sind gerade in jüngerer Zeit zahlreiche Untersuchungen im Bereich der Soziolinguistik unternommen worden, die darauf abzielen, den Einfluß außersprachlicher Faktoren auf die spezielle Gestalt und den Gebrauch einzelner Mundarten zu bestimmen (Ammon 1973; Labov 1972; Mattheier 1980).

In der vorliegenden Studie möchten wir ein Projekt vorstellen, das sich mit dem Phänomen "Dialekt" (bzw. mit dialektaler Phonologie) unter einem Aspekt befaßt, der in der bisherigen Forschung vielfach vernachlässigt wurde und in etwa dem Bereich der Psycholinguistik zugerechnet werden kann.

Von Mundartforschern wird im allgemeinen die Tatsache anerkannt, daß der reine, von hochsprachlichen Elementen unverfälschte Dialekt - zumal in der heutigen Zeit - eher eine Ausnahmeerscheinung dar-

---

* Nachdruck aus: Zeitschrift für Sprachwissenschaft 2 (1982) mit freundlicher Genehmigung der Autoren und des Verlags.

Tiefen Dank schulden wir unseren zahlreichen Informanten, insbesondere Schmid Georg, Weber Christine, Weis Maria und Anetseder Betty. Ohne ihre unermüdliche Hilfe hätte diese Studie nicht entstehen können.

stellt (cf. Löffler 1974). In der Regel verwendet der heutige Regionalsprecher zumeist eine Mischung aus Mundart und Hochsprache. In zahlreichen Gegenden, insbesondere im Norden der Bundesrepublik, herrscht eine weitgehend hochsprachliche Lautung mit vergleichsweise geringer dialektaler Färbung vor. Wenngleich diese Beobachtungen allenthalten zum dialektologischen Allgemeinwissen gehören, so haben sie doch erstaunlicherweise die Fragestellungen der Mundartforschung nur in sehr geringem Maße beeinflußt (einige Überlegungen zu diesem Problemkreis finden sich in Debus 1962 und Reifenstein 1976). Im Bereich der Soziolinguistik ist man zwar auch der Frage nachgegangen, unter welchen Bedingungen Sprecher bevorzugt dialektale oder hochsprachliche Ausdrucksformen verwenden, jedoch sind die verschiedenen Mischformen zwischen Standardsprache und Mundart bezüglich ihrer linguistischen Eigenschaften, soweit uns bekannt, bislang kaum systematisch untersucht worden.

Diese Mischformen zwischen Dialekt und Hochsprache bilden den Gegenstandsbereich eines Forschungsprojektes, das wir seit circa einem Jahr an der Universität Passau durchführen. Auf einer prätheoretischen Ebene gehen wir zunächst von der Annahme aus, daß das Ineinandergreifen von hochsprachlicher und dialektaler Lautung nicht willkürlich ist, sondern Gesetzmäßigkeiten unterliegt, die es zu beschreiben und zu erklären gilt. Aus naheliegenden Gründen ist der Dialekt, mit dem wir uns befassen, jene Spielart des Deutschen, die in der Stadt Passau sowie deren näherer Umgebung verwendet wird. Derzeit geht es uns ausschließlich um phonologische Regularitäten.

2. Fragestellung

Um den theoretischen Rahmen unseres Vorhabens abzustecken, beginnen wir zunächst mit einigen Überlegungen allgemeiner Art.

Im Mittelpunkt steht folgende Frage: Wie hat man sich den typischen Dialektsprecher der heutigen Zeit bezüglich seiner sprachlichen Kompetenz vorzustellen? Auf den ersten Blick mag es naheliegend erscheinen, diesen Dialektsprecher - und das gilt natürlich nicht nur für den Passauer, sondern gleichermaßen für den Schwaben, den Württemberger, den Sizilianer oder Südfranzosen - als eine Art "bilingual" zu charakterisieren, der über zwei unterschiedliche Sprachsysteme verfügt: einerseits seine Mundart und andererseits die Hochsprache. Hier könnte sich ein Vergleich etwa zu dem Kanadier aufdrängen, der sowohl Englisch als auch Französisch spricht, oder zu dem Schweizer, der Deutsch und Italienisch beherrscht.

Eine präzisere Analyse der Dialektsituation zeigt jedoch sehr deutlich, daß eine Kennzeichnung des Mundartsprechers als "bilingual" entscheidende Merkmale seiner Sprachkompetenz außer acht läßt. Im Gegensatz zum echten "bilingual", wie etwa dem Schweizer oder dem Kanadier, der je nach Situation entweder die Sprache A oder die Sprache B verwendet, muß sich der Dialektsprecher nicht disjunktiv zwischen zwei verschiedenen Sprachsystemen entscheiden. Vielmehr kann er auf eine breite Palette unterschiedlicher Mischformen zwischen Dialekt und Hochsprache zurückgreifen; d.h. es stehen ihm zahlreiche Zwischenstufen zur Verfügung, so daß er keineswegs gezwungen ist, entweder die reine Hochsprache oder den reinen Dialekt zu verwenden. Typischerweise kann er zwischen verschiedenen mehr oder minder starken dialektalen bzw. hochsprachlichen Ausdrucksformen wählen.

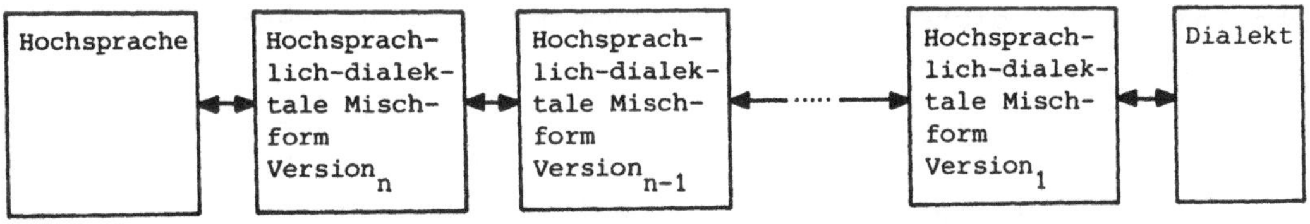

Tab. 1:

Man kann sich diese Situation in etwa so wie auf der Graphik in Tabelle 1 vorstellen. An den beiden extremen Enden links und rechts erscheinen die Hochsprache und der Dialekt, also die Ausgangssysteme. Zwischen diesen liegt ein Kontinuum, auf dem eine finite Anzahl von Mischformen zwischen Dialekt und Hochsprache angesiedelt ist. In Abhängigkeit von verschiedenen außersprachlichen Faktoren, auf die wir hier zunächst nicht näher eingehen wollen, kann der Dialektsprecher einzelne dieser Mischformen auswählen und sich dabei entweder mehr der Hochsprache oder mehr dem Bereich des Dialektalen annähern. Die Graphik in Tabelle 1 ist natürlich eine Idealisierung, die von bestimmten Phänomenen abstrahiert[1] (cf. Felix & Kühl, i. Vorb.).

Während eine vollständige Beschreibung von Dialekt und Hochsprache natürlich auch die zahlreichen phonologischen Gemeinsamkeiten einbeziehen muß, geht es uns hier zunächst ausschließlich um jene lautlichen Eigenschaften, durch die sich Mundart und Hochsprache voneinander unterscheiden. So finden wir zum Beispiel ein [ɔ] im Passauer Dialekt, wo die deutsche Hochsprache ein [*a*] hat. Dem hochdeutschen Wort *hat* entspricht also ein Passauer [hɔt]. Die Unterschiede zwischen Mundart und Hochsprache lassen sich in geeigneter Form durch phonologische Regeln[2] ausdrücken, die die unterschiedlichen Segmente (bzw. Klassen von Segmenten) der beiden Sprachsysteme zueinander in Beziehung setzen. Aus Gründen der deskriptiven Adäquatheit orientieren wir uns bezüglich der spezifischen Form dieser phonologischen Regeln notationell weitgehend an Chomsky & Halle (1968), "The Sound Patterns of English". Wir gehen hierbei von der Annahme aus, daß die Kenntnis dieser Regeln ein Teil der sprachlichen Kompetenz des Dialektsprechers ist, d.h. er muß diese Regeln (intuitiv) kennen, um sich eine entsprechende hochsprachlich-dialektale Mischform auf dem Kontinuum (cf. Tabelle 1) auswählen zu können. Mit anderen Worten, der Dialektsprecher muß als Teil seiner sprachlichen Kompetenz u.a. zumindest wissen, welches hochsprachliche Segment in welcher Umgebung welchem dialektalen Segment entspricht.

Der erste Schritt der Analysearbeit besteht dementsprechend darin, die phonologischen Unterschiede zwischen Dialekt und Hochsprache durch entsprechende Regeln zu spezifizieren. Ergebnis einer

---

1 Die Anzahl möglicher Mischformen richtet sich nach den phonologischen Eigenschaften des einzelnen Wortes, für das Mischformen zu determinieren sind. D.h. je stärker sich das dialektale Wort von seiner hochsprachlichen Entsprechung unterscheidet, desto mehr mögliche Mischformen gibt es. Die Graphik in Tabelle 1 ist dahingehend eine Idealisierung, daß hier die Anzahl möglicher Mischformen auf die Gesamtsprache projiziert wird. Für eine Begründung des Wortes als Einheit für die Bestimmung möglicher Mischformen cf. Felix & Kühl, i. Vorb.

2 Es liegt einige Evidenz dafür vor, daß nicht alle Unterschiede zwischen Mundart und Hochsprache durch Regeln à la Chomsky & Halle ausgedrückt werden können bzw. sollten. In einigen Fällen scheinen Wohlgeformtheitsbedingungen ein deskriptiv adäquateres Beschreibungsinstrument zu sein; in anderen Fällen lassen sich hochsprachlich-dialektale Unterschiede besser durch Korrespondenzen zwischen unterschiedlichen Regeln erfassen, vor allem dort, wo morphonologische Alternationen involviert sind, cf. hierzu Felix & Kühl, i. Vorb.

solchen Analyse ist eine finite Anzahl von phonologischen Regeln PR_n, die eine ebenso große Anzahl phonologischer Eigenschaften PE_n spezifizieren, durch die sich der Dialekt von der Hochsprache unterscheidet. Es erscheint uns demnach plausibel anzunehmen, daß der Dialektsprecher sich umso mehr der Hochsprache annähert, je mehr dieser n phonologischen Eigenschaften seiner Mundart er aufgibt; und umgekehrt, daß er umso dialektaler spricht, je mehr der n phonologischen Eigenschaften er beibehält. Mit anderen Worten, die verschiedenen Mischformen zwischen Dialekt und Hochsprache lassen sich mit Hilfe von Teilmengen der n phonologischen Eigenschaften spezifizieren.

Es läßt sich nun vorstellen, daß der Dialektsprecher in einer gegebenen Situation von den n phonologischen Eigenschaften seines Dialekts z.B. ein Viertel aufgibt; d.h. er hat sozusagen ein Viertel auf dem Weg zur Hochsprache zurückgelegt. Die entscheidende Frage ist nun folgende: Kann er aus den n phonologischen Eigenschaften eine beliebige Anzahl i auswählen, die er aufgeben bzw. beibehalten will, oder unterliegt die Auswahl der phonologischen Eigenschaften einer erkennbaren Systematik? Systematik ist hier in dem Sinne zu verstehen, daß etwa die Wahl einer dialektalen Eigenschaft PE_i gleichzeitig die Wahl der dialektalen Eigenschaften $PE_1 \ldots PE_{i-1}$ bedingt, aber nicht umgekehrt. Es wäre demnach denkbar, daß die phonologischen Eigenschaften (und die sie spezifizierenden Regeln), die den Dialekt von der Hochsprache unterscheiden, in einer Hierarchie[3] angeordnet sind, die angibt, in welcher Abfolge die dialektalen Eigenschaften aufgegeben werden müssen, um sich der lautlichen Ausdrucksform der Hochsprache anzunähern. Eine solche systematische Hierarchisierung der phonologischen Regeln impliziert, daß von allen logisch denkbaren Mischformen nur eine Teilmenge tatsächlich auch vorkommt, und macht Voraussagen über die strukturellen Eigenschaften dieser Teilmenge.

A priori ist natürlich nicht auszuschließen, daß für die genannten phonologischen Eigenschaften keinerlei Hierarchien bestehen, so daß der Dialektsprecher beliebig und nach individuellem Ermessen Eigenschaften seines Dialekts in jedweder Reihenfolge aufgeben kann,

---

3 Statt Hierarchie ließe sich auch der Terminus "Implikationsskala" verwenden. D.h. die Wahl einer bestimmten dialektalen Eigenschaft impliziert die gleichzeitige Wahl anderer dialektaler Eigenschaften.

um sich hochsprachlicher Lautung anzunähern.

In der vorliegenden Studie geht es uns zunächst vor allem um den Nachweis, daß die phonologischen Eigenschaften, die den Dialekt von der Hochsprache unterscheiden, in der Tat in einer Hierarchie angeordnet werden können. Diese Hierarchie spezifiziert, in welcher Abfolge Dialektsprecher mundartliche Merkmale aufgeben, wenn sie sich hochsprachlichen Ausdrucksformen annähern wollen. Wir behaupten demnach, daß die phonologische Beziehung zwischen Dialekt, Hochsprache und deren verschiedenen Mischformen einer erkennbaren Systematik unterliegt. Zielsetzung unseres Projekts ist es, diese Systematik einerseits deskriptiv zu erfassen, andererseits die ihr zugrundeliegenden Prinzipien aufzudecken.

Es ist zu betonen, daß unsere Hypothese bezüglich der systematischen Beziehung zwischen den Mischformen und deren Ausgangssystemen keineswegs impliziert, daß sämtliche phonologischen Unterschiede zwischen Mundart und Hochsprache durch allgemeine Regeln spezifizierbar sind. Es gibt in der Tat zahlreiche dialektale Lautungen, die in keiner (bislang) erkennbaren Weise allgemeinen Gesetzmäßigkeiten unterliegen, sondern vermutlich als Idiosynkrasien gewertet werden müssen. So erscheint z.B. hochsprachliches *das* im Dialekt als [dēs], wenngleich es keine allgemeine Regel gibt, die hochsprachliches [a] zu dialektalem [ē] in Beziehung setzt. In ähnlicher Weise läßt sich beobachten, daß hochsprachliches langes [u] in bestimmten Umgebungen regelmäßig zu dialektalem [ua] wird; demgegenüber erscheint das hochsprachliche *Blumen* im Dialekt als [bleami], auch dies vermutlich eine idiosynkratische phonologische Form.[4] Beim derzeitigen Stand unseres Projekts geht es primär um diejenigen phonologischen Unterschiede, die durch allgemeine Regeln spezifiziert werden können, d.h. um phonologische Entsprechungen, die erkennbaren Gesetzmäßigkeiten unterliegen.

Die Zielsetzung unseres Projekts bezieht sich also zunächst auf eine linguistische Charakterisierung der verschiedenen Mischformen zwischen Dialekt und Hochsprache, sowie auf die dabei beobachtbaren

---

4 Wir lassen hier bewußt die Möglichkeit historischer Erklärungen außer acht. Zahlreiche scheinbare Idiosynkrasien haben natürlich einen historischen Ursprung; am bekanntesten ist hier die dialektale Aufspaltung [ai] ≠ [oa] gegenüber dem hochsprachlichen [aɩ]. Bislang ist jedoch unklar, wie sich historische Phänomene in die Beschreibung der sprachlichen Kompetenz des heutigen Mundartsprechers integrieren lassen. Vielfach läßt sich hier mit spezifischen Merkmalen arbeiten (cf. Wurzel 1970, Felix & Kühl, i. Vorb.).

phonologischen Beziehungen und Gesetzmäßigkeiten zwischen den einzelnen Mischformen. Es geht zunächst nicht um die Frage, unter welchen sozialen, kontextuellen oder situationellen Bedingungen ein Dialektsprecher sich der Hochsprache annähert bzw. seine Mundart beibehält, sondern um die Spezifizierung jener lautlichen Eigenschaften, die die einzelnen Mischformen ausmachen, d.h. um die Spezifizierung *phonologisch möglicher* hochsprachlich-dialektaler Mischformen. Die Beziehung zwischen situationellen Konstellationen und sprachlichen Ausdrucksformen ist zwar ein Thema von zentraler Wichtigkeit, jedoch kann u.E. diese Beziehung erst dann in sinnvoller Weise ermittelt werden, wenn die linguistischen Eigenschaften der verschiedenen Ausdrucksformen hinreichend präzis charakterisiert worden sind. Es scheint kaum sinnvoll zu fragen, unter welchen Bedingungen ein Sprecher die Variante *X* verwendet, solang nicht klar ist, was *X* eigentlich ist.

3. Methode und Datenerhebung

Wie bereits angedeutet, orientiert sich unser methodisches Vorgehen im wesentlichen am Bezugssystem der generativen Phonologie, wie sie vor allem von Chomsky & Halle (1968) in "The Sound Patterns of English" dargestellt wurde. Die Entscheidung für diesen theoretischen Rahmen impliziert eine Reihe von grundsätzlichen Annahmen, von denen die beiden wichtigsten im folgenden kurz erläutert werden sollen.[5]

Zunächst arbeiten wir - wie es in den meisten Wissenschaften üblich ist - mit einer Idealisierung.[6] Wir beschreiben die Kompetenz des idealisierten Dialektsprechers, der nicht nur die reine Mundart beherrscht, sondern auch über die Hochsprache sowie sämtliche möglichen Zwischenformen zwischen diesen beiden Extremen ohne Einschrän-

5 Eine ausführlichere Rechtfertigung unseres theoretischen Rahmens findet sich in Felix & Kühl, i. Vorb.

6 Natürlich arbeiten auch nicht-generative linguistische Theorien implizit mit Idealisierungen. Die Beschreibung des "Deutschen" oder des "prototypischen" Sprechers (cf. Mayerthaler 1980) sind letztlich Idealisierungen, die von bestimmten bei der Realität stets vorkommenden Phänomenen bzw. Unterschieden abstrahieren.

kung verfügt. Es ist recht offenkundig, daß ein solcher idealisierter Mundartsprecher - vielleicht von einigen Schauspielern und berufsmäßigen Sprechern abgesehen - in der Realität nicht existiert. In der Regel wird der individuelle Mundartsprecher lediglich einen mehr oder minder stark begrenzten Ausschnitt auf dem Kontinuum zwischen Hochsprache und Dialekt beherrschen. Nach unserer Erfahrung unterscheiden sich Mundartsprecher in recht gravierendem Maße hinsichtlich ihrer realen Fähigkeit, ihre Ausdrucksformen der Hochsprache anzunähern, sowie zwischen weit entfernten Mischformen beliebig zu wählen. Soweit derzeit erkennbar, spiegeln sich in diesen tatsächlich auftretenden unterschiedlichen Fähigkeiten bestimmte soziale und psychologische Faktoren wider.

Die Annahme eines idealisierten Sprechers als Ausgangspunkt für die linguistische Beschreibung hat der Sprachtheorie Chomskys von vielen Seiten besonders herbe Kritik eingebracht (cf. Derwing 1975; Mayerthaler 1980). Es erübrigt sich, an dieser Stelle die verschiedenen Argumente Chomskys und seiner Kritiker im einzelnen aufzuführen, da sie hinreichend in der entsprechenden Literatur diskutiert worden sind (cf. insbesondere Chomsky 1975; 1980). Die entscheidende Rechtfertigung für die Annahme eines idealisierten Dialektsprechers in der vorliegenden Studie liegt darin, daß eine solche Idealisierung Einsichten in offenkundig relevante und bedeutsame Gesetzmäßigkeiten phonologischen Verhaltens bei Dialektsprechern ermöglicht.

Von Bedeutung für die vorliegende Studie ist ebenfalls die traditionelle Unterscheidung zwischen Kompetenz und Performanz (cf. Chomsky 1965). Ziel der Analyse ist die Beschreibung der Kompetenz des idealisierten Dialektsprechers, d.h. sein *intuitives Wissen* über die phonologische Struktur seines Dialekts, der Hochsprache sowie der Beziehung zwischen beiden. Wir stellen weiterhin die Hypothese auf, daß nicht nur die Regeln, die die Unterschiede zwischen Hochsprache und Dialekt spezifizieren, sondern ebenfalls die hierarchische Anordnung dieser Regeln einen Teil der phonologischen *Kompetenz* des Dialektsprechers ausmachen.

Daß die Kompetenz des Mundartsprechers mehr enthalten muß als die Kenntnis des hochsprachlichen und dialektalen Sprachsystems, ergibt sich schlechterdings aus seiner Fähigkeit, verschiedene Mischformen zwischen Dialekt und Hochsprache zu verwenden. Die Basis für diese Fähigkeit bilden einerseits jene phonologischen Regeln, die die Unterschiede zwischen Dialekt und Hochsprache spezifizieren. Es ist daher sinnvoll anzunehmen, daß auch diese Regeln der Kompetenz zuzurechnen sind. Da darüber hinaus die spezifische Gestalt der verschiedenen Mischformen bestimmten Restriktionen unterliegt, d.h. da nicht alle logisch denkbaren Mischformen zwischen Hochsprache und Mundart auch vorkommen, und da der Dialektsprecher hierüber spezifische Aussagen machen kann, ist die Annahme gerechtfertigt, daß die Hierarchie phonologischer Regeln, die jene Restriktionen determiniert, ebenfalls der Kompetenz zuzurechnen ist.

Die phonologischen Regeln, die im Analyseteil der vorliegenden Studie (§4) aufgeführt sind, sind demnach als Hypothesen über mentale Repräsentationen im Sinne Chomskys (1980) zu verstehen. Sie implizieren keinerlei Aussagen über kognitive Prozesse, wie sie in realer Zeit ablaufen. Wie Dialektsprecher einzelne phonologische Formen in konkreten Situationen kognitiv realisieren, ist zweifellos ein Thema von eminenter Wichtigkeit. Unsere Untersuchung hat hierzu jedoch keine relevanten Aussagen zu machen. Dies bedeutet insbesondere, daß die phonologischen Regeln in §4 im Sinne psychologischer Realität als Angaben über Beziehungen zwischen Elementen zu lesen sind, und keineswegs als kognitive Ableitungen verstanden werden dürfen.

Unsere bisherige Arbeit gliedert sich in zwei Schritte. Zunächst geht es um eine Beschreibung der phonologischen Eigenschaften des Passauer Dialekts. Hierbei beschränken wir uns aus bereits angegebenen Gründen auf eine Spezifizierung jener Eigenschaften, die den Dialekt von der Hochsprache unterscheiden. Auf Gemeinsamkeiten, wie z.B. die Stimmlosigkeit von Endkonsonanten oder bestimmte Assimilationserscheinungen, gehen wir nicht näher ein. Die Datenbasis für diese Beschreibung besteht in erster Linie aus Bandaufnahmen sowie Informantenbefragungen. In diesem Bereich bewegen wir uns ganz im methodischen Rahmen der traditionellen Dialektologie. Ergebnis dieses ersten Analyseschritts ist eine finite Anzahl von phonologischen Regeln, die die Unterschiede zwischen Hochsprache und Dialekt spezifizieren.

Der nächste und im Rahmen unserer theoretischen Orientierung weitaus wichtigere Analyseschritt besteht darin, jene Beschränkungen aufzudecken, denen die Kombinierbarkeit der einzelnen phonologischen Regeln unterliegt. Hierbei verwenden wir ein Verfahren, das aus der syntaktischen Analyse hinreichend bekannt ist, nämlich Sammlung und Auswertung von Grammatikalitätsurteilen (von Dialektsprechern).[7] Wir befragen Informanten, welche durch Regelkombinationen erzeugten Lautformen phonologisch möglich sind, und welche nicht. Aus diesen Grammatikalitätsurteilen lassen sich dann Hierarchien phonologischer Regeln erstellen. In Anlehnung an den Sprachgebrauch der syntaktischen Analyse verwenden wir im folgenden die Ausdrücke "grammatisch" und "ungrammatisch" für phonologisch mögliche bzw. nicht mögliche Lautformen.

4. Analyse

Im folgenden geben wir einige ausgewählte Beispiele für Beschränkungen bei der Anwendung phonologischer Regeln sowie die sich daraus ergebenden Hierarchien. Eine umfassendere Darstellung findet sich in Felix & Kühl (i. Vorb.).

Wir betrachten zunächst Wörter wie die folgenden: *Wald*, *kalt*, *Hals*, *Kalk*, *falsch*, *Halt* usw. Diese Wörter erscheinen im Passauer Dialekt in folgender phonologischer Form: [vɔit], [kɔit], [hɔis], [kɔik], [fɔiš], [hɔit]. Die Beziehung zwischen der hochsprachlichen und der dialektalen Lautung läßt sich durch zwei Regeln spezifizieren. Die Regel TIEFE VOKALHEBUNG verändert den hochsprachlichen tiefen hinteren Vokal [ɑ] in den dialektalen mittleren hinteren Vokal [ɔ]. Diese Regel gilt vor folgenden Konsonanten und am Wortende bzw. an einer Morphemgrenze, d.h. sie wird nicht angewandt, wenn der Vokal als Teil eines Diphthongs auftritt. In diesem Fall bleibt das [ɑ] erhalten.[8]

Die Regel LATERALE VOKALISIERUNG verändert hochsprachliches [l] in dialektales [i]. Der Anwendungsbereich dieser Regel ist dahingehend beschränkt, daß sie nicht gilt, wenn das [l] entweder in intervokalischer Stellung oder nach Diphthongen auftritt. In Wörtern, wie z.B. *weil*, *Seil*, *alle*, *Keller* usw. bleibt das [l] erhalten bzw.

7 Zur Stellung von Grammatikalitätsurteilen in der linguistischen Analyse cf. Wexler & Culicover (1980), S. 393ff.

8 Diese Formulierung ist nicht ganz zutreffend. Soweit im Passauer Dialekt ein tiefer Vokal auftritt (d.h. in Diphthongen und in ursprünglich nicht-bayerischen Wörtern wie *Mark* oder *Alarm*), so ist dies stets der vordere Vokal [a]. Aus verschiedenen Gründen erklären wir das [a] nicht durch eine phonologische Regel, sondern durch eine Wohlgeformtheitsbedingung, cf. Felix & Kühl, i. Vorb.

unterliegt anderen Regeln (cf. Felix & Kühl, i. Vorb.).

Die beiden Regeln lassen sich wie folgt formalisieren:

TIEFE VOKALHEBUNG

$$\begin{bmatrix} -\text{ hoch} \\ +\text{ tief} \\ +\text{ hinten} \end{bmatrix} \longrightarrow [-\text{ tief}] \,/\, \underline{\qquad\qquad} \begin{Bmatrix} \# \\ C \end{Bmatrix}$$

LATERALE VOKALISIERUNG

$$l \longrightarrow i \,/\, CV \, \underline{\qquad\qquad\qquad} \begin{Bmatrix} C \\ \# \end{Bmatrix}$$

Die Anwendung beider Regeln setzt die rein hochsprachliche zur rein dialektalen Lautung in Beziehung.[9] Wird keine der beiden Regeln angewandt, so erhalten wir die hochsprachliche Form; werden beide Regeln zusammen angewandt, so ergibt sich die rein dialektale Lautung.

Der Dialektsprecher hat jedoch nicht nur die Möglichkeit, entweder die rein dialektale oder die rein hochsprachliche Lautung zu wählen, sondern ihm stehen - als entscheidendes Merkmal seiner sprachlichen Kompetenz - auch verschiedene Mischformen zur Verfügung. Grundsätzlich entsteht nun eine solche Mischform dadurch, daß von der Gesamtzahl der Regeln, die die dialektale zur hochsprachlichen Lautung in Beziehung setzen, nicht alle, sondern nur einige angewandt werden. In dem vorliegenden, sehr einfachen Beispielfall bedeutet dies, daß statt zwei Regeln nur eine einzige angewandt wird. Dadurch entsteht eine Lautung, die weder rein hochsprachlich, noch rein dialektal ist, sondern zwischen diesen beiden Ausdrucksformen liegt.

---

9 Es muß betont werden, daß die hier aufgeführten Regeln die Beziehung von lautlichen Eigenschaften im Sinne mentaler *Repräsentationen* spezifizieren. Sie sind insbesondere nicht als Hypothese über real ablaufende kognitive Prozesse aufzufassen. Die Ableitung der dialektalen aus der hochsprachlichen Form impliziert also keineswegs die (absurde) These, der Dialektsprecher würde bei der Verwendung seiner Mundart von der Hochsprache ausgehen. Vielmehr sprechen für diese Form der Ableitung interne Gründe der linguistischen Beschreibung, insbesondere die Tatsache, daß in bestimmten Fällen die der dialektalen Lautung zugrundeliegende Form mit der hochsprachlichen Lautung identisch ist. Die Wahl dieser Form der Ableitung wird demnach vor allem durch Kriterien der Beschreibungsimplizität motiviert (cf. Felix & Kühl, i. Vorb.) und ist gegenüber den in konkreten Sprechsituationen ablaufenden kognitiven Prozessen neutral (cf. auch Chomsky 1965, 1980).

Wenden wir nun lediglich die Regel TIEFE VOKALHEBUNG an ohne gleichzeitige Anwendung der Regel LATERALE VOKALISIERUNG, so ergeben sich die folgenden Lautungen: [vɔlt], [kɔlt], [hɔls], [kɔlk], [fɔlš], [hɔlt]. Derartige Aussprachen werden in der Tat vom Dialektsprecher als weniger mundartlich und stärker hochsprachlich empfunden. Es sind dies Lautungen, die Passauer Mundartsprecher typischerweise dann bevorzugen, wenn sie mit Fremden sprechen.

Analog zu dem hier skizzierten Fall wäre es auch denkbar, daß nur die Regel LATERALE VOKALISIERUNG angewandt wird ohne gleichzeitige Anwendung der Regel TIEFE VOKALHEBUNG. Wir erhalten dann folgende Lautungen: *[v*a*it], *[k*a*it], *[h*a*is], *[k*a*ik], *[f*a*iš], *[h*a*it].[10] Das Entscheidende an diesen Lautungen ist, daß sie phonologisch ungrammatisch sind. Eine Aussprache wie *[v*a*it] für *Wald* ist nicht möglich. Im Gegensatz zu [vɔlt] ist sie weder hochsprachlich noch dialektal, noch kann sie als Mischform zwischen Hochsprache und Dialekt gelten.

Es zeigt sich also, daß die Anwendung der beiden genannten phonologischen Regeln einer wichtigen Beschränkung unterliegt, die die Grammatikalität der phonologischen Formen determiniert. Die Regel TIEFE VOKALHEBUNG, aber nicht die Regel LATERALE VOKALISIERUNG kann allein angewandt werden. Anders ausgedrückt, die Anwendung von LATERALER VOKALISIERUNG erfordert stets die gleichzeitige Anwendung von TIEFER VOKALHEBUNG, aber nicht umgekehrt. Dieses Abhängigkeitsverhältnis läßt sich in angemessener Form durch eine Hierarchie darstellen, in der TIEFE VOKALHEBUNG höher angeordnet ist als LATERALE VOKALISIERUNG.

Eine solche Hierarchie umfaßt zweierlei Aussagen: Einerseits implizieren hierarchisch tiefer stehende Regeln stets die gleichzeitige Anwendung aller hierarchisch höher stehenden Regeln; andererseits bildet die Hierarchie die Reihenfolge ab, in der der Dialektsprecher die phonologischen Eigenschaften seiner Mundart aufgibt bzw. aufgeben muß, um sich der Hochsprache anzunähern. Im vorliegenden Fall bedeutet dies, daß er *zuerst* diejenige phonologische

---

10 Auch hier gilt (cf. Anmerkung 8), daß tiefe Vokale, soweit sie im Passauer Dialekt auftreten, stets vorderes [a] sind. Korrekterweise müßten wir also [vait], [kait] ... schreiben, wobei der Wandel [*a*] zu [a] nicht durch eine Regel, sondern eine Wohlgeformtheitsbedingung ausgelöst wird. Dieses Problem ist hier jedoch nicht von Bedeutung, da sowohl *[vait] als auch *[v*a*it] phonologisch nicht möglich sind.

Eigenschaft seines Dialekts aufgeben muß, die durch die Regel LATERALE VOKALISIERUNG (also die hierarchisch tiefer stehende Regel) spezifiziert ist. Nur unter der Bedingung, daß er diese mundartliche Eigenschaft aufgibt, kann er gleichzeitig sein dialektales [ɔ] durch ein hochsprachliches [*a*] ersetzen.

Wir wenden uns nunmehr einem etwas komplexeren Fall zu, wie er etwa in den Wörtern *Hüte*, *müde*, *Füße* usw. auftritt. Im Passauer Dialekt erscheinen diese Wörter als: [hiat], [miat], [fias].

Um in diesem Fall die Beziehung zwischen hochsprachlicher und dialektaler Lautung darstellen zu können, benötigen wir drei Regeln. Die Regel SHVA-TILGUNG tilgt den auslautenden unbetonten Vokal.[11] Die Regel DIPHTHONGIERUNG diphthongiert die langen hohen Vokale [y], [i], und [u] und betrifft somit auch Wörter wie *Lied* [liat], *sucht* [suaxt] usw.[12] Als dritte Regel benötigen wir UMLAUT-AUFLÖSUNG, die die vorderen gerundeten Vokale entrundet. Diese Regeln können wie folgt formuliert werden:

SHVA-TILGUNG

$$\begin{bmatrix} -\text{ hoch} \\ -\text{ tief} \\ -\text{ hinten} \\ -\text{ stress} \end{bmatrix} \longrightarrow \emptyset / \underline{\qquad\qquad\qquad} \left(\begin{Bmatrix} n \\ s \end{Bmatrix}\right) \#$$

DIPHTHONGIERUNG

$$\emptyset \longrightarrow a / \begin{bmatrix} +\text{ hoch} \\ +\text{ lang} \end{bmatrix} \underline{\qquad\qquad}$$

UMLAUT AUFLÖSUNG

$$\begin{bmatrix} -\text{ hinten} \\ +\text{ rund} \end{bmatrix} \longrightarrow [-\text{ rund}]$$

---

11 Die hier angegebene formale Spezifizierung von SHVA-TILGUNG ist lediglich als eine erste Annäherung zu verstehen. Der Anwendungsbereich (environment) dieser Regel ist äußerst komplex, wobei in einigen Fällen auch morpho-syntaktische Informationen in die Fomulierung der Regel einfließen müssen.

12 DIPHTHONGIERUNG betrifft in einigen Fällen auch kurze Vokale wie in *muß* → [muas] oder *Mutter* → [muata]. Hier liegen spezielle historische Gründe vor, so daß vermutlich zugrundeliegende lange Vokale angenommen werden müssen. Zu dieser Problematik cf. Felix & Kühl, i. Vorb.

Auch in diesem Fall verändert die Anwendung aller drei Regeln die rein hochsprachliche in eine rein dialektale Lautung. Dadurch ergeben sich zwei verschiedene Möglichkeiten für Mischformen zwischen Dialekt und Hochsprache. Entweder es wird eine einzige oder es werden gleichzeitig zwei dieser Regeln angewandt. Bei Anwendung nur einer Regel müßte die Lautung stärker hochsprachlich, bei Anwendung zweier Regeln stärker dialektal sein.

Bei Anwendung einer einzigen der drei Regeln ergibt sich folgendes Resultat:

1. Nur SHVA-TILGUNG: [hy:t], [my:t], [fy:s]
2. Nur DIPHTHONGIERUNG: *[hyatə], *[myadə], *[fyasə]
3. Nur UMLAUT-AUFLÖSUNG: *[hitə], *[midə], *[fisə]

Die Ungrammatikalität der Lautungen unter 2. und 3. deutet bereits darauf hin, daß die Regel SHVA-TILGUNG hierarchisch höher stehen muß als die Regeln DIPTHONGIERUNG und UMLAUT AUFLÖSUNG. SHVA-TILGUNG ist also die einzige Regel, die allein angewandt werden kann, während DIPHTHONGIERUNG und UMLAUT-AUFLÖSUNG in jedem Fall die gleichzeitige Anwendung von SHVA-TILGUNG erfordern.

Bei der Anwendung zweier Regeln ergeben sich folgende Lautungen:

1. SHVA-TILGUNG und DIPHTHONGIERUNG: [hyat], [myat], [fyas]
2. SHVA-TILGUNG und UMLAUT-AUFLÖSUNG: *[hi:t], *[mi:t], *[fi:s]
3. DIPHTHONGIERUNG und UMLAUT-AUFLÖSUNG: *[hiatə], *[miadə], *[fiasə]

Die Ungrammatikalität der Lautungen unter 2. und 3. zeigt deutlich, daß DIPHTHONGIERUNG hierarchisch höher einzuordnen ist als UMLAUT-AUFLÖSUNG. Die Kombination unter 2. ist ungrammatisch, weil die hierarchisch dazwischen stehende Regel DIPHTHONGIERUNG nicht angewandt wurde. Die Kombination unter 3. ist nicht möglich, weil die hierarchisch höher stehende Regel SHVA-TILGUNG nicht angewandt ist.

In dem vorliegenden Fall sind demnach vier Lautungen möglich, die wir an dem Beispiel *Hüte* darstellen wollen. Wird keine der drei Regeln angewandt, so erhalten wir die rein hochsprachliche Lautung [hy:tə]. Wird nur eine einzige Regel angewandt, so muß dies SHVA-TILGUNG sein. Wir erhalten somit die noch stark hochsprachliche

Lautung [hy:t]. Werden zwei Regeln angewandt, ist dies nur in der Kombination SHVA-TILGUNG und DIPHTHONGIERUNG möglich, so daß sich die schon stärker dialektal klingende Aussprache [hyat] ergibt. Sowohl die Verbindung UMLAUT-AUFLÖSUNG allein mit DIPTHONGIERUNG oder allein mit SHVA-TILGUNG führt, wie oben unter 2. und 3. angegeben, zu phonologisch ungrammatischen Formen. Das bedeutet, die Anwendung von UMLAUT-AUFLÖSUNG impliziert in jedem Fall die gleichzeitige Anwendung sowohl von DIPHTHONGIERUNG als auch von SHVA-TILGUNG. Damit nimmt UMLAUT-AUFLÖSUNG im vorliegenden Fall die hierarchisch tiefste Stellung ein. Werden alle drei Regeln angewandt, so erhalten wir natürlich die rein dialektale Form [hiat]. Die drei Regeln sind daher zu ordnen als SHVA-TILGUNG > DIPHTHONGIERUNG > UMLAUT-AUFLÖSUNG, wobei > zu lesen ist als 'hierarchisch höher'.

Als dritten Datentyp betrachten wir Wörter, wie z.B. *können*, *König* usw., die im Dialekt als [kina] und [kini] erscheinen. In der folgenden Diskussion geht es allein um die Veränderung in der betonten Silbe, so daß wir die Veränderung in der auslautenden Silbe außer acht lassen wollen.

Wiederum sind drei Regeln notwendig, um den hochsprachlichen Vokal zu dem entsprechenden dialektalen Vokal in Beziehung zu setzen. Die Regel SPANNUNG gibt an, daß alle nicht-tiefen Vokale im Passauer Dialekt gespannt (tense) sein müssen. Die hochsprachlichen Vokale [ɛ], [ɩ] sowie deren gerundete Entsprechungen und die Vokale [ω] und [ɔ] erscheinen im Dialekt demnach als [e], [i], [u] und [o]. Die bereits erwähnte Regel UMLAUT-AUFLÖSUNG entrundet die vorderen gerundeten Vokale. Die Regel MITTLERE VOKALHEBUNG verändert die gerundeten mittleren Vokale [ø] und [o] zu [y] bzw. [u], wenn sie unmittelbar vor einem Nasal stehen. Diese Regel erklärt demnach auch Aussprachen wie *Sonne* → [sun], *sonst* → [sunst], *gesponnen* → [gšpuna]. Die Regeln SPANNUNG und MITTLERE VOKALHEBUNG lassen sich wie folgt formalisieren:

SPANNUNG

$$\begin{bmatrix} -\text{tief} \\ -\text{gespannt} \end{bmatrix} \longrightarrow [+\text{gespannt}]$$

MITTLERE VOKALHEBUNG

$$\begin{bmatrix} -\text{hoch} \\ +\text{rund} \end{bmatrix} \longrightarrow [+\text{hoch}] \;/\; \_\_\_\_\_\_ \; [+\text{nasal}]$$

Auch bei diesem Datentyp läßt sich vermuten, daß die Anwendung nur einer dieser Regeln zu einer stärker hochsprachlichen Mischform führt, während die Anwendung zweier Regeln eine stärker dialektale Mischform ergibt. Wenden wir nur eine der drei oben genannten Regeln an, so ergibt sich folgende Datenlage:

1. Nur SPANNUNG: [kønən]
2. Nur UMLAUT-AUFLÖSUNG: *[kɛna]/*[kɛnən]
3. Nur MITTLERE VOKALHEBUNG: *[k^{y}na]/*[k^{y}nən]

Analog zu unserem vorigen Beispiel zeigt sich auch hier, daß die Regel SPANNUNG hierarchisch am höchsten steht, da nur sie bei alleiniger Anwendung eine phonologisch mögliche Form ergibt. Demgegenüber verlangen UMLAUT-AUFLÖSUNG und MITTLERE VOKALHEBUNG in jedem Fall die gleichzeitige Anwendung von SPANNUNG.

Bei der Anwendung zweier Regeln ergibt sich folgendes Bild:

1. SPANNUNG und UMLAUT-AUFLÖSUNG: [kena]
2. UMLAUT-AUFLÖSUNG und MITTLERE VOKALHEBUNG: *[kɪna]
3. SPANNUNG und MITTLERE VOKALHEBUNG: *[kyna]

Auch hier erhalten wir wiederum insgesamt vier phonologisch mögliche Formen. Wird keine der drei Regeln angewandt, so ergibt sich die hochsprachliche Ausgangsform [kœnən]. Bei der Anwendung nur einer Regel muß SPANNUNG angewandt werden, wobei sich die Lautung [kønən] ergibt, die noch eine starke hochsprachliche Färbung hat. Bei der Anwendung zweier Regeln ist nur die Kombination SPANNUNG und UMLAUT-AUFLÖSUNG möglich, so daß wir die bereits stärker dialektal gefärbte Lautung [kena] erhalten. Die Anwendung aller drei Regeln ergibt dann die rein dialektale Form [kina]. Wir erhalten demnach die Hierarchie: SPANNUNG > UMLAUT-AUFLÖSUNG > MITTLERE VOKALHEBUNG. Die Anwendung von MITTLERER VOKALHEBUNG erfordert demnach in jedem Fall die gleichzeitige Anwendung sowohl von UMLAUT-AUFLÖSUNG als auch von SPANNUNG. Die Kombination MITTLERE VOKALHEBUNG und SPANNUNG bzw. MITTLERE VOKALHEBUNG und UMLAUT-AUFLÖSUNG ergeben jeweils phonologisch nicht mögliche Resultate.

Wenngleich die angegebene Hierarchie zunächst allein aus den Grammatikalitätsurteilen von Informanten abgeleitet wird, so liegt noch weitere Evidenz dafür vor, daß UMLAUT-AUFLÖSUNG hierarchisch höher stehen sollte als MITTLERE VOKALHEBUNG. Man beachte, daß der Output von MITTLERE VOKALHEBUNG zwar der Input zu UMLAUT-AUFLÖSUNG sein kann, aber nicht umgekehrt. Im vorliegenden Fall verändert MITTLERE VOKALHEBUNG [œ] zu [Y]. Auf diesen Output wird UMLAUT-AUFLÖSUNG angewandt, so daß aus [Y] der ungerundete Vokal [ɩ] wird. Würde man die Regeln umgekehrt ordnen, so wäre für die Anwendung von MITTLERER VOKALHEBUNG kein Input vorhanden. Wendet man zunächst UMLAUT-AUFLÖSUNG an, so ergibt sich aus [œ] der ungerundete Vokal [ε]. Auf diesen Vokal kann MITTLERE VOKALHEBUNG nicht angewandt werden, denn sie betrifft nur die vorderen *gerundeten* Vokale. Mit anderen Worten, stünde MITTLERE VOKALHEBUNG hierarchisch höher als UMLAUT-AUFLÖSUNG, so könnte sie in diesem Fall nicht angewandt werden, so daß die Derivation der dialektalen Form unmöglich wäre.

Es zeigt sich demnach, daß unterschiedliche Typen von Evidenz letztlich zu dem gleichen Ergebnis führen: Die Regeln, die Dialekt und Hochsprache zueinander in Beziehung setzen, unterliegen bezüglich der Kombinierbarkeit ihrer Anwendung einer strengen Systematik.

Zum Abschluß möchten wir einen Datentyp darstellen, bei dem insgesamt vier Regeln notwendig sind, um dialektale und hochsprachliche Lautung zueinander in Beziehung zu setzen.[13] Es handelt sich dabei um Wörter wie *Fürst*, *Bürste*, *Würste* usw., die im Dialekt erscheinen als: [fiašt], [biaštn], [viašt]. Wir illustrieren die relevanten Regeln anhand des Beispiels *Fürst*.

Zunächst benötigen wir wiederum die Regel SPANNUNG, die dafür sorgt, daß der hohe Vokal des Diphthongs gespannt ist im Gegensatz zum ungespannten [Y] der hochsprachlichen Ausgangsform. Weiterhin ist wiederum UMLAUT-AUFLÖSUNG notwendig, um in dem resultierenden Diphthong das [i] zu erklären. Der Diphthong der dialektalen Form ergibt sich aus der Regel APIKALE VOKALISIERUNG, die [r] außer in intervokalischer Stellung zum [a] vokalisiert. Zuletzt benötigen wir die Š-REGEL, die [s] zwischen [r] und Konsonant in [š] verwandelt.

---

13 Es zeigt sich, daß bei derart komplexen Fällen, bei denen vier oder mehr Regeln notwendig sind, die Informantenurteile teilweise unsicher werden, zumal dann, wenn Regeln wie SPANNUNG involviert sind, die eine starke perzeptuelle Diskriminierungsfähigkeit verlangen. Methodisch ist es daher ratsam, sich bei der Ermittlung von Hierarchien auf Fälle mit drei Regeln zu beschränken.

APIKALE VOKALISIERUNG

$$r \longrightarrow a \;/\; V \;\_\_\_\_\_\_ \begin{Bmatrix} C \\ \# \end{Bmatrix}$$

Š-REGEL

$$s \longrightarrow \check{s} \;/\; r \;\_\_\_\_\_\_\; C$$

Wir prüfen nun zunächst, welche dieser vier Regeln allein angewandt werden kann:

1. Nur SPANNUNG: [fyrst]
2. Nur UMLAUT-AUFLÖSUNG: *[fɪrst]
3. Nur APIKALE VOKALISIERUNG: *[f^{y}ast]
4. Nur Š-REGEL: *[f^{y}ršt]

Diese Grammatikalitätsurteile deuten wiederum darauf hin, daß die Regel SPANNUNG in Übereinstimmung mit unseren vorigen Beispielen auf der höchsten hierarchischen Stufe steht.

Wir wollen nunmehr der Frage nachgehen, welche der drei übrigen Regeln hierarchisch der Regel SPANNUNG folgt. Zu diesem Zwecke verbinden wir SPANNUNG jeweils mit den drei übrigen Regeln:

1. SPANNUNG und Š-REGEL: [fyršt]
2. SPANNUNG und APIKALE VOKALISIERUNG: *[fyast]
3. SPANNUNG und UMLAUT-AUFLÖSUNG: *[first]

An diesen Daten zeigt sich, daß lediglich die Verbindung von SPANNUNG und Š-REGEL eine phonologisch mögliche Form ergibt, während die Verbindung von SPANNUNG und APIKALER VOKALISIERUNG bzw. UMLAUT-AUFLÖSUNG jeweils zu ungrammatischen Ergebnissen führt. Wir können daraus schließen, daß die Š-REGEL in der Hierarchie unmittelbar der Regel SPANNUNG folgt. Um zu prüfen, wie die Regeln UMLAUT-AUFLÖSUNG und APIKALE VOKALISIERUNG hierarchisch anzuordnen sind, verbinden wir diese beiden Regeln jeweils mit der Kombination SPANNUNG und Š-REGEL:

1. SPANNUNG und Š-REGEL und APIKALE VOKALISIERUNG: [fyašt]
2. SPANNUNG und Š-REGEL und UMLAUT-AUFLÖSUNG: *[firšt]

Diese Datenlage zeigt an, daß UMLAUT-AUFLÖSUNG auf der untersten Stufe der Hierarchie steht, während APIKALE VOKALISIERUNG unmittelbar auf die Š-REGEL folgt. Insgesamt haben wir wiederum vier mögliche phonologische Formen. Wird keine der vier Regeln angewandt, so bleibt die hochsprachliche Lautung [f^{y}rst] erhalten. Bei alleiniger Anwendung von SPANNUNG erhalten wir die Form [fyrst], die noch weitgehend hochsprachliche Färbung trägt. Bei Anwendung von SPANNUNG und Š-REGEL ergibt sich die Form [fyršt], die bereits weitaus deutlicher einer dialektalen Lautung entspricht. Tritt darüber hinaus noch die Regel APIKALE VOKALISIERUNG hinzu, so ergibt sich die Form [fyašt], die sich von der rein dialektalen Form lediglich durch die nicht angewandte Regel UMLAUT-AUFLÖSUNG unterscheidet. Tritt auch UMLAUT-AUFLÖSUNG dazu, so erhalten wir die rein dialektale Lautung [fiašt]. Die bei diesem Beispiel relevanten phonologischen Regeln lassen sich daher in folgender Hierarchie zusammenfassen:

SPANNUNG > Š-REGEL > APIKALE VOKALISIERUNG > UMLAUT-AUFLÖSUNG.[14]

Die aufgeführten Daten zeigen einerseits, daß die phonologischen Regeln, die den Dialekt von der Hochsprache unterscheiden, bezüglich ihrer Kombinierbarkeit einer strengen Systematik unterliegen. Diese Systematik läßt sich durch eine hierarchische Anordnung der jeweiligen Regeln ausdrücken. Wenn der Dialektsprecher die phonologischen Eigenschaften seiner Mundart in Richtung Hochsprache abbauen will, kann er dies nicht beliebig tun, sondern er unterliegt dabei bestimmten Beschränkungen, die sich durch eine Regelhierarchie ausdrücken lassen. Die Anwendung jeder Regel erfordert die gleichzeitige Anwendung aller hierarchisch höher stehenden Regeln. Die verschiedenen Mischformen zwischen Dialekt und Hochsprache unterliegen demnach hinsichtlich ihrer phonologischen Beschaffenheit bestimmten Gesetzmäßigkeiten, die der Mundartsprecher in seinem verbalen Verhalten beachtet hat.

---

14 Eine Schwierigkeit bietet die hierarchische Ordnung von Š-REGEL und APIKALER VOKALISIERUNG. Die Anwendung letzterer Regel zerstört die Umgebung für die Anwendung der Š-REGEL, da [r] eine notwendige Bedingung für s → š ist. Mit anderen Worten, wird APIKALE VOKALISIERUNG angewandt, so gibt es keinen möglichen Input für die Š-REGEL, so daß die korrekte dialektale Form nur ableitbar ist, wenn die beiden Regeln umgekehrt angeordnet sind. Wir erhalten hier ein *ordering paradox*, für das wir derzeit noch keine Lösung haben.

Insgesamt lassen sich die hier genannten Regeln zu folgender Hierarchie zusammenfassen:

1. SPANNUNG
2. SHVA-TILGUNG
3. DIPHTHONGIERUNG
4. TIEFE VOKALHEBUNG[15]
5. Š-REGEL
6. APIKALE VOKALISIERUNG
7. UMLAUT-AUFLÖSUNG
8. MITTLERE VOKALHEBUNG
9. LATERALE VOKALISIERUNG

Die Zusammenfassung der für die einzelnen vier Datentypen geltenden Hierarchien zu einer einzigen gemeinsamen Hierarchie ist natürlich nicht aus den hier aufgeführten Beispielen zu motivieren. Hierzu ist die Analyse weiterer Datentypen notwendig, die aus Platzgründen an dieser Stelle nicht im einzelnen dargestellt werden kann. Ausführlichere Datenanalysen an weiterem Beispielmaterial finden sich in Felix & Kühl (i. Vorb.).

5. Diskussion

Die in §4 dargestellten Hierarchien sind, soweit ihnen deskriptive Adäquatheit zukommt, als Hypothesen über einen Teilbereich der sprachlichen Kompetenz des Mundartsprechers zu verstehen. In diesem Sinne repräsentieren sie sein (intuitives) Wissen darüber, was von allen logisch denkbaren Formen eine phonologisch mögliche (= grammatische) dialektal-hochsprachliche Mischform ist. Gleichzeitig spezifizieren die Restriktionen, denen die Mischformen unterliegen, die Art und Weise, in der der Sprecher die phonologischen Eigenschaften seiner Mundart aufgibt, um sich hochsprachlicher Norm[16]

15 Die Anordnung der Regeln TIEFE VOKALHEBUNG und Š-REGEL ist nicht ganz eindeutig. Bei der hier angegebenen Hierarchie müßte für ein Wort wie *garstig* die Lautung [garšṭṭ] möglich, die Lautung [gɔrsṭṭ] nicht möglich sein. In der Tat variieren die Urteile unserer Informanten jedoch bei diesem Worttyp.

16 Die hochsprachliche Norm, auf die der Passauer Dialektsprecher sich ausrich-

(oder was er dafür hält) anzunähern.

Von entscheidender Bedeutung ist nun die Frage, warum die Hierarchien just so aussehen, wie sie sich aus der Analyse ergeben. Warum steht beispielsweise SPANNUNG hierarchisch höher als UMLAUT--AUFLÖSUNG und nicht umgekehrt? Offenkundig gibt es keine logische Notwendigkeit für die spezifische Form der jeweiligen Hierarchie, d.h. Dialekt und Mischformen würden genauso gut funktionieren, wenn etwa für *Wald* [vait] möglich, aber [vɔit] nicht möglich wäre. Die Begründung für die Hierarchien muß also vermutlich phonologie-intern erfolgen.

Es ließe sich durchaus vorstellen, daß sich die spezifische Form der Hierarchien aus allgemeinen, universalen Prinzipien ableiten läßt. Die Phonologieforschung hat umfangreiche Evidenz für die These zusammengetragen, daß die lautliche Struktur natürlicher Sprachen durch universale Prinzipien determiniert ist (Chomsky & Halle 1968; Bresnan 1971; Hooper 1977; Kiparsky 1972), die angeben, welche von allen denkbaren Lautmustern in natürlichen Sprachen in der Tat möglich sind. Die in natürlichen Sprachen auftretenden phonologischen Strukturen unterliegen also bestimmten universalen Restriktionen, die in einer phonologischen Theorie spezifiziert werden müssen. Es scheint daher die Annahme plausibel, daß jene universalen Prinzipien, die die mögliche phonologische Form natürlicher Sprachen determinieren, letztlich auch - in einer zu spezifizierenden Form - für die Hierarchie der phonologischen Regeln, die Dialekt und Hochsprache voneinander unterscheiden, verantwortlich sind.

Offenkundig ist die Frage, ob unsere Hierarchien ein Reflex allgemeiner phonologischer Prinzipien sind, sowohl ein theoretisches als auch ein empirisches Problem. Auf der empirischen Ebene wird sich zeigen müssen, ob die phonologische Theorie plausible Prinzipien bereitzustellen vermag, die als Erklärung für die jeweilige hierarchische Ordnung zwischen Regeln gelten können. Auf der theoretischen Ebene muß die Beziehung zwischen den Hierarchien und anderen lautlichen Phänomenen in Dialekt und Hochsprache spezifiziert werden.

---

tet, ist keineswegs frei von dialektalen Eigentümlichkeiten. So tendieren gebildete Mundartsprecher in formellen Sprechsituationen z.B. dazu, Endsilben von Infinitiven mit vollem [e] zu artikulieren, wenngleich dieser Vokal ebenso in der Hochsprache getilgt oder zumindest zu shva reduziert wird.

Es gibt in der Tat sowohl theoretische Überlegungen als auch empirische Evidenz, die es sinnvoll erscheinen lassen, universale Prinzipien als Determinanten unserer Hierarchien anzunehmen. Zunächst ist keineswegs klar, ob Kinder diese Hierarchien überhaupt in dem Sinne erlernen können, daß konkrete sprachliche Erfahrung in unmittelbarer Weise die Ableitung der spezifischen Form der Hierarchien gestattet. Es ist derzeit nur schwer vorstellbar, welcher Typ von realiter vorhandenem Input-Material das Erlernen dieser Hierarchien bedingen sollte. Bislang liegt keinerlei Evidenz dafür vor, daß die sprachliche Umwelt für die Kinder all diejenigen Informationen bereithält, die notwendig sind, um die jeweilige Hierarchie phonologischer Regeln zu induzieren. Darüber hinaus ist fraglich, ob die Hierarchien auf der Basis üblicher sprachlicher Erfahrung im Sinne von Gold (1967) und Wexler & Culicover (1980) überhaupt lernbar sind (cf. Pinker 1979). Es zeigt sich unter anderem weiterhin (cf. Felix & Kühl, i. Vorb.), daß Kinder die phonologische Grammatikalität unterschiedlicher Mischformen selbst dann beurteilen können, wenn sie selbst gar nicht oder nur in sehr geringem Maße zwischen diesen Mischformen variieren. Wenn die Hierarchie der phonologischen Regeln einzeln erlernt werden müßte, so wäre außerdem zu erwarten, daß Kinder während des Erwerbsprozesses Lautformen produzieren, die in verschiedenen Bereichen diese Hierarchie verletzen. Soweit uns bekannt ist, treten derartige phonologische Fehler bei Kindern nicht auf. Wenn wir annehmen, daß sich die Hierarchie phonologischer Regeln, wie wir sie hier beschrieben haben, aus universalen Prinzipien ergibt, die nicht gelernt werden müssen, sondern zur biologischen Ausstattung des Menschen gehören, so würde dies bedeuten, daß sich bei Kenntnis der Unterschiede zwischen Dialekt und Hochsprache die Hierarchie der entsprechenden phonologischen Regeln direkt aus diesen universalen Prinzipien deduzieren läßt.

Eine solche Annahme würde ebenfalls einige Aspekte unserer eigenen Erfahrung mit dem Dialekt erklären. Während der Projektarbeit entwickelten sich unsere eigenen Intuitionen über die Grammatikalität phonologischer Formen im Passauer Dialekt überraschenderweise überaus schnell und präzis, wenngleich wir beide erst relativ kurze Zeit in Passau leben und nur in beschränktem Maße mit dem Dialekt bzw. stärker dialektalen Mischformen konfrontiert werden. Da sich Mundartsprecher in der Regel bemühen, mit Fremden möglichst hochdeutsch zu sprechen, scheint es nur wenig plausibel anzunehmen, daß sich unsere eigenen Intuitionen über die Grammatikalität phonologischer Formen direkt aus der Erfahrung mit dem Dialekt erklären lassen. Vielmehr ist es durchaus denkbar, daß die Kenntnis der Unterschiede zwischen Dialekt und Hochsprache ausreicht, um auf der Basis universaler Prinzipien die entsprechenden Hierarchien abzuleiten.[17]

Wenngleich beim derzeitigen Stand unserer Arbeit Erklärungen für Hierarchien noch weitgehend spekulativ sind, so scheinen sich doch einige Prinzipien recht offenkundig anzubieten. Zumindest in einigen Fällen vermag die hierarchische Ordnung von phonologischen Regeln bestimmte Markiertheitsphänomene widerzuspiegeln. Es fällt etwa auf, daß die beiden Regeln, die die vorderen gerundeten Vokale betreffen, d.h. UMLAUT-AUFLÖSUNG und MITTLERE VOKALHEBUNG, sehr weit unten in der Hierarchie stehen, während Regeln, die die nicht-markierten Vokale betreffen, wie etwa SPANNUNG oder TIEFE VOKALHEBUNG, weiter oben in der Hierarchie erscheinen. Auf der Basis von Markiertheit ließe sich ebenfalls die hierarchische Ordnung von SPANNUNG und DIPHTHONGIERUNG erklären. In diesem Falle läßt sich darüber hinaus eine deutliche Parallele zum Spracherwerb herstellen: Kinder erlernen einfache Vokale in der Regel eher als Diphthonge. Weiterhin läßt sich beobachten, daß diejenigen Regeln, die morphonologische Prozesse innerhalb des Dialekts beschreiben, wie z.B. LATERALE VOKALISIERUNG und APIKALE VOKALISIERUNG hierarchisch tiefer stehen als jene Regeln, die lautliche Entsprechungen zwischen Hochsprache und Dialekt spezifizieren. Wenngleich uns hier im Augenblick noch eine schlüssige Erklärung fehlt, scheint jedoch das Phänomen an sich bereits bemerkenswert.

Man darf erwarten, daß gerade die Untersuchung von Dialekten unter der hier angegebenen Fragestellung einen wichtigen Beitrag zu

---

17 Gegen diese These scheint zu sprechen, daß Erwachsene bei der Imitation dialektaler Formen vielfach Hierarchien verletzen und phonologisch ungrammatische Strukturen produzieren, die der Dialektsprecher dann als "komisch" empfindet. Wären die Prinzipien, die den Hierarchien zugrundeliegen, Teil des genetischen Programms, so müßte man erwarten, daß solche Fehler nicht auftreten dürfen. Aus der Zweitsprachenerwerbsforschung liegt einige Evidenz für die Annahme vor, daß Erwachsene Sprache teilweise mit unterschiedlichen kognitiven Systemen erwerben, so daß die Informationen des sprachspezifischen genetischen Programms vielfach keinen Zugang zu jenem kognitiven System haben, das etwa den Erwerb gewisser produktiver Fähigkeiten regelt (cf. Felix 1981).

einer phonologischen Theorie natürlicher Sprachen leisten kann. Offenkundig verbirgt sich hinter den Mischformen zwischen Hochsprache und Mundart mehr als ein allein von kontextuellen Umständen abhängiges Variieren zwischen verschiedenen Spielarten einer Sprache. Die bislang aufgedeckten Gesetzmäßigkeiten deuten darauf hin, daß auch die verschiedenen Mischformen systematischen Prozessen gehorchen, die möglicherweise aus jenen Prinzipien ableitbar sind, die die Struktur natürlicher Sprachen determinieren. Man kann daher vermuten, daß gerade auch diese Mischformen wichtiges Material bereitstellen, um jene phonologischen Prinzipien und Gesetzmäßigkeiten zu ermitteln, die es dem Menschen gestatten, natürliche Sprachen zu erwerben und zu verwenden.

Literatur

Ammon, Ulrich. 1973. Dialekt und Einheitssprache in ihrer sozialen Verflechtung. Weinheim, Beltz.

Besch, Werner, Ulrich Knoop, Wolfgang Putschke und Herbert Wiegand. 1977. Dialektologie: Ein Handbuch zur deutschen und allgemeinen Dialektforschung. Deutsche Sprache 5. 60-73.

Bresnan, Joan. 1971. Sentence stress and syntactic transformations. Language 47. 257-281.

Chomsky, Noam. 1975. Reflections on language. New York, Pantheon Books.

Chomsky, Noam. 1980. Rules and representations. New York, Blackwell.

Chomsky, Noam und Morris Halle. 1968. The sound patterns of English. New York, Harper and Row.

Debus, Friedrich. 1962. Zwischen Mundart und Umgangssprache. Zeitschrift für Mundartforschung 29 (1962), 1-43.

Derwing, Bruce. 1975. Transformational grammar as a theory of language acquisition. Cambridge, At the University Press.

Felix, Sascha. 1981. Competing cognitive structures in second language acquisition. Vortrag anläßlich des "European North American Workshop on Cross-Linguistic Second Language Acquisition Research, Los Angeles, September 1981.

Felix, Sascha und Dagmar Kühl, i. Vorb. The sound patterns of dialect speech. Passau.

Freudenberg, Rudolf. 1968. Bairische Mundartforschung. In: Schmitt (Hrsg.) 1968, 30-74.

Gabriel, Eugen. 1969. Zur Methodik sprachgeographischer Untersuchungen. Zeitschrift für Dialektologie und Linguistik 36 (1969), 207-221.

Gold, Eric. 1967. Language identification in the limit. Information and Control 10 (1967), 447-474.

Goosens, Jan. 1977. Deutsche Dialektologie. Berlin, de Gruyter.

Hooper, John. 1977. An introduction to natural generative phonology. New York, Academic Press.

Kiparsky, Paul. 1972. Explanation in phonology. In: Peters (Hrsg.) 1972, 121-147.

Klein, Wolfgang und Dieter Wunderlich (Hrsg.). 1972. Aspekte der Soziolinguistik. Frankfurt am Main, Athenäum Fischer.

König, Werner. 1978. DtV-Atlas zur deutschen Sprache. München, DtV.

Labov, William. 1972. Das Studium der Sprache im sozialen Kontext. In: Klein und Wunderlich (Hrsg.) 1972, 111-194.

Löffler, Heinrich. 1974. Probleme der Dialektologie. Eine Einführung. Darmstadt, Wissenschaftliche Buchgesellschaft.

Markey, Thomas. 1977. Prinzipien der Dialektologie. Einführung in die deutsche Dialektforschung. Grossen-Linden, Hoffmann.

Mattheier, Klaus. 1980. Pragmatik und Soziologie der Dialekte. Heidelberg, Quelle und Meyer.

Mayerthaler, Willi. 1980. Ikonismus in der Morphologie. Semiotik 2 (1980), 19-37.

Peters, Kenneth (Hrsg.). 1972. Goals of linguistic theory. Englewood Cliffs, Prentice-Hall.

Pinker, Steven. 1974. Formal models of language learning. Cognition 7 (1974), 217-283.

Reiffenstein, Ingo. 1976. Primäre und sekundäre Unterschiede zwischen Hochsprache und Mundart. Überlegungen zum Mundartenabbau. In: Festschrift für Alexander Issatschenko, 337-347.

Schmitt, Ludwig (Hrsg.). 1968. Germanische Dialektologie. Festschrift für Walter Mitzka zum 80. Geburtstag. Wiesbaden, Franz Steiner.

Veith, Werner. 1975. Moderne Linguistik in deutscher Dialektologie. Michigan Germanic Studies 1 (1975), 68-84.

Wexler, Kenneth und Peter Culicover. 1980. Formal principles of language acquisition. Cambridge, Mass., MIT-Press.

Wurzel, Ulrich. 1970. Studien zur deutschen Lautstruktur. Studia Grammatica 8. Berlin, Akademie-Verlag.

QUASIPHONEMISCHE EINHEITEN UND PHONETISCHE REGELN IN EINEM ARTIKULATIONSMODELL DES DEUTSCHEN

Georg Heike
Universität zu Köln

Einleitung

Die künstliche Erzeugung gesprochener Sprache (Sprachsynthese) ist hinsichtlich ihres Erfolges weder an eine bestimmte Theorie noch ein technisches Verfahren gebunden. Dem akustischen Ergebnis eines Syntheseverfahrens sieht man nur bei geringem technischen Aufwand an, wes Geistes Kind es ist. Daraus folgt, daß hier die Adäquatheit einer Theorie nicht an ihrem Ergebnis abgelesen werden kann. Sprachsynthese durch Simulation der natürlichen artikulatorischen Prozesse ist deshalb grundsätzlich einem technisch ökonomischen Verfahren (z.B. Diphon-Synthese mit gespeicherten Bausteinen) nicht überlegen. Somit stellt sich die Frage nach den Kriterien für die Wahl des Prinzips. Sprachsynthese, wie sie heute vorwiegend betrieben wird, ist durch die praktische Anwendung motiviert, wobei ausreichende Verständlichkeit bei geringstem technischen Aufwand die Kriterien für die Wahl des Verfahrens sind.

Wissenschaftlich interessanter ist zweifellos der Versuch, empirisches Wissen und theoretische Prinzipien aus Phonetik und Phonologie zur Basis eines Spracherzeugungsverfahrens zu machen. Von Interesse ist dabei die Frage, ob diese Basis ausreicht und in sich konsistent ist, und in welchem Bereich sie vervollständigt und geändert werden muß.

Das Artikulationsmodell[1]

Hierbei werden die veränderlichen geometrischen Verhältnisse bei der Artikulation auf dem Computer simuliert. Dies geschieht

1 Eine ausführliche Darstellung gebe ich in IP Köln-Berichte Nr. 10 (1980), S. 7 - 31.

dadurch, daß die veränderlichen Artikulationsorgane (z.Zt. Velum, Lippen, Zunge, Zungenspitze, Zungenrücken, Unterkiefer) in ihren wesentlichen Parametern zwischen Extremwerten variiert werden können. Durch Definition von Parameterwerten zwischen den Extremgrenzen läßt sich eine bestimmte Konfiguration der Artikulationsorgane und damit des Artikulationstraktes erzeugen. Abb. 1 demonstriert, wie der Übergang von [u] nach [g] durch Änderung der Parameterwerte in diskreten Schritten synthetisiert werden kann. In einem weiteren Schritt muß dieses zweidimensionale geometrische Modell in ein dreidimensionales transformiert werden. Diese Transformation erfolgt zum einen auf der Basis empirisch gewonnener Daten[2] und zum anderen von Hypothesen über die Zusammenhänge zwischen zweidimensionaler und dreidimensionaler Geometrie, für die keine ausreichenden empirischen Fakten bekannt sind. Das Resultat einer Transformation ist ein Hohlraumverlauf des Artikulationstrakts, aus dem mit geeigneten mathematischen Verfahren das akustische Produkt berechnet und mit entsprechenden Programmen und nach geeigneter digital/analog-Wandlung hörbar gemacht werden kann.[3] Zusammenfassend kann man also das Artikulationsmodell beschreiben als eine Möglichkeit, Veränderungen artikulatorischer Parameter in ihrer Auswirkung auf das akustische Ergebnis zu überprüfen. In die Definition und Stufung der artikulatorischen Parameter geht bereits eine Menge an phonetischer Empirie und Theorie ein. So wurde z.B. bei der Steuerung der Zungenprofile Wert darauf gelegt, mit den üblichen artikulatorischen Dimensionen der Zungenhöhe, Zungenposition (vorn - hinten) im Falle der Vokalsynthese auszukommen. Für die Synthese konsonantischer Zungenprofile werden zur Zeit drei gesondert steuerbare Zungenteile (apikaler, coronaler, dorsaler Teil) als ausreichend angesehen.

Eingabeeinheiten

Die Synthese kompletter Äußerungen soll auf der Basis von diskreten Eingabeeinheiten möglich sein. Das Inventar dieser Einheiten

2 Siehe z.B. R. Greisbach, J. Philipp, Die Querschnittsfläche des Sprechtrakts im Bereich des harten Gaumens als Funktion des mittsagittalen Durchmessers. in: IP Köln-Berichte Nr. 10 (1980), 33-40.

3 Siehe z.B. J. Philipp, Sprechtraktanaloge Synthese von Vokalen und Diphthongen. In: IP Köln-Berichte Nr. 10 (1980), 41-52.

muß so gewählt sein, daß sich jede kontinuierliche Artikulationsbewegung auf der Basis konsekutiver Zustände des Artikulationsapparates darstellen läßt. Aus Praktikabilitätsgründen sollte dieses Inventar möglichst klein gewählt werden. Es dürfte vermutlich etwas größer sein als das Inventar phonemischer Einheiten und sich in etwa mit dem Inventar allophonischer Lauttypen decken. Da das Inventar konsekutiver Zustände des Artikulationsapparates aufgrund von Kontextabhängigkeit und durch andere Faktoren bedingte Variationen praktisch unbestimmbar groß im Umfang ist, müssen die Eingabeeinheiten einen beträchtlich hohen Abstraktionsgrad besitzen. Das bedeutet, daß die Zuordnung konkreter artikulatorischer Zustände durch einen zusätzlichen Regelapparat, der Kontextfunktion, Koartikulation und andere Situationsvariablen berücksichtigt, besorgt werden muß. Daraus folgt unter anderem, daß die diskreten Eingabeeinheiten, die wir quasiphonemische Einheiten nennen wollen, zwar durch artikulatorische Parametereinträge definiert sind, diese Definitionen jedoch nur vorläufigen Charakter haben oder unvollständig sind, wenn die Spezifikation erst in Abhängigkeit z.B. vom Kontext erfolgen kann. Beispielsweise kann bei einem [p] die Lage der Zunge, aber auch die Stülpung bzw. Spreizung der Lippen nicht unabhängig vom Kontext sein. Wie der Ausschnitt (Tab. 1) aus der Liste der parameterdefinierten Eingabesegmente zeigt, ist eine gewisse Ähnlichkeit mit Lautklassifikationen durch mehrstufige Merkmale gegeben. Auf einen fundamentalen Unterschied muß jedoch in aller Deutlichkeit hingewiesen werden. Im Gegensatz zu lautklassifikatorischen Merkmalsmatrizen sind hier die kontextabhängigen Segmente (vor allem Konsonanten) hinsichtlich ihrer Parametereinträge unspezifiziert. Von klassifikatorischen Matrizen hingegen wird behauptet, daß sie, wenn auch in "idealer Aussprache", direkt die artikulatorischen Zustände bei der Produktion von Äußerungen definieren.[4] Hier zeigt sich ein offenbar gravierender Unterschied zwischen phonologischer Theorie und phonetischer Empirie: Phonetische Segmente, die aufgrund ihrer Merk-

4 Siehe z.B. Paul M. Postal, Aspects of Phonological Theory. New York, 1968. "The 'horizontal' dimension is of course based on the fact that utterances which represent the sentences of human languages in general require a succession of distinct states of the whole vocal apparatus for their production. Hence phonetic representations which describe ideal pronunciations must consist of sequences of phonetic segments, each segment descriptive of the articulation instructions determining one of the succession of total states of the system during the production of a sentence-representing utterance." (S.59.)

malsdefinitionen den Artikulationsapparat in jedem seiner Zustände in kompletten Äußerungen determinieren sollen, müßten einem unvorhersehbar großen Inventar angehören (mindestens dem Inventar kontextabhängiger Varianten).

Phonetische Regeln

Wie bereits angedeutet, macht das Konzept diskreter Eingabeeinheiten eines endlichen und möglichst begrenzten Inventars einen Apparat phonetischer Regeln notwendig, die die Aufgabe der Transformation in einen kontinuierlichen und variablen Artikulationsvorgang übernehmen. Daß diese Transformation kein Automatismus ist, der sich aus der Trägheit der Artikulationsorgane ergibt, wie häufig angenommen wird, hat die empirische Forschung gezeigt. Sämtliche in diesem Komplex auftretenden Phänomene weisen sprachspezifische Eigenheiten auf, sind somit normabhängig und müssen gesondert erlernt werden. Für die Steuerung von Artikulation und Phonation müssen Regelkomplexe aufgestellt werden, die zumindest die folgenden Phänomene erfassen: Assimilation, Koartikulation, Reduktion, Transition und Zeit- und Prosodiesteuerung. Erst in der letzten Instanz der endgültigen Bestimmung der phonetischen Oberfläche kann und muß innerhalb definierter Grenzen der Zufall eine Rolle spielen. Diese für die Natürlichkeit von Sprachsynthese nicht unwesentliche Forderung wollen wir als Natürlichkeitskriterium einführen. Es besagt, daß Regeln innerhalb definierter Grenzen (Toleranzbereiche) unscharf sein müssen, damit die endgültige Determination dem Zufall überlassen wird. Die Toleranzbereiche selbst müssen jedoch definiert und aller Wahrscheinlichkeit nach auch sprachspezifisch determiniert sein.

Die in dem Artikulationsmodell bereits implementierten Koartikulationsregeln sollen an zwei Beispielen exemplifiziert werden.

Konsonantische Eingabesegmente werden in Abhängigkeit vom vokalischen Kontext in ihren unspezifizierten artikulatorischen Parametern definiert. Daraus folgt auch, daß als artikulatorische Syntheseeinheit die Silbe gilt, deren Ränder vom vokalischen Silbenkern beherrscht werden. Bei intervokalischen konsonantischen Segmenten führt dieses Prinzip anscheinend zu einem Dilemma, da konsequenterweise die Spezifikation doppelt zu erfolgen hat: einmal in Abhängigkeit vom vorhergehenden und zum zweiten vom nachfolgenden Vokal. So müßte beispielsweise das aus drei Eingabesegmenten bestehende Wort "Egge" nach Anwendung der Koartikulationsregeln eine Folge von vier Segmenten ergeben, nämlich [ε - $_{ε}$g - $g_{ə}$ - ə]. Dieses Resultat beschreibt recht gut die empirisch beobachtbaren artikulatorischen Vorgänge: Genauere Betrachtung der Artikulationsabläufe zeigt, daß der Zungenrücken während der Phase vom Verschluß bis zur Verschlußlösung am Gaumen eine koartikulative Bewegung durchführen kann, falls dies von den Kontextvokalen her erforderlich ist. Die Beschreibung der hier vorliegenden Bewegungsvorgänge macht die Einführung eines weiteren Begriffs notwendig, der für den Sachverhalt der kleinsten artikulatorischen Bewegungseinheit stehen soll: die artikulatorische Geste. In dem genannten Wortbeispiel hätten wir somit 1. drei Eingabesegmente, 2. vier Steuersegmente für die artikulatorische Synthese, 3. zwei Silben und 4. drei artikulatorische Gesten: [ε] → [$_{ε}$g], [$_{ε}$g] → [$g_{ə}$], [$g_{ə}$] → [ə].

Als Beispiel für die Silbe als koartikulative Einheit und den vokalischen Silbenkern als dominierendes Segment sei die Synthese der Silbe "plu" gegeben. Abb. 2 demonstriert die Vorwegnahme der Lippenrundung und Stülpung und des alveolaren Kontaktes der Zunge bereits in der bilabialen Okklusionsphase.

Ein nicht unbeträchtliches Problem stellt das Phänomen der Koartikulation der Artikulationsstelle der Zunge vor allem im velaren Bereich dar, wenn dieses Problem ökonomisch gelöst werden soll. Bekannterweise liegt die Kontaktstelle eines [g] nach [i] beträchtlich im palatalen Bereich im Vergleich zur Position nach [u]. Eine inventarmäßige Erfassung der kontextabhängigen Kontaktstellen wäre ein höchst unökonomisches Verfahren. Eine elegante Lösung bietet das Prinzip des virtuellen Kontaktpunktes, der sich nicht am Gaumen direkt, sondern wesentlich höher in einer faktisch nie erreichten Position befindet. Abb. 3 zeigt zur Erläuterung zwei Zungenprofile mit unterschiedlicher Kontaktstelle am Gaumen. Verantwortlich für die unterschiedlichen Kontaktstellen der Zungenprofile sind verschiedene Ausgangspositionen der Zunge, obwohl als Zielpunkt der Bewegung derselbe virtuelle Zielpunkt dient. Bei den Ausgangsprofilen der velaren Verschlußbewegung handelt es sich im einen Fall um eine u-

-Konfiguration (ausgezogenes Zungenprofil), und im zweiten Fall um eine i-Konfiguration (gestricheltes Zungenprofil).

Abb. 4 zeigt das Sonagramm der gelungenen Synthese des Wortes "Asche". Die Formantverläufe demonstrieren sowohl Koartikulation als auch Transition durch lineare Interpolation der Eingabesegmente.

Eine Zusammenfassung der bisher behandelten Elemente einer Sprachsynthese auf der Basis der Simulation von Artikulationsvorgängen zeigt das Artikulationsmodell als Bestandteil eines Produktionsmodells gesprochener Sprache (siehe Abb. 5). Darin wird noch einmal mit aller Deutlichkeit klar, daß selbst durch phonetische Parameter definierte diskrete Eingabeeinheiten nur durch einen zusätzlichen Regelapparat phonetischer Regeln die phonetische Oberfläche im artikulatorischen und akustischen Bereich ausreichend erzeugen können. An dieser Stelle stellt sich die Frage nach der Leistungsfähigkeit des Produktionsmodells, bzw. in erster Linie danach, ob der phonetische Regelapparat als ausreichend anzusehen ist. Es ist damit zu rechnen, daß nicht nur Modifikationen an mehreren Stellen des Produktionsmodells vorgenommen werden müssen, sondern daß unter Umständen auch Korrekturen an den zugrundeliegenden theoretischen Konzepten durchgeführt werden müssen. Das akustische Resultat der Synthese kann mit geeigneten Hörtests im Hinblick auf Identifikation und Akzeptabilität durch naive Hörer überprüft werden. Da die zugrundeliegenden artikulatorischen Parameter der Synthese vorgegeben und bekannt sind, können leicht Modifikationen am Synthesevorgang durchgeführt werden. Es ist damit zu rechnen, daß hier Korrekturvorgänge nicht ohne Rückwirkung auf die zugrundeliegende Theorie bleiben werden. Abb. 6 zeigt das Prinzip eines durch auditive Kontrolle permanent modifizierten Synthesesystems.

1	2	3	4	5	6	7	8	9	10	11	12	13
VEL	LP	LO	JA	TH	TP	NZ	MOD	TIM	LTS	CAT	NR	SYMBOL
0	-1	2	2	2	3	0	0	100	500	0	1	I
0	+1	2	2	2	2	0	0	100	500	0	2	Y
0	+1	2	2	2	-3	0	0	100	500	0	3	U
0	-2	-2	-2	-2	4	0	0	100	500	0	4	AE
0	+2	-2	-2	-2	-5	0	0	100	500	0	5	O
0	-2	-5	-5	-5	4	0	0	100	500	0	6	A
0	+2	-1	-1	-1	2	0	0	100	500	0	7	OE
0	0	1	-1	4	4	2	1	80	300	1	8	J
		0	0			1	3	100	300	1	9	L
4		4	0	1		0	0	100	100	2	10	M
4			0			1	3	100	100	2	11	N
			-1			3	4	80	80	3	12	R UVUL.
	-3	3	0	-1		0	2	80	70	4	13	V
						1	2	80	70	3	14	Z
	-3	3	0	-1		0	2	80	90	5	15	F
						0	0	80	50	5	16	H
0		4	0	1		0	0	50	20	6	17	B
			0			1	3	50	20	6	18	D
						3	3	50	20	6	19	G
0		4	0	1		0	0	120	50	7	20	P
0			0			1	3	120	50	7	21	T
						3	3	120	50	7	22	K

KOMMENTAR:

SPALTEN 1 - 6 : VEL = VELUM
LP = LIPPENSTUELPUNG
LO = LIPPENOEFFNUNG
JA = UNTERKIEFER (JAW)
TH = ZUNGENHOEHE (TONGUEHEIGHT)
TP = ZUNGENPOSITION (TONGUEPOSITION)

7, 8 : ZUNGENPARAMETER BEI KONSONANTENARTIKULATION:

NZ = NR DES ZUNGENPUNKTES MIT MAX. HEBUNG:

1 = NR 7 (APIKAL)
2 = NR 10 (CORONAL)
3 = NR 25 (DORSAL), BZW. HOECHSTER PUNKT

MOD : 0 = KEINE HEBUNG
1 = GERINGE HEBUNG
2 = VERENGUNG (FRIKATIVE)
3 = VERSCHLUSS
4 = MEHRMALIGE VERSCHLUSSUNTERBRECHUNG

9 : TIM = DAUER IN MS
10 : LTS = LAUTSTAERKE (MAX. 1000)
11 : CAT = KATEGORIE

Tab. 1: Tabelle des Inventars (Ausschnitt) diskreter Eingabeeinheiten in parametrischer Definition.

```
VLPTHTPAPDOJA FAC TRACT LENGTH = 17.5 CM (SHWA)
1 2 3 4 5 6 7 8.-  MM LARYNXDISPLACEMENT
O+2+4-5 O O+2 O.O -25 [U]
O+1+4-5 O O+2 O.O -25 [U]
O+1+4-5 O 1+1 O.O -25 [U]
O+1+3-5 O 2+O 1.1 -25 [U]
O+O+2-5 O 3-1 1.2 -25 [U]
O+O+1-5 O 4-1 1.4 -25 [U]
O+O+1-5 O 5-1 1.6 -25 [G]
9+O+O-O O O-O O.O +OO

1 V    : VELUM                  O TO 4   (DEGREE OF LOWERING)
2 LP   : LIPS                  +2 TO -2  (ROUNDED - SPREAD)
3 TH   : TONGUEHEIGHT          +4 TO -5  (HIGH - LOW)
4 TP   : TONGUEPOSITION        +4 TO -5  (FRONT - BACK)
5 AP   : APEX ELEVATION         O TO  9
6 DO   : DORSUM ELEVATION       O TO 9
7 JA   : JAW                   +4 TO -5  (HIGH - LOW)
8 FAC  : FACTOR FOR TONGUE MODELING (O OR 1 : NO MODELING)
TRACT LENGTH REFERS TO SCHWA
LARYNXDISPLACEMENT IS GIVEN IN MM TRACT LENGTH
```

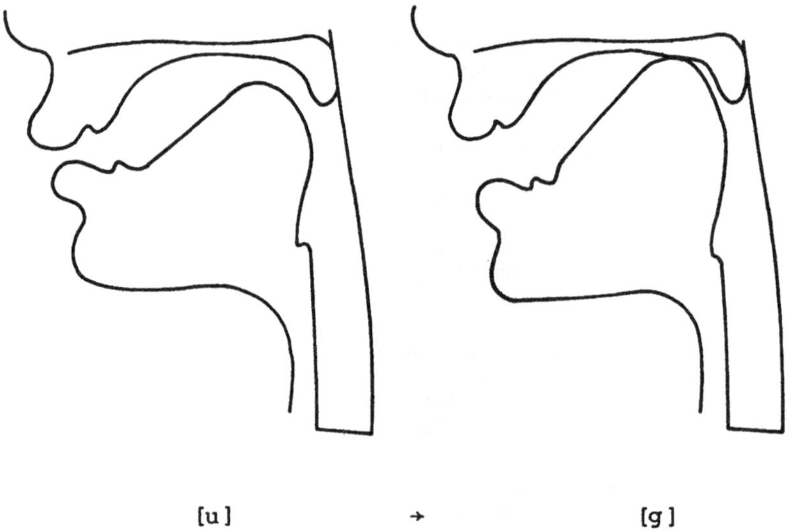

Abb. 1: Synthese des Übergangs [u] → [g] durch geeignete Definition der artikulatorischen Parameter.

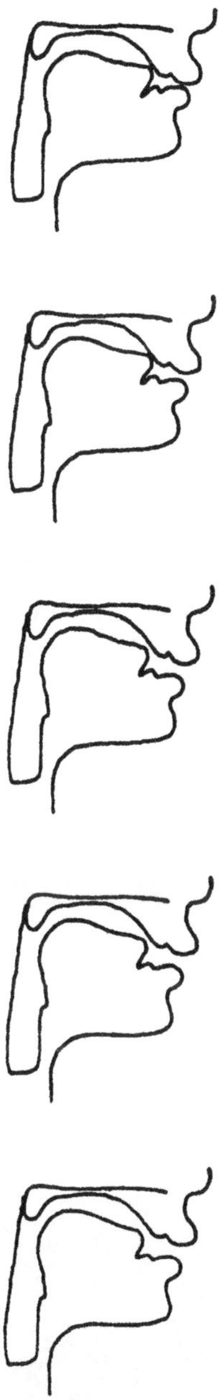

articulatory parameters	steps							
	[p		→		l	→		u]
	1	2	3	4	5	6	7	8
lip rounding (5)	5	5	5	5	5	5	5	5
lip opening (10)	10	9	8	8	8	8	8	8
jaw lowering (10)	10	10	9	8	8	8	8	8
tongue height (10)	9	10	10	10	10	10	10	10
tongue position (10)	1	1	1	1	1	1	1	1
apex elevation (10)	8	8	7	7	6	4	2	1

Abb. 2: Synthese von [plu] als Beispiel für die Anwendung von Koartikulationsregeln. Siehe auch: G. Heike, Articulatory Synthesis of German Monosyllables. In: Wege zur Universalienforschung, sprachw. Beitr. zum 60. Geburtstag von Hansjakob Seiler, hrsg. von G. Brettschneider u. Chr. Lehmann, Tübingen 1980, S. 566-570.

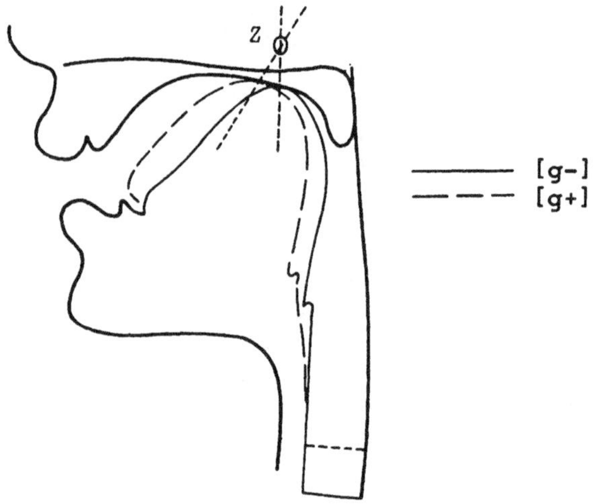

Abb. 3: Gaumenkontaktstellen von [g-] (ausgezogenen) und [g+] (gestrichelt) nach [u] und [i] als Ausgangsprofile für die velare Verschlußbewegung in Richtung auf einen virtuellen Zielpunkt Z_0. Es ergeben sich automatisch kontextabhängige Differenzen der Artikulationsstelle.

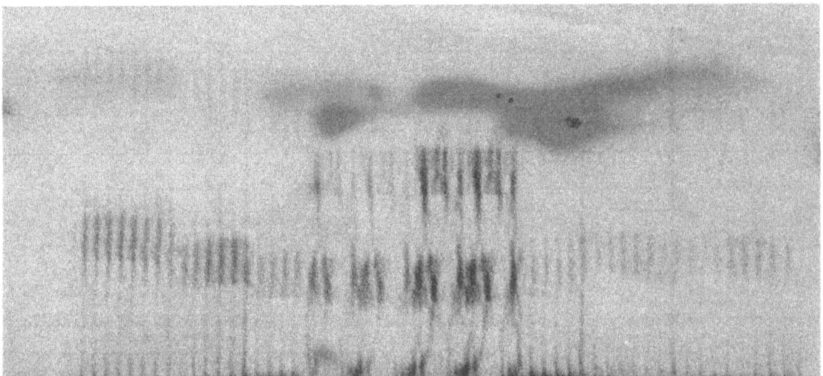

A SCH E

Abb. 4: Sonagramm von 'Asche', synthetisiert.

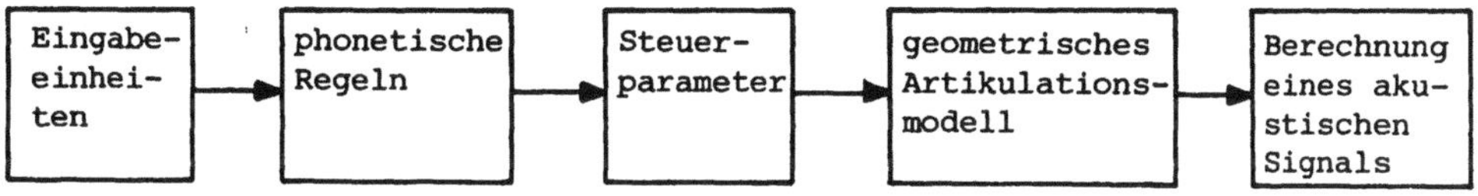

Abb. 5: Das Artikulationsmodell im Rahmen eines Produktionsmodells.

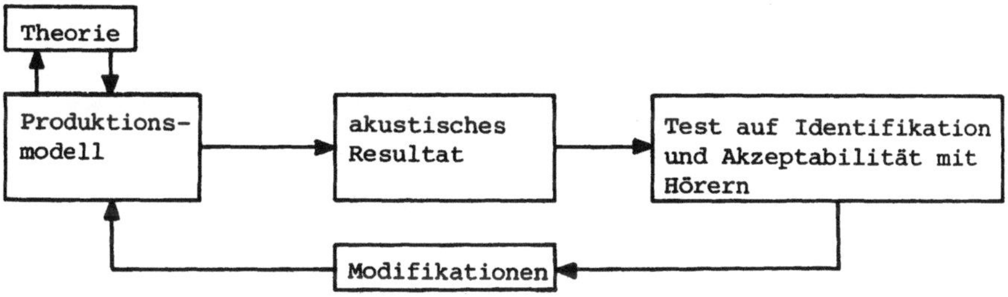

Abb. 6: Die auditive Bewertung der Sprachsynthese als Kontrolle des Syntheseverfahrens mit Rückwirkung auf die zugrundeliegende Theorie.

MARKIERTHEIT, LINKING, REGELFORMAT. - EVIDENZ AUS DEM DEUTSCHEN

Tilman N. Höhle
Universität Köln

In der Theorie der Regelanwendung, die in *SPE* (= Chomsky/Halle (1968)) und daran anschließenden Arbeiten entwickelt worden ist, gibt es gewisse Probleme beim Verständnis der sogenannten Linking-Phänomene (§ 2) und bei der Notation von tautosegmentalen Kontextbedingungen von Alternationsregeln (§ 3). Ich schlage vor, beide Probleme durch eine Reformulierung der Konventionen für die Notation und die Anwendung von Alternationsregeln zu lösen (§ 5). Dies setzt eine inhaltliche Klärung des phonologischen Markiertheitsbegriffs und des empirischen Vorkommens von Linking voraus (§§ 4 und 6). Am Beispiel der *n*-Assimilation im Deutschen (§ 7) kann man (a) die Effekte der reformulierten Konventionen und (b) die Unterscheidung zwischen "systematisch phonemischem" und "systematisch phonetischem" Teil der Grammatik studieren.[1]

Zunächst sind jedoch einige Bemerkungen über das benutzte Merkmalsystem zu machen.

1. Merkmale

Im allgemeinen bediene ich mich des Merkmalsystems von *SPE*. Dies gilt beim Merkmal *Continuant* i.a. für die Klassifikation der Laute als [+contin] bzw. [-contin]; insbesondere sind die nasalen Konsonanten des Deutschen [-contin], da bei ihrer Artikulation ein vollständiger Verschluß im Ansatzrohr gebildet wird und keine Luft zum Mund austritt. (Als Ansatzrohr bezeichne ich den Raum zwischen der Glottis und dem Außenrand der Lippen, unter Ausschluß des Nasenraums. Dies entspricht der Bedeutung von "vocal tract" in den

1 Dieser Beitrag ist ein Auszug aus Höhle (i. Vorb.) (= *MR*). Die Themen dieses Beitrags werden dort in etwas allgemeinerem Zusammenhang und in manchen Einzelheiten ausführlicher behandelt.

Definitionen von *Consonantal* und *Sonorant* in *SPE*: 302.) Die Definition dieses Merkmals bedarf jedoch einer Korrektur: [αcontin] ist in *SPE* nicht als Komplement von [-αcontin] definiert; dies führt zu Unklarheit bei der Klassifikation von Lateralen (*SPE*: 318) und von [ʔ]. Eine geeignete Redefinition schlage ich in *MR* vor.

An Stelle von *Sonorant* gebrauche ich *Obstruent*: [αobstr] = [-αsonorant]. Mit Kloeke (1982: 69f.) halte ich es für richtig, die Glottale [ʔ, h] als [-cons, +obstr] zu klassifizieren, und nehme an, daß sie alle Zungen- und Lippengestalteigenschaften haben können, die bei Vokalen möglich sind. Dies hat möglicherweise Auswirkungen auf die Definition von *Obstruent*; vgl. *MR*.

Von dem Merkmal *Anterior* mache ich keinen Gebrauch. Dagegen benutze ich neben den Merkmalen *Coronal*, *High*, *Low* und *Back* für die Zungengestalt außerdem *Front*. Ein Laut ist [+front] g.d.w. bei seiner Artikulation die Zungenmasse relativ zur neutralen Position vorverlagert ist; in allen anderen Fällen ist er [-front]. Die neutrale Zungenposition ist die des [ə]: [-front, -back, -high, -low]. Demgemäß sind vordere Vokale und Halbvokale (und gegebenenfalls die Glottale) sowie palatale und palato-alveolare Konsonanten [+front]; alle anderen (insbesondere alle alveolaren) Laute des Deutschen sind, nehme ich an, [-front].

Ähnlich wie Kean (1980) und Kloeke (1982) verwende ich *Labial* und (in anderem Sinn als *SPE*) *Round* als Merkmale für die Lippengestalt. Ein Laut ist [+labial] g.d.w. bei seiner Artikulation die Mundöffnung in Folge einer Spannung der Mundmuskulatur relativ zur neutralen Lippenstellung verringert ist; alle anderen Laute sind [-labial]. Die genauere artikulatorische Interpretation von [+labial] ist, wie üblich, von der Spezifikation für *Consonantal* abhängig: Für Konsonanten wird "Verringerung der Mundöffnung" als bilabiale oder labiodentale Enge- oder Verschlußbildung interpretiert. Ein Laut ist [+round] g.d.w. bei seiner Artikulation die Lippen vorgestülpt sind; in allen anderen Fällen ist er [-round]. Im Deutschen sind Vokale [+round] g.d.w. sie [+labial] sind. Vgl. Kloeke (1982: 74f.).

Im Anschluß an *SPE*: 312-4 verwende ich *Distributed* und nehme an, daß bilabiale Konsonanten [+distrib] sind, während labiodentale und alveolare i.a. [-distrib] sind. Interdentale klassifiziere ich als [-distrib, -coronal]. [ç] ist [+distrib, -coronal], während [ʃ] [-distrib, +coronal] ist. Ich nehme an, daß die velaren Konsonanten [+distrib] und die uvularen [-distrib] sind. (Die in *SPE* vorgeschlagenen Klassifikationen sind nicht immer ganz durchsichtig. Zur Diskussion vgl. *MR*.)

2. Markiertheit und Linking: Grundlagen

In Kapitel 9 von *SPE* wird eine Markiertheitstheorie skizziert, die sich von früheren Markiertheitstheorien besonders durch 2 Eigenschaften abhebt:

(i) Sie kennzeichnet mittels "Markiertheitskonventionen" bestimmte Merkmalspezifikationen[2] als markiert bzw. unmarkiert in Abhängigkeit vom Kontext. Die Spezifikation [-round] z.B. soll bei vorderen Vokalen unmarkiert, bei hinteren dagegen markiert sein. Segmente erhalten dann je nach Zahl ihrer markierten Merkmalspezifikationen einen numerischen "Komplexitätsindex".

(ii) Sie benutzt eben diese Markiertheitskonventionen dazu, natürliche von weniger natürlichen Regeln zu unterscheiden. Wenn eine Regel mehrere Veränderungen in den Merkmalspezifikationen der von ihr betroffenen Segmente bewirkt, kann man häufig einen Teil dieser Veränderungen als primär ansehen und die übrigen Veränderungen als sekundäre Folge von Markiertheitskonventionen verstehen. Ein solcher Zusammenhang zwischen primärer und sekundärer Veränderung wird als Linking bezeichnet. Eine Markiertheitskennzeichnung, die auf solche

---

2 Als Merkmalspezifikation bezeichne ich ein spezifiziertes Merkmal, d.h. ein Paar (α_i, F_i), bei dem F_i ein Merkmal ist und $\alpha_i = +$ oder $\alpha_i = -$. Eine Notation wie in (ia) betrachte ich (abweichend von *SPE*: 390f.) als äquivalent mit der Notation in (ib):

(i) a. $\begin{bmatrix} \alpha_i F_i \\ \alpha_j F_j \end{bmatrix}$ b. $\{(\alpha_i, F_i), (\alpha_j, F_j)\}$

Ein phonologisches Segment, bezeichnet durch eine Notation wie (ia), wird demgemäß durch eine ungeordnete Menge von Merkmalspezifikationen repräsentiert.

Weise mit einer Alternationsregel interagiert und sekundäre Veränderungen verursacht, wird als Linking-Regel bezeichnet.

Ein Beispiel für Linking findet sich beim deutschen Umlaut. Der Wechsel zwischen dem niedrigen [a] und dem mittelhohen [ɛ] in Paaren wie *Wall* - *Wälle* könnte dazu veranlassen, den zentralen Bestandteil der Umlautregel wie in (1) zu formulieren:

$$(1)\ [\text{-cons}] \rightarrow \begin{bmatrix}\text{+front}\\ \text{-low}\end{bmatrix}\ /\ \ldots$$

Diese Formulierung ist jedoch irreführend, da sie einen wesentlichen Unterschied zwischen den beiden Veränderungen [-front]→[+front] und [+low] → [-low] verdeckt. Es ist allgemein anerkannt, daß (2) gilt:

(2) Vordere niedrige Vokale sind markiert.

Tatsächlich existiert der niedrige Vokal [æ] im Deutschen (jedenfalls im "Standarddeutschen" und in vielen deutschen Dialekten) überhaupt nicht. Aufgrund von Umlaut-Alternationen, die nicht [a], sondern einen nicht-niedrigen Vokal involvieren (*rot* - *rötlich*, *Genuß* - *Genüsse*), läßt sich nur die Regelformulierung (3) rechtfertigen:

(3) [-cons] → [+front]/ ...

Wir können die in (3) spezifizierte Veränderung als primär auffassen und den zusätzlichen Wechsel von [+low] zu [-low] beim *a*-Umlaut als sekundäre Folge von (2) verstehen. (Dies wird unter (50) genauer formuliert.)[3]

Hier erhebt sich jedoch sofort ein Problem. Man nimmt allgemein an, daß (4) gilt:

(4) Vordere gerundete Vokale sind markiert.

Wenn Markiertheitskennzeichnungen wie (2) und (4) generell als Linking-Regeln fungieren würden, wäre zu erwarten, daß die pri-

---

3 Viele Sprecher realisieren den Umlaut von langem *a* als [e:]. Dies entspricht den allgemeinen Regularitäten des deutschen Vokalsystems, nach denen lange nicht-niedrige Vokale gespannt sind. Die im Standarddeutschen statt dessen geltende Realisierung [ɛ:] stellt schwierige systematische Probleme, die in *MR* ausführlich behandelt werden.

märe Veränderung von (3) beim Umlaut von gerundeten Vokalen eine sekundäre Veränderung von [+round] zu [-round] zur Folge hätte, also etwa [ʁe:tlɪc] *rötlich*, [gənɪsə] *Genüsse*. Diese tritt im Standarddeutschen jedoch nicht ein.

Chomsky und Halle haben vorgeschlagen, das Linking einer bestimmten allgemeinen funktionalen Einschränkung zu unterwerfen (*SPE*: 431 (49)); in deren Folge könnte zwar (2), aber nicht (4) als Linking--Regel fungieren. Es ist völlig unklar, wie (und ob) sich dieser Vorschlag formalisieren ließe. In jedem Fall löst er jedoch nicht das Problem.[4] Denn gerade die Entrundung vorderer Vokale, die der Vorschlag von *SPE* verhindern soll, kommt ja im Deutschen vor. Zwar niemals in Dialekten, die zugrundeliegende gerundete Vorderzungenvokale (etwa in *Tür*) haben, aber regelmäßig in allen Dialekten, in denen *Tür* und *Tier* in [ti:ʁ] zusammenfallen. In diesen Dialekten fallen *Kriege* und *Krüge* in [kʁi:gə] zusammen und *Kärrner* und *Körner* in [kɛʁnəʁ].

Wurzel hat (1970: 155-61) diesen Zusammenhang ausführlich besprochen und den Schluß gezogen, daß die Anwendung von Markiertheitskennzeichnungen als Linking-Regeln wesentlich vom phonologischen System der Einzelsprache abhängt:

(5) Eine Markiertheitskennzeichnung MK_i fungiert in einer Sprache L_i nur dann als Linking-Regel, wenn durch eine Regel in L_i (primär) Segmenttypen generiert werden, die (a) durch MK_i als markiert gekennzeichnet sind und (b) in zugrundeliegenden Repräsentationen von L_i nicht vorkommen. (Vgl. Wurzel (1970: 161 (49).)

Anders gesagt: Eine notwendige Bedingung dafür, daß eine Markiertheitskennzeichnung als Linking-Regel sekundäre Veränderungen in L_i bewirkt, ist, daß dadurch das Auftreten von Segmenttypen verhindert wird, die im "systematisch phonemischen" Teil der Grammatik von L_i sonst nicht vorkommen. (Auf die hier angedeutete Unterscheidung

---

4 Aufgrund von Schwierigkeiten dieser Art und einer sehr berechtigten Kritik an dem durch *SPE* nahegelegten Versuch, komplexe historische Lautwandel als Ergebnis von Linking zu interpretieren, halten Bach und Harms den Schluß für berechtigt, "that linking is not a property of synchronic grammars" (1972: 20, Anm. 7). Dieses Verdikt hat seine Berechtigung, wenn man das Konzept des Linking fälschlich mit den technischen Vorschlägen von *SPE* zur Explikation dieses Konzepts identifiziert. Es entbehrt jedoch jeder Grundlage, wenn man sich die zahllosen Linking-Phänomene bei synchron existenten Regeln vor Augen führt.

zwischen "systematisch phonemischem" und "systematisch phonetischem" Teil der Grammatik kommen wir in § 6.6 zurück. Sie hat mit der Frage zu tun, ob (5) zugleich als hinreichende Bedingung gelten kann; vgl. (62), (63).)

Daß dies die richtige Generalisierung ist, zeigt sich an einem weiteren Beispiel aus dem Deutschen, der Frikativalternation. Parallel zu der Alternation zwischen vorderen und hinteren Vokalen finden wir in *sprechen* - *sprachen*, *Bäuche* - *Bauch*, *Töchter* - *Tochter* einen Wechsel zwischen [ç] und [x].[5] Hier fungiert die - allgemein anerkannte - Markiertheitskennzeichnung (6) ersichtlich nicht als Linking-Regel für die Alternationsregel (7):

(6) Konsonanten mit den Merkmalspezifikationen [-back, +high, -coronal] (also Palatale) sind markiert.

$$(7)\quad \begin{bmatrix} \text{+cons} \\ \text{+obstr} \\ \text{+back} \\ \text{+high} \\ \text{+contin} \end{bmatrix} \rightarrow [\text{+front}] \;/\; [\text{+front}] \;\_\_\_\_$$

Dies gilt für die Dialekte, die [ç] und [ʃ] in zugrundeliegenden Repräsentationen unterscheiden. In jenen Dialekten jedoch, in denen *Kirche* und *Kirsche* in [kɪʁʃə] zusammenfallen, fallen auch

---

5 Theo Vennemann und Wus Kloeke haben mir gegenüber die Meinung vertreten, der Frikativ in *Bauch*, *Tochter* usw. sei nicht velar, sondern uvular, also als [χ] zu transkribieren. Mir ist nicht klar, worauf sich diese Meinung stützt. Röntgenologische Untersuchungen, die diese Meinung erhärten, sind mir nicht bekannt. Propriozeptive Evidenz spricht nicht klar für eine solche Kategorisierung. Die Interpretation etwa existierender akustischer Messungen ist hinsichtlich der Artikulation gewöhnlich vieldeutig. Richtig ist sicherlich, daß es eine Tendenz gibt, hintere Frikative mit einer weniger hohen Zungenstellung zu artikulieren als hintere Plosive, und falls dies kein Universale ist, das man den Konventionen für die Interpretation phonetischer Repräsentationen überlassen kann, muß es in der Grammatik des Deutschen irgendwie explizit formuliert werden (vgl. § 6.6). Dies gilt auch für die frikative Artikulation von *g*. (Bei Sprechern, die diese Artikulation haben, alternieren nicht nur [ç] und [x], sondern auch [j] und [ɣ], unter gleichen Bedingungen.) Systematische Gründe sprechen sehr dafür, diese hinteren Frikative "systematisch phonemisch" als velar zu kategorisieren. Andererseits gibt es Fälle, in denen desonorisiertes *r* eindeutig velar (mit hoher Zungenstellung etwa wie bei [k, g]) artikuliert wird, etwa [kxi:çn̩] *kriechen*, [txa:bm̩] *traben*. Möglicherweise ist daraus zu schließen, daß die "systematisch phonemische" Verteilung von [+high] und [-high] bei den hinteren Frikativen phonetisch weitgehend verwischt ist.

(Feuer-)Löscher und *Löcher* in [lœ ʃəʁ] zusammen. Genau wie nach (5) zu erwarten ist, fungiert hier (6) also als Linking-Regel und bewirkt eine sekundäre Veränderung zu [+coronal]. (Genauer unter (55).)

Es spricht alles dafür, daß Linking ein real existierendes Phänomen von großer Tragweite ist und daß es dem Prinzip (5) unterworfen ist. Aber wie kann (5) formal in die Grammatik integriert werden?[6] Dieser Frage wenden wir uns in § 6 zu. Zunächst betrachten wir einen anderen Mangel der *SPE*-Theorie.

3. Regelformat

Betrachten wir die beiden Regelformen in (8):

(8) a. $[+F_i] \rightarrow [-F_i]$ b. $[+F_i, +F_j] \rightarrow [-F_i]$

In beiden Fällen wird die Merkmalspezifikation $[+F_i]$ zu der Spezifikation $[-F_i]$ verändert. In (8a) ist nicht mehr als dies angegeben; d.h. alle Segmente, die die Spezifikation $[+F_i]$ haben, werden dieser Veränderung unterworfen. In (8b) dagegen müssen die zu verändernden Segmente außerdem die Spezifikation $[+F_j]$ haben, und diese wird durch die Regel nicht verändert (wenn wir für die Zwecke dieses Abschnitts von der möglichen Wirkung von Linking-Regeln absehen). $[+F_j]$ fungiert also, im Gegensatz zu $[+F_i]$, als konstanter Kontext der Veränderung, genauso wie $[+F_k]$ und $[-F_l]$ in (9):

(9) $[+F_i] \rightarrow [-F_i] \; / \; [+F_k]$ ___ $[-F_l]$

---

6 Kean (1980) hat die Markiertheitstheorie von *SPE* weiterentwickelt. Um Fälle wie die Nicht-Entrundung beim Umlaut im Standarddeutschen zu erfassen, ersetzt sie die funktionale Restriktion von *SPE*: 431 durch eine rein formale Bedingung (1980: 54 (17); 1981: 585 (15)). Dabei berücksichtigt sie die Generalisierung (5) jedoch nicht. Die Folge ist, daß nach ihrer Theorie weder (2) noch (4) jemals als Linking-Regel fungieren kann.

Kloeke (1982: 103) schränkt die möglichen Linking-Effekte von Markiertheitskennzeichnungen abermals ein. Eine Folge (unter mehreren, vgl. Fn. 17) ist, daß nun auch (6) nicht als Linking-Regel fungieren kann. Kloeke scheint (1982: 221) anzunehmen, daß aus irgendwelchen anderen Teilen seiner Theorie folgt, daß in Dialekten mit zugrundeliegender Entrundung auch Umlautprodukte entrundet werden. Soweit ich sehe, ist das jedoch nicht der Fall; in Kloekes Theorie muß die Umlautregel (3) für diese Dialekte so modifiziert werden, daß sie die Veränderung zu [+front, -labial] explizit spezifiziert.

Diese Funktionsähnlichkeit zwischen $[+F_j]$ in (8b) und der Umgebungsangabe in (9) kommt deutlicher zum Ausdruck, wenn man (8b) als (10) notiert:

$$(10)\quad [+F_i] \rightarrow [-F_i] \;/\; \begin{bmatrix} \underline{\quad} \\ +F_j \end{bmatrix}$$

Dabei ist es klar, daß die Unterscheidung zwischen Veränderung und konstantem Kontext der Veränderung eminent wichtig ist für die Effekte, die eine Regel innerhalb eines phonologischen Systems einer Sprache haben kann. Veränderung und Kontext haben in gewissem Sinn gegenläufige Wirkung. Je kleiner die Menge der zu verändernden Merkmalspezifikationen ist, desto größer ist, ceteris paribus, die phonetische Ähnlichkeit zwischen der Eingabekette und dem Resultat der Regelanwendung. Wenn der phonetische "Abstand" zwischen Eingabekette und Resultat der Veränderung, ausgedrückt in Merkmalspezifikationen, ein Maß für die Natürlichkeit einer Regel ist (oder zumindest wesentlich dazu beiträgt), dann ist eine Regel i.a. umso weniger natürlich, je mehr Veränderungen sie spezifiziert.[7] (Dieses Bewertungsprinzip gilt, wie man weiß, nur bedingt für Assimilations- und Epentheseregeln.) Für die konstanten Kontextangaben gilt das nicht. Je größer die Menge der Merkmalspezifikationen für den Kontext ist, desto weniger generell ist die Regel (ceteris paribus). Das ändert nicht notwendig etwas an der Natürlichkeit. Insbesondere ist bei einer Notation wie (8b) aus der Anzahl der Merkmalspezifikationen links vom Pfeil wenig zu schließen: Die Veränderung kann sehr natürlich, aber wenig generell sein; oder sie kann - bei gleicher Spezifikation - sehr generell, aber sehr unnatürlich sein.

Es wäre wünschenswert, diese funktionalen Unterschiede formal zu kennzeichnen, und im intuitiven Verständnis tut die Notation (10) eben dies: Sie trennt explizit die Spezifikation des konstanten Kontexts von den zu verändernden Eigenschaften der Eingabekette. Nach den Konventionen von *SPE* ist dieses intuitive Verständnis jedoch

---

7 Eben deshalb ist es wichtig, zwischen primären und sekundären Änderungen zu unterscheiden. Primäre Änderungen müssen explizit in phonologischen Regeln aufgeführt werden und unterliegen dem genannten Bewertungsprinzip. Sekundäre Änderungen, die eine Folge von Linking-Regeln sind, tragen dagegen allemal zur Natürlichkeit einer Regel bei, auch wenn sie den phonetischen Abstand zwischen Eingabe- und Ausgabekette (ausgedrückt in Merkmalspezifikationen) erhöhen.

irrig. Das liegt daran, daß nach *SPE*: 391ff. sowohl (9) als auch (10) nicht i.e.S. Regeln sind, sondern Regelschemata, die aufgrund allgemeiner Konventionen in Regeln umzuformen sind. Die Regel, in die (9) umgeformt wird, ist (11):

(11) $[+F_k][+F_i][-F_l] \rightarrow [+F_k][-F_i][-F_l]$

Nach den Richtlinien für die Einsparung von Symbolen ist es notwendig, die Regel (11) in der Form (9) zu notieren. Aufgrund derselben Konventionen wird (10) jedoch in (8b) umgeformt, und hier gibt es keine formalen Gründe, die eine Notation gegenüber der anderen zu bevorzugen.

Ich schließe daraus, daß es unbefriedigend ist, den Notationen (9) und (10) einen abgeleiteten Status als Regelschemata zu geben, und schlage vor, die allgemeinen Konventionen so zu ändern, daß (9) und (10) unmittelbar als Regeln interpretiert werden. Gleichzeitig soll ein Problem gelöst werden, das bei Regeln wie (3) auftritt.

4. Implikationsregeln

Die Umlautregel (3) ist nach den Überlegungen des letzten Abschnitts etwa wie (12) zu reformulieren:

(12) $[+\text{segment}] \rightarrow [+\text{front}] \; / \; \ldots \begin{bmatrix} \overline{} \\ -\text{cons} \end{bmatrix} \ldots$

Wenn dieser Regel ein Vokal mit der Merkmalspezifikation [-front, +back] unterworfen ist, resultiert aus der Anwendung von (12) zunächst ein Segment mit den Spezifikationen [+front, +back]. Bei der Definition von *Front* und *Back* ist jedoch nicht daran gedacht, daß diese Kombination möglich ist; man nimmt vielmehr an, daß nach diesen Definitionen aufgrund der anatomischen Eigenschaften der Zunge ein positiver Wert für das eine Merkmal nur mit einem negativen Wert für das andere Merkmal verträglich ist. Genau dasselbe gilt z.B. für das Verhältnis zwischen *High* und *Low*.

Der adäquate formale Ausdruck für das Verhältnis zwischen solchen Merkmalen ist die Implikation. Eine Notation wie in (13a) bezeichne ich als Implikationsregel (IR); sie ist gemäß (13b) zu interpretieren:

(13) a. $P \supset Q$ (P, Q: Mengen von Merkmalspezifikationen)
b. Für alle Segmente S in der Repräsentation R_i:
$P \subseteq S \supset Q \subseteq S$

Für das Verhältnis zwischen *High* und *Low* gilt dann (14a); das kann man als (14b) verbalisieren:

(14) a. [+high] $\supset$ [-low]
b. Für alle Segmente S in der Repräsentation R_i gilt:
Wenn S die Merkmalspezifikation [+high] hat, dann hat S auch die Merkmalspezifikation [-low].

Implikationsregeln unterscheiden sich von "echten" phonologischen Regeln (Alternationsregeln) in zweierlei Hinsicht: Sie ändern niemals die Merkmalspezifikation eines Segments von $[\alpha_i F_i]$ zu $[-\alpha_i F_i]$, und für sie gelten die üblichen logischen Folgerungsbeziehungen genau wie für Implikationen. Insbesondere gilt für sie die Kontraposition. Für (14a) lautet die Kontraposition (15a); nach üblichen Annahmen sollte das äquivalent mit (15b) sein:

(15) a. -[-low] $\supset$ -[+high] b. [+low] $\supset$ [-high]

Deshalb ist die Pfeilschreibweise, wie sie z.B. in *SPE*: 405 verwendet wird, für den Ausdruck solcher Zusammenhänge vollkommen inadäquat: Die Notation [+high] → [-low] erweckt den Eindruck, sie könnte eine Alternation darstellen. Deshalb kann man aus ihr auch nicht den Schluß ziehen, daß sie [+low] → [-high] impliziert, wie es tatsächlich der Fall ist.[8]

Für die definitorischen Zusammenhänge zwischen verschiedenen Merkmalen gilt nicht nur die Kontraposition, sondern auch Transitivität. Der natürliche Ausdruck dafür ist wieder die Implikation. Wenn z.B. (16a) und (16b) gelten, dann muß nach (13b) auch (16c) gelten:

8 Aus dieser Einsicht scheint Kean (1980) als erste die Konsequenz gezogen zu haben, daß die Schreibweise mit Pfeil durch eine Implikation zu ersetzen ist.

(16) a. $\begin{bmatrix} \alpha_i F_i \\ \alpha_j F_j \end{bmatrix} \supset [\alpha_k F_k]$ b. $\begin{bmatrix} \alpha_k F_k \\ \alpha_j F_j \end{bmatrix} \supset [\alpha_l F_l]$

c. $\begin{bmatrix} \alpha_i F_i \\ \alpha_j F_j \end{bmatrix} \supset [\alpha_l F_l]$

Für Alternationsregeln kann man Transitivität nicht annehmen. Wenn die Regeln (17a) und (17b) gelten, ist keineswegs gesagt, daß im Ergebnis des Derivationsprozesses alle Segmente mit den Merkmalspezifikation $[\alpha_i F_i, \alpha_j F_j]$ so, wie (16c) es ausdrückt, auch die Spezifikation $[\alpha_l F_l]$ haben:

(17) a. $\begin{bmatrix} \alpha_i F_i \\ \alpha_j F_j \end{bmatrix} \rightarrow [\alpha_k F_k]$ b. $\begin{bmatrix} \alpha_k F_k \\ \alpha_j F_j \end{bmatrix} \rightarrow [\alpha_l F_l]$

c. $\begin{bmatrix} \alpha_k F_k \\ \alpha_i F_i \end{bmatrix} \rightarrow [-\alpha_l F_l]$

Denn erstens könnte es sein, daß (17a) und/oder (17b) fakultativ sind - ein weiterer Unterschied zu Implikationsregeln, die ihrem Begriff nach nur obligatorisch sein können. Zweitens ist es möglich, daß die Grammatik, die (17a, b) enthält, auch (17c) enthält. Derartige Regelinteraktionen kann man für Alternationsregeln nicht grundsätzlich ausschließen. Für definitorische Zusammenhänge zwischen verschiedenen Merkmalen muß man sie ausschließen; sonst wären die Definitionen inkonsistent.

Allerdings gelten alle solche Folgerungsbeziehungen wie Transitivität und Kontraposition nur für solche Repräsentationen R_j in sinnvoller Weise, die die Bedingungen von (18) erfüllen:

(18) a. In R_j haben alle Segmente S für alle Merkmale F_i des universalen Merkmalinventars eine Merkmalspezifikation $[\alpha_i F_i]$.

b. Jedes Segment S hat in R_j für ein gegebenes Merkmal F_k höchstens eine Merkmalspezifikation $[\alpha_k F_k]$.

c. Die Implikationsregeln IR_i sind in R_j erfüllt.

Wenn (18a) nicht zuträfe, könnte man z.B. aus (14a) nicht schließen, daß (15b) gilt: Es könnte ein Segment S geben, das zwar die Spezifikation [+low], aber keine Spezifikation für *High* enthält; der

Übergang von (15a) zu (15b) wäre nicht garantiert. Wenn (18b) nicht zuträfe, könnte ein Segment *S* z.B. die Merkmalspezifikationen [+high, +low, -low] haben. Natürlich sollte eine solche Kombination ausgeschlossen sein, weil sie mit der Definition der Merkmale nicht vereinbar ist. Eben deshalb kann hier (15b) auch nicht aufgrund von (14a) angewendet werden: *S* erfüllt nicht die Bedingung von (15a), daß [-low] nicht in *S* enthalten ist, und die Anwesenheit von [+low] würde nicht gemäß (15b) die Anwesenheit von [-high] implizieren. (18c) schließlich ist in einer Hinsicht selbstverständlich: Die Kontraposition einer Implikationsregel IR_j ist in R_j nur dann notwendig erfüllt, wenn auch IR_j in R_j erfüllt ist. In anderer Hinsicht ist (18c) jedoch sehr wesentlich: Es ist nicht garantiert, daß die Kontraposition von IR_j in einer Repräsentation R_k gilt, wenn IR_j in R_l gilt - es sei denn, R_k hat in wesentlicher Hinsicht gleiche Eigenschaften wie R_l; insbesondere muß IR_j auch in R_k erfüllt sein (und (18a, b) müssen für R_k gelten).

Offensichtlich erfüllt eine phonetische Repräsentation die Bedingungen für die Repräsentation R_j von (18). Unter einer phonetischen Repräsentation verstehe ich eine Repräsentation, die unter universellen Konventionen geeignet ist, die relevanten akustischen und artikulatorischen Eigenschaften von Äußerungen zu charakterisieren. Eine Repräsentation, die (a) nicht für alle Segmente Spezifikationen für sämtliche Merkmale[9] oder (b) für ein Merkmal mehrere verschiedene Spezifikationen enthält oder in der (c) die Implikationsregeln nicht erfüllt sind, ist für diese Aufgabe nicht geeignet. (18) ist eine triviale Natürlichkeitsbedingung für phonetische Repräsentationen.

Von Trivialität weit entfernt ist die Natürlichkeitsbedingung (19):

(19) Alle phonologischen Repräsentationen haben die durch (18) charakterisierten Eigenschaften.

Sie projiziert (18) auf jede Repräsentation, die eine mögliche Ein-

9 Ich gehe davon aus, daß alle Merkmale wohldefiniert sind, so daß für jedes Segment klar ist, welche Spezifikationen ein Merkmal erhalten kann. Will man partiell definierte Merkmale benutzen, deren mögliche Spezifikationen nur für den Fall festgelegt sind, daß andere Merkmale gewisse Spezifikationen haben, muß man (18a) entsprechend modifizieren.

gabekette einer Regel oder das Resultat einer Regelanwendung ist. Damit gelten auch alle Implikationsregeln sowie die logischen Folgerungen aus ihnen für jede Derivationsstufe, einschließlich der zugrundeliegenden Repräsentationen.

Neben der Implikationsregel (14a) bzw. ihrer Kontraposition (15b) sind u.a. (20) und (21) definitionsgemäß universell gültig:

(20) a. [+front] ⊃ [-back] b. [+back] ⊃ [-front]

(21) a. [+distrib] ⊃ [+cons] b. [-cons] ⊃ [-distrib]

In (b) ist jeweils die Kontraposition von (a) aufgeführt - bzw. umgekehrt: Keine der beiden Formulierungen ist gegenüber der anderen irgendwie primär. Etwas komplizierter sind die Folgerungsbeziehungen bei einer Implikationsregel wie (22a):

(22) a. $\begin{bmatrix} \text{+cons} \\ \text{+labial} \\ \text{-nasal} \end{bmatrix} \supset [\text{+obstr}]$ b. $[\text{-obstr}] \supset - \begin{bmatrix} \text{+cons} \\ \text{+labial} \\ \text{-nasal} \end{bmatrix}$

c. $\begin{bmatrix} \text{-obstr} \\ \text{+labial} \\ \text{-nasal} \end{bmatrix} \supset [\text{-cons}]$ d. $\begin{bmatrix} \text{+cons} \\ \text{-obstr} \\ \text{-nasal} \end{bmatrix} \supset [\text{-labial}]$

e. $\begin{bmatrix} \text{+cons} \\ \text{+labial} \\ \text{-obstr} \end{bmatrix} \supset [\text{+nasal}]$

In (b) steht zunächst die unmittelbare Kontraposition zu (a); daraus folgen (c) - (e) (und natürlich umgekehrt).

5. Konventionen für die Anwendung von Regeln

Die Natürlichkeitsbedingungen (18), (19) haben eine wichtige Konsequenz. Wenn z.B. die Umlautregel (12) zunächst unabhängig von der Implikationsregel (20) operieren würde (wie es z.B. in *SPE*[10] vorgesehen ist), würde eine Derivationsstufe generiert, die

10 Wie Kean (1980; 1981) sich die Wirkungsweise von Implikationsregeln formal denkt, ist nicht genau auszumachen. Ihre einschlägigen Definitionen und Konventionen sind teils vage, teils unverständlich; auch ihre Beispiele geben keinen klaren Aufschluß. (Das gleiche gilt für ihre Ausführungen zu Linking-Regeln.)

entweder (18b) oder (18c) verletzen würde. Um das zu verhindern, muß die Veränderung, die (12) durchführt, in Übereinstimmung mit (20) geschehen, also so, als ob die von (12) spezifizierte Veränderung als [+front, -back] formuliert wäre. Dies wollen wir formal explizieren; zugleich soll die Unterscheidung von konstantem Kontext und zu verändernden Merkmalspezifikationen gemäß § 3 erfaßt werden.

Wir legen fest, daß phonologische Regeln i.e.S. (Alternationsregeln) die allgemeine Form (23) haben:

(23) $A \rightarrow B \;/\; C^{l}_{n} \ldots C^{l}_{1} \begin{bmatrix} \text{—} \\ C^{t} \end{bmatrix} C^{r}_{1} \ldots C^{r}_{m}$ $(n, m \geq 0)$

Der Anwendungsbereich einer Regel ist eine phonologische Kette der Form (24a); das Resultat der Regelanwendung ist eine Kette der Form (24b):

(24) a. $\varphi^{l}_{i} \ldots \varphi^{l}_{1}\ \psi\ \varphi^{r}_{1} \ldots \varphi^{r}_{j}$ $(i, j \geq 0)$

b. $\varphi^{l}_{i} \ldots \varphi^{l}_{1}\ \omega\ \varphi^{r}_{1} \ldots \varphi^{r}_{j}$

Dabei gilt (25):

(25) a. $n = i;\ m = j$ in (23), (24).

b. $\varphi^{l}_{k}, \varphi^{r}_{k}, \psi, \omega$ sind phonologische Segmente oder e.

(e: die leere Kette)

c. $C^{l}_{k}, C^{r}_{k}, A, B, C^{t}$ sind (evtl. leere) Mengen von Merkmalspezifikationen.

d. $C^{l}_{h} \subseteq \varphi^{l}_{h};\ C^{r}_{l} \subseteq \varphi^{r}_{l}$ für $1 \leq h \leq i;\ 1 \leq l \leq j$.

Durch (25d) werden Bedingungen für den heterosegmentalen Kontext von ψ festgelegt. Für die Elemente ω und ψ, die von der Veränderung unmittelbar betroffen sind, brauchen wir zunächst zwei Sondervorschriften für Tilgungen (26a) und Epenthesen (26b):

(26) a. $\omega = e$ g.d.w. $B \cup C^{t} = \emptyset$

b. $\psi = e$ g.d.w. $A \cup C^{t} = \emptyset$

Wenn (26b) nicht anzuwenden ist, gilt (27):

(27) $A \subseteq \psi;\ C^{t} \subseteq \psi \subseteq A$

Notationen wie (23) definieren wir hier ohne Rückgriff auf Notationen wie (8b) und (11) als Regeln.[11] Wir haben bisher die Eingabebedingungen spezifiziert; jetzt ist ω zu bestimmen für den Fall, daß (26a) nicht gilt. Zunächst ist klar, daß $B \subseteq \omega$ und $C^t \subseteq \omega$. Wir haben weiter festgestellt, daß B so gelesen werden muß, als ob B um die Implikata der einschlägigen Implikationsregeln angereichert wäre. Um dies tun zu können, definieren wir zunächst die Funktion $I_i(x)$ für beliebige Mengen von Merkmalspezifikationen M:

(28) $I_i(M) := M \cup Q_i$ g.d.w. es eine Implikationsregel IR_i der Form $P_i \supset Q_i$ gibt derart, daß $P_i \subseteq M$.

Durch (28) wird den Implikationsregeln also eine zweite Interpretation gegeben. Zunächst hatten wir eine Notation wie in (13a) nur für Segmente interpretiert (13b); (28) verleiht ihnen eine Anwendungsmöglichkeit für Mengen von Merkmalspezifikationen M, die keine Segmente sind.

Wenn es eine Implikationsregel IR_i i.S. von (28) gibt, muß nach unseren Erörterungen $I_i(B) \subseteq \omega$ gelten. Dies alleine reicht jedoch noch nicht. Es ist der Fall möglich, daß $I_i(B)$ das Antezedens P_j einer Implikationsregel IR_j erfüllt, also $P_j \subseteq I_i(B)$, während P_j von B nicht erfüllt wird; und natürlich muß das Konsequens Q_j von IR_j zur Charakterisierung von ω beitragen. (28) muß also rekursiv angewendet werden können. Außerdem ist der Fall möglich, daß zwar weder B oder C^t noch $I_k(B)$ oder $I_l(C^t)$, wohl aber $B \cup C^t$ das Antezedens P_h einer Implikationsregel IR_h erfüllt, und wiederum muß $Q_h \subseteq \omega$ gelten, da sonst mindestens eine der Bedingungen (18), (19) verletzt würde.[12] Wir brauchen deshalb eine Funktion $I(x)^m$, die in (29) definiert wird:

---

11 Iterierte Umgebungsangaben wie in (i) werden in *SPE*: 394 (13d) genau wie (23) durch eine rekursive Definition auf Regeln der Form (11) zurückgeführt. In dem hier zu entwickelnden System würde (i) einen völlig neuen Fall darstellen, der eigene Konventionen erfordert. Das scheint mir gut so: Mir ist keine wohlfundierte phonologische Regel bekannt, die von der Regelform (i) wesentlich Gebrauch macht.
(i) $A \rightarrow B\ /\ X_1 \_\_ X_2\ /\ X_3 \_\_ X_4 X_5$

12 Hier zeigt sich, daß der konstante Teil der tautosegmentalen Kontextangabe einer Regel unabhängig von den Überlegungen in § 3 identifizierbar sein muß.

(29) Für eine gegebene Menge von Merkmalspezifikationen N: $I(N)^m$: = die Menge M, die aus der Ausgangsmenge N durch rekursive Anwendung von (28) auf alle Implikationsregeln IR_k resultiert und für die gilt, daß bei jeder erneuten Anwendung von (28) $I_k(M) = M$.

Wir wollen aus systematischen Gründen annehmen, daß für jede beliebige Menge von Merkmalspezifikationen M die "Implikationsregel" $M \supset M$ gilt. Dann ist $I(N)^m$ auch für den Fall definiert, daß es sonst keine Implikationsregel $P_k \supset Q_k$ gibt mit $P_k \subseteq M$. $I(B \cup C^t)^m$ ist dann die umfangreichste Menge von Merkmalspezifikationen, die durch B, C^t und die Implikationsregeln determiniert ist.

Mit Hilfe dieser Menge und der "Restfunktion" ψ' von (30) können wir jetzt ω in (31) charakterisieren:

(30) $\psi' = \{\alpha_i F_i \mid \alpha_i F_i \in \psi \;\&\; -\alpha_i F_i \notin I(B \cup C^t)^m\} - A$

(31) $\omega = I(B \cup C^t)^m \cup \psi'$

Das aus der Anwendung einer Alternationsregel resultierende Segment ω hat also die Eigenschaften, die in B und C^t spezifiziert sind und aufgrund von Implikationsregeln aus $B \cup C^t$ folgen, und die Eigenschaften von ψ, soweit diese mit $I(B \cup C^t)^m$ kompatibel und nicht in A spezifiziert sind. Dadurch, daß ψ' nicht die Merkmalspezifikationen von A enthält, verletzt ω regelmäßig die Natürlichkeitsbedingung (18a), es sei denn, daß $I(B \cup C^t)^m$ Spezifikationen für alle Merkmale enthält, die in A spezifiziert sind. Dadurch wird erzwungen, was in den *SPE*-Konventionen fehlt: daß konstante tautosegmentale Kontextangaben in C^t aufgeführt werden wie in (10) und i.a. nicht in A stehen können, wie es in (8b) der Fall ist.

Es ist zu beachten, daß durch diese Konventionen nicht garantiert ist, daß ω wohlgeformt ist. Es könnte durchaus sein, daß zwar nicht $I(B \cup C^t)^m$ allein, wohl aber ω die Natürlichkeitsbedingung (18c) verletzt. Soweit ich sehe, ist dieses Problem selbst dann nicht auf halbwegs natürliche Weise zu vermeiden, wenn man eine oder mehrere der Natürlichkeitsbedingungen aufgibt, solange man daran festhält, die definitorischen Zusammenhänge zwischen verschiedenen Merkmalen in Form von Implikationen zu formulieren.

Vermeidbar ist es vielleicht dann, wenn man sowohl (19) als auch die Implikationsregeln aufgibt, also zu einem System im Stil von *SPE* zurückkehrt. Das hielte ich aus konzeptuellen und empirischen Gründen für höchst unerwünscht. Vielmehr stelle ich die Hypothese auf, daß solche Probleme bei adäquat formulierten Regeln empirisch nicht vorkommen. Dies ist eine sehr starke Hypothese; gedanklich lassen sich leicht Fälle konstruieren, die ihr widersprechen. Falls solche Fälle empirisch nicht nachgewiesen werden, ist das als eine starke Stütze der in (18), (19) und (31) niedergelegten Theorie anzusehen.

6. Markiertheit und Linking: Explikation

Wir können jetzt die Fragen wieder aufnehmen, die sich an Markiertheitskennzeichnungen und Linking-Regeln knüpfen.

6.1 Was ist überhaupt mit Aussagen wie in (32) gemeint; wie ist der Ausdruck "markiert" zu erläutern?

(32) a. Vordere niedrige Vokale sind markiert. (=(2))
b. Vordere gerundete Vokale sind markiert. (= (4))
c. Palatale Konsonanten sind markiert. (≈ (6))

Die *SPE*-Theorie ordnet Segmenten lediglich einen Komplexitätsindex zu und sagt, daß Segmentsysteme mit komplexeren Segmenten weniger "einfach" sind als Segmentsysteme mit weniger komplexen Segmenten. Sie sagt gar nichts über jenen Zusammenhang, der traditionell als die wesentliche (partielle) Explikation des phonologischen Markiertheitsbegriffs angesehen wird, die sogenannten implikativen Universalien. Kean (1980; 1981) hat das Problem gesehen und erkannt, daß es nicht durch die Markiertheitskonventionen selbst, sondern nur durch eine Metatheorie gelöst werden kann. Sie stipuliert daher (33) als besonderes Prinzip:

(33) a. If in the segmental system of a grammar there exists a segment S which is marked for some feature F_i, then that system also contains a segment S' which is unmarked for F_i, the markedness specifications of all other features being equal.

[...]

b. There exists a probability *n*, where *n* is small, assigned to its being the case that the antecedent of (a) is true and the consequent false.

(1981: 576 (B-II); vgl. 1980: 43 (73))

Es scheint mir sehr unbefriedigend, diese zentrale Explikation des Markiertheitsbegriffs von den Markiertheitskennzeichnungen zu trennen; in einer adäquat konstruierten Markiertheitstheorie sollte der Inhalt von (33a) sich als logische Folge aus den Markiertheitskennzeichnungen selbst ergeben.[13] Dies ist z.B. in einer traditionellen Formulierung eines implikativen Universales wie (34) der Fall:

(34) Für alle Sprachen L_i : Wenn L_i vordere gerundete Vokale hat, dann hat L_i auch vordere ungerundete und hintere gerundete Vokale.

Durch (34) werden vordere gerundete Vokale als markiert gekennzeichnet im Verhältnis zu ungerundeten vorderen und gerundeten hinteren Vokalen, und zugleich wird, eben durch den in (34) formulierten Zusammenhang, dieser Begriff von Markiertheit expliziert. Von den Markiertheitskonventionen in *SPE* (und bei Kean) unterscheidet (34) sich außerdem dadurch, daß eine bestimmte Kombination von Eigenschaften (nämlich [-back, +round]) als markiert gekennzeichnet wird. In *SPE* dagegen ist es die positive Spezifikation für *Round*, die markiert sein soll. Ob es dafür eine empirische Grundlage gibt, ist fraglich: Wenn (34) korrekt ist, könnte man mit demselben Recht oder Unrecht die negative Spezifikation für *Back* als markiert ansehen.

---

13 Welche Bedeutung (33b) zukommen soll, ist nicht klar. "Probability" ist offenbar in einem wahrscheinlichkeitstheoretischen Sinne verwendet. Was könnte es für die Universale Grammatik (oder den Sprachlerner oder den Sprachteilhaber) heißen, daß dieses oder jenes Phänomen in einem wahrscheinlichkeitstheoretischen Sinn "probable" ist? - Einen klaren Sinn könnten solche Aussagen in einer quantitativen Typologie haben. Aber als Beitrag zu dieser Art von Sprachforschung ist Keans Theorie offenkundig nicht gedacht.

Traditionell ist der Markiertheitsbegriff nicht nur mit implikativen Universalien wie (34) verknüpft, sondern auch mit einer intuitiven Idee von "häufigem" oder "seltenem" Vorkommen. Natürlich möchte man nicht sagen, daß ein Segmenttyp markiert sei, weil - oder in dem Sinne, daß - er in "wenigen" Sprachen zu finden ist; man sagt umgekehrt: Weil er markiert ist, kommt er "selten" vor. Aber man muß sehen, daß solche Verhältnisse nicht generell aus implikativen Universalien folgen. Wenn implikative Universalien empirisch signifikant sein sollen, muß es zwar Sprachen oder Sprecherzustände (z.B. beim Spracherwerb oder bei aphatischen Störungen) geben, in denen die unmarkierten Elemente vorhanden sind und die relativ zu ihnen markierten Elemente fehlen. Daraus folgt aber keineswegs, daß die so charakterisierten markierten Elemente auffällig selten sind. Man wird z.B. kaum sagen können, daß gerundete Vordervokale "selten" sind. Eher könnte es sein, daß z.B. das [ç] (32c) und besonders vordere niedrige Vokale (32a) im relevanten Sinne "selten" sind. Ganz sicher "selten" sind z.B. uvulare Nasale ([ɴ]), und sicherlich will man sie als markiert betrachten. Es ist aber nicht offensichtlich, daß ihre "Seltenheit" irgendwie aus der Interaktion von bekannten implikativen Universalien (oder gar aus Markiertheitskonventionen im Stil von *SPE*) folgt.

Trotzdem möchte man annehmen, daß zwischen dem Markiertheitsbegriff, der durch implikative Universalien expliziert ist, und dem Markiertheitsbegriff, der wesentlich mit "Seltenheit" zu tun hat, ein Zusammenhang besteht. Ich denke, daß es außerdem einen Zusammenhang mit der in (5) formulierten Tatsache gibt, daß Markiertheitskennzeichnungen in einer Weise als Linking-Regeln wirken können, die vom phonologischen System der Einzelsprache abhängt.

Wir wenden uns zunächst der Frage zu, wie Markiertheitskennzeichnungen formal adäquat zu repräsentieren sind, und kommen anschließend auf die Markiertheitsexplikation durch implikative Universalien (in § 6.3) und durch "Seltenheit" (in § 6.4) zurück. Der Zusammenhang mit Linking-Phänomenen wird sich in § 6.5 klären.

6.2 Wir nehmen (32) noch einmal auf. (32a) besagt, daß z.B. [æ] markiert ist. Zugleich wissen wir, daß es ein [æ] im Deutschen nicht gibt. Wie ist dieses deskriptive Faktum auszudrücken? Die Tatsache, daß die Merkmalkombination [-cons, +front, +low] im Deutschen ausgeschlossen ist, unterscheidet sich formal nicht von der Tatsache, daß die Merkmalkombination [+high, +low] universell ausgeschlossen ist. Beides ist adäquat als Implikation zu formulieren und gemäß (13b) zu interpretieren; vgl. (14a), (15b) mit (35):

(35) a. $\begin{bmatrix}-\text{cons}\\ +\text{front}\end{bmatrix} \supset [-\text{low}]$ b. $\begin{bmatrix}-\text{cons}\\ +\text{low}\end{bmatrix} \supset [-\text{front}]$

c. $\begin{bmatrix}+\text{low}\\ +\text{front}\end{bmatrix} \supset [+\text{cons}]$

Mit den universellen definitorischen Implikationsregeln teilt der Ausdruck für die Abwesenheit von [-cons, +front, +low] eine wichtige Eigenschaft, die ihn von Alternationsregeln tiefgreifend unterscheidet: Es ist empirisch nicht nur sinnvoll, sondern geradezu notwendig, logische Folgerungen wie die Kontraposition zuzulassen. Denn alle drei Formulierungen in (35) sind sinnvoll und notwendig, wenn eine von ihnen es ist: (a) sagt (für das Deutsche), daß vordere Nicht-Konsonanten (also Vokale, Halbvokale, Glottale) nicht niedrig sind (z.B. [ɛ] oder ein "an *i* assimiliertes" *h*); (b) sagt, daß niedrige Nicht-Konsonanten nicht [+front] sind (z.B. [a] oder ein "an *a* assimiliertes" *h*). (c) sagt, daß niedrige vordere Laute konsonantisch sind; deutlicher: Wenn ein Laut [+low, +front] ist, dann ist er [+cons]. (c) sagt nicht, daß es vordere niedrige Laute (im Deutschen oder in irgendeiner Sprache) gibt. Im Deutschen gibt es überhaupt keine niedrigen Konsonanten (etwa Pharyngale); dies wird durch (36) ausgedrückt:

(36) a. $[+\text{cons}] \supset [-\text{low}]$ b. $[+\text{low}] \supset [-\text{cons}]$

Da (35) und (36) im Deutschen gelten, kann es im Deutschen keine Segmente *S* mit der Kombination [+low, +front] geben: Ganz offensichtlich gilt für Ausdrücke wie (35) und (36) genau wie für definitorische Implikationsregeln Transitivität. Wenn das Antezedens von (35c) von *S* erfüllt würde, würde sich aus der Konjunktion von (35c) und (36a) ergeben, daß *S* sowohl [+low] als auch

[-low] wäre. Das wäre ein Verstoß gegen (18b); es folgt mit Notwendigkeit, daß es kein Segment vom Typ *S* gibt in einer Sprache, in der (35) und (36) gelten. (Dasselbe ergibt sich unmittelbar aus der Konjunktion von (35c) und (36b): *S* müßte [+cons, -cons] sein.)

Kontrapositionen wie in (35) sind empirisch immer adäquat, wenn ein Segmenttyp in einer Sprache nicht existiert. Nehmen wir einen deutschen Dialekt, in dem es keine gerundeten Vorderzungenvokale gibt; vgl. (32b). In diesem Dialekt gilt (37):

(37) a. $\begin{bmatrix}\text{-cons}\\ \text{+front}\end{bmatrix} \supset$ [-labial] b. $\begin{bmatrix}\text{+labial}\\ \text{+front}\end{bmatrix} \supset$ [+cons]

c. $\begin{bmatrix}\text{-cons}\\ \text{+labial}\end{bmatrix} \supset$ [-front]

Vordere Nicht-Konsonanten (a) sind in solchen Sprachen ungerundet; gerundete Nicht-Konsonanten (c) sind keine vorderen Laute. Vordere Labiale (b) müßten in solchen Sprachen konsonantisch sein. Nach den Erläuterungen in § 1 müßten das Konsonanten mit Doppelartikulation wie [p͡c, ɟ͡b] oder [p͡ç, ɟ͡β] sein. Von der Existenz solcher Laute habe ich noch nicht gehört; im Deutschen existieren sie jedenfalls nicht. Hier gilt (38):

(38) a. $\begin{bmatrix}\text{+cons}\\ \text{+front}\end{bmatrix} \supset$ [-labial] b. $\begin{bmatrix}\text{+labial}\\ \text{+front}\end{bmatrix} \supset$ [-cons]

b. $\begin{bmatrix}\text{+cons}\\ \text{+labial}\end{bmatrix} \supset$ [-front]

Die Konjunktion von (37b) und (38b) führt zu einer Verletzung von (18b); also gibt es in diesen Sprachen (Dialekten) keine Segmente, die [+labial, +front] sind.

Werfen wir noch einen Blick auf (32c) und jene Sprachen (Dialekte des Deutschen), die keine palatalen Konsonanten haben. Auf die Abwesenheit palataler Sonoranten kommen wir unter (58) zu sprechen; die Abwesenheit von [+obstr, +front, -coronal], die uns hier interessiert, ist durch (39) auszudrücken:

(39) a. $\begin{bmatrix}\text{+obstr}\\ \text{+front}\end{bmatrix} \supset [\text{+coronal}]$ b. $\begin{bmatrix}\text{-coronal}\\ \text{+front}\end{bmatrix} \supset [\text{-obstr}]$

c. $\begin{bmatrix}\text{+obstr}\\ \text{-coronal}\end{bmatrix} \supset [\text{-front}]$

Nach den Ausführungen in § 1 sind Konsonanten mit der Spezifikation [+front] immer [+high], und im Deutschen sind auch umgekehrt alle nicht-hinteren hohen Konsonanten [+front]. Dies ist durch (40) auszudrücken.

(40) (i) a. $\begin{bmatrix}\text{+cons}\\ \text{+front}\end{bmatrix} \supset [\text{+high}]$ b. $\begin{bmatrix}\text{-high}\\ \text{+front}\end{bmatrix} \supset [\text{-cons}]$

c. $\begin{bmatrix}\text{+cons}\\ \text{-high}\end{bmatrix} \supset [\text{-front}]$

(ii) a. $\begin{bmatrix}\text{+cons}\\ \text{+high}\\ \text{-back}\end{bmatrix} \supset [\text{+front}]$ b. $\begin{bmatrix}\text{+cons}\\ \text{-front}\\ \text{-back}\end{bmatrix} \supset [\text{-high}]$

c. $\begin{bmatrix}\text{+cons}\\ \text{+high}\\ \text{-front}\end{bmatrix} \supset [\text{+back}]$

In Verbindung mit (40ia) besagt (39a), daß Konsonanten mit der Spezifikation [+front] hoch und koronal, also nach üblicher Interpretation: palatoalveolar sind.

Wir halten fest: Wenn in einer Sprache L_i gewisse Segmenttypen systematisch inexistent sind, ist der adäquate Ausdruck dafür eine Implikation, die sich formal in nichts von den per Definition der Merkmale geltenden Implikationsregeln der Art (14) unterscheidet. Der einzige Unterschied ist: Die definitorischen Implikationsregeln haben notwendigerweise universelle Gültigkeit; die in diesem Abschnitt besprochenen Implikationen dagegen gelten nicht notwendig in allen Sprachen. (35) etwa gilt im Deutschen, aber nicht im Ungarischen; (36) gilt in jenen Sprachen nicht, die pharyngale Konsonanten haben; (37) gilt im Italienischen, Englischen und in mehreren deutschen Dialekten, aber nicht im Französischen, Niederländischen oder Standarddeutschen; (39) gilt im Französischen,

Englischen und mehreren deutschen Dialekten, aber nicht im Standarddeutschen.

Solche nicht-definitorischen Implikationsregeln will ich als markierende Implikationsregeln bezeichnen. Der Grund für diese Benennung liegt auf der Hand: Laute, die solchen Implikationsregeln nicht entsprechen, sind gerade solche, die man als markiert betrachtet; von eben dieser Tatsache waren wir bei (32) ausgegangen. Das kann man als eine formale Explikation des Markiertheitsbegriffs formulieren:

(41) Ein Segment *S* ist markiert hinsichtlich einer markierenden Implikationsregel IR_i g.d.w. IR_i von *S* verletzt wird.

Ob (41) eine adäquate Explikation des (oder: eines) traditionellen Markiertheitsbegriffs ist, hängt natürlich davon ab, welche markierenden Implikationsregeln man postuliert. Soweit der Markiertheitsbegriff nicht völlig willkürlich ist, muß es also irgendwelche Adäquatheitsbedingungen für markierende Implikationsregeln geben.

6.3 Eine essentielle Bedingung für markierende Implikationsregeln ist schon mit der Einführung solcher Regeln im vorigen Abschnitt gegeben: Wenn IR_i eine markierende Implikationsregel ist, gibt es (mindestens) eine Sprache L_j, in der IR_i gilt. Das entspricht dem, was wir bei der Besprechung des implikativen Universales (34) festgehalten haben: Es muß Sprachen geben, in denen die (hinsichtlich gewisser Eigenschaften) unmarkierten Elemente vorhanden sind und die relativ zu ihnen markierten Elemente fehlen; andernfalls hätte es keinen klaren Sinn, eine solche Regel bzw. ein solches Universale aufzustellen. Wie bei (34) halten wir auch hier fest, daß durch diese Art der Markiertheitskennzeichnung gewisse Kombinationen von Merkmalspezifikationen als markiert bzw. unmarkiert (hinsichtlich der einschlägigen Implikationsregeln) gekennzeichnet werden, nicht (wie im *SPE*-System) gewisse einzelne Merkmalspezifikationen.

Eine typische (aber nicht essentielle) Eigenschaft von markierenden Implikationsregeln ist, daß es Sprachen gibt, in denen die

Regeln nicht gelten; ich sage: in denen sie suspendiert sind. Wir haben das bei unseren Beispielen gesehen. Wenn eine Implikationsregel IR_i in einer Sprache L_j suspendiert ist, ist zu erwarten, daß die durch IR_i ausgeschlossenen (also markierten) Elemente in L_j existieren; sonst würde man nicht sagen, daß IR_i in L_j suspendiert ist. Zugleich ist zu erwarten, daß die von IR_i erlaubten (unmarkierten) Elemente in L_j ebenfalls existieren. Nehmen wir (37) als Beispiel. Diese Menge von äquivalenten Implikationsregeln schließt gerundete vordere Vokale aus und erlaubt ungerundete vordere und gerundete nicht-vordere Vokale. Durch Interaktion mit (38) wird die durch (37c) zugelassene Kombination ausgeschlossen. Soweit nicht wie im letzten Fall andere Regeln dagegenstehen, ist zu erwarten, daß die von (37) zugelassenen Segmenttypen tatsächlich existieren. In einer Sprache wie dem Standarddeutschen, in der (37) suspendiert ist, gibt es also außer den von (37), (38) sanktionierten Segmenttypen auch den durch (37) ausgeschlossenen Segmenttyp.

Man sieht, daß markierende Implikationsregeln genau jene Effekte haben, die durch implikative Universalien wie (34) und deren Umformulierung in (33a) erfaßt werden sollen. Jede solche Implikationsregel entspricht also einem implikativen Universale. Man darf deshalb davon ausgehen, daß (41) eine adäquate Explikation von jenem Markiertheitsbegriff ist, der durch implikative Universalien expliziert wird.

Es ist allgemein zu erwarten, daß Segmenttypen, die nicht durch eine in L_i geltende Implikationsregel ausgeschlossen werden, tatsächlich in L_i vorkommen; andernfalls würde man die Nicht-Existenz der fehlenden Segmenttypen durch eine Implikationsregel zum Ausdruck bringen wollen. Was ist nun, wenn Elemente, deren Abwesenheit nicht aufgrund eines implikativen Universales zu erwarten ist, in L_i nicht vorkommen?

Wir wollen das anhand eines Beispiels betrachten. Man nimmt gewöhnlich die implikativen Universalien (42a, b) an; daraus soll (42c) folgen:[14]

---

14 Tatsächlich folgt (c) nur unter gewissen zusätzlichen Annahmen aus (a) und (b), die ich hier beiseite lasse.

(42) a. Wenn L_i Frikative hat, dann hat L_i auch Plosive.

b. Wenn L_i stimmhafte Obstruenten hat, dann hat L_i auch stimmlose Obstruenten.

c. Wenn L_i stimmhafte Frikative hat, dann hat L_i auch stimmlose Frikative, stimmhafte Plosive und stimmlose Plosive.

Dies können wir durch die Implikationsregeln in (43) ausdrücken:

(43) (i) a. [+cons] ⊃ [-contin] b. [+contin] ⊃ [-cons]
(ii) a. [+obstr] ⊃ [-voice] b. [+voice] ⊃ [-obstr]

Eine Sprache L_1, in der (i) und (ii) gelten, hat keine Frikative und nur stimmlose Obstruenten. (Es ist für keine Sprache eine Implikationsregel bekannt, die generell die Existenz von Konsonanten oder Obstruenten ausschließt. Daher hat jede Sprache nicht-sonorante Konsonanten; L_1 hat also auf jeden Fall stimmlose Plosive.) Eine Sprache L_2, in der (ii) suspendiert ist, hat keine Frikative, aber stimmhafte und (im zu erwartenden Fall) stimmlose Plosive. Eine Sprache L_3, in der (i) suspendiert ist, hat keine stimmhaften Obstruenten, aber frikative und (im zu erwartenden Fall) nicht-frikative Konsonanten. Eine Sprache L_4 schließlich, in der (i) und (ii) suspendiert sind, sollte stimmhafte (und stimmlose) Obstruenten und frikative (und plosive) Konsonanten haben in freier Kombination der Merkmalspezifikationen, also so wie in (42c) aufgezählt.

Wegen der Wahl der Merkmale ist (43i) etwas genereller als (42a), insofern als nach (43ia) nicht nur plosive Obstruenten, sondern auch Sonoranten zu erwarten sind, also mindestens *n*. Tatsächlich soll es jedoch einige wenige Sprachen geben, die überhaupt keinen Nasal haben. Muß man daraus schließen, daß in einer solchen Sprache L_n eine Implikationsregel gilt, die die Existenz von Nasalen ausschließt? Mir scheint, man kann hier statt dessen dem "Zufall" Raum geben[15] und sagen, daß infolge von irgendwelchen Umständen (etwa historischen Lautwandlungsprozessen) eine

15 Eine ähnliche Idee steckt möglicherweise hinter der Formulierung von (33b). Man beachte aber, daß ich "Zufall" nicht in einem wahrscheinlichkeitstheoretischen Sinne verwende, sondern etwa in der Bedeutung von: in systematischer Hinsicht belanglos.

Lücke im Lautbestand von L_n ist, die ohne systematisches Interesse ist. In einem solchen Fall wird man z.B. erwarten, daß die Sprecher von L_n Fremdwörter, die ansonsten dem Lautbestand von L_n entsprechen, aber einen Nasal enthalten, ohne Schwierigkeiten in ihren Wortschatz aufnehmen.

Wesentlich anders ist die Lage in Sprachen, in denen ganze Serien von Lauttypen fehlen, die nach (43) bzw. (42) zu erwarten wären. Falls eine Sprache L_i z.B. nur stimmlose Plosive und stimmhafte Frikative (aber keine stimmhaften Plosive und stimmlosen Frikative) hat, und wenn außerdem etwa die Sprecher von L_i stimmhafte Plosive und stimmlose Frikative aus anderen Sprachen systematisch durch Laute von L_i ersetzen, dann kann dies keine systematisch belanglose Lücke sein. Man wird annehmen müssen, daß in L_i spezielle Implikationsregeln gelten, die die fehlenden Lauttypen ausschließen. Es wäre nicht abwegig, zu sagen, daß diese fehlenden Lauttypen aus der Sicht von L_i markiert sind. Das wäre jedoch nicht ein Markiertheitsbegriff, der der traditionellen universalen Markiertheitstheorie entspricht; im Gegenteil: Die fehlenden Lauttypen wären nach der allgemeinen Theorie ja gerade zu erwarten.

Man kann also nicht jede in einer Sprache L_i existierende nicht-definitorische Implikationsregel als markierende Implikationsregel in unserem Sinne auffassen. Vielmehr muß man (44) annehmen; dabei ist (a) in voller Übereinstimmung mit der traditionellen Markiertheitstheorie:

(44) a. Die Universale Grammatik spezifiziert eine Menge von Markiertheitskennzeichnungen *MIR*.[16]

b. Die Markiertheitskennzeichnungen von *MIR* werden durch Implikationsregeln ausgedrückt.

c. Eine Implikationsregel IR_i ist eine markierende Implikationsregel g.d.w. $IR_i \in MIR$.

---

16 Man beachte, daß (44) formal mit wesentlichen Ideen von Keans Markiertheitstheorie völlig kompatibel ist. Man kann ihre Marking Conventions zusammen mit der Complement Convention (1980: 11; 1981: 571f.) als Spezifikation von *MIR* auffassen, denn jede Marking Rule für eine unmarkierte Merkmalspezifikation kann eindeutig in eine Implikationsregel übersetzt werden. (Umgekehrt gilt das nicht.) Soweit Einwände gegen diese Bestandteile von Keans Theorie bestehen, betreffen sie lediglich (a) die empirische Angemessenheit der Prädiktionen, die aus den Marking Rules folgen, und (b) natürlich die Vorstellung, daß Marking Rules unmittelbar (statt vermittelt über suspendierbare Implikationsregeln) mit dem phonologischen System einer Einzelsprache interagieren.

Der Normalzustand ist, daß eine Sprache L_j von den Elementen von *MIR* - "kostenfrei" - Gebrauch macht. Wenn in L_i eine nicht-definitorische Implikationsregel gilt, die nicht Element von *MIR* ist, verursacht das "Kosten".

6.4 Markierende Implikationsregeln haben, wie wir gesehen haben, die Effekte von implikativen Universalien. Dies rührt daher, daß sie (a) genau wie definitorische Implikationsregeln die Form von Implikationen haben und (b) suspendierbar sind.

Die Eigenschaft der Suspendierbarkeit ermöglicht es, der Explikation des in § 6.1 angesprochenen zweiten Aspekts des traditionellen Markiertheitsbegriffs näherzukommen, der "Seltenheit" markierter Lauttypen.

Es ist offenbar so, daß gewisse Lauttypen "stärker markiert" sind als andere; dieser Begriff von "starker" Markiertheit scheint mit "Seltenheit" zusammenzuhängen. Ein mögliches Beispiel ist die Rundung von Vokalen. Man nimmt vielfach an, daß hintere ungerundete Vokale "seltener" sind als vordere gerundete, obwohl beide Typen markiert sind. Die Markiertheit von [y] wird durch (37) ausgedrückt, die von [ɯ] durch (45):

(45) a. $\begin{bmatrix}\text{-cons}\\ \text{+labial}\end{bmatrix} \supset [\text{+round}]$ b. $\begin{bmatrix}\text{-round}\\ \text{+labial}\end{bmatrix} \supset [\text{+cons}]$

c. $\begin{bmatrix}\text{-cons}\\ \text{-round}\end{bmatrix} \supset [\text{-labial}]$

Daneben sind die Regeln (46), (47) anzunehmen:

(46) a. $\begin{bmatrix}\text{-cons}\\ \text{-labial}\end{bmatrix} \supset [\text{-round}]$ b. $\begin{bmatrix}\text{+round}\\ \text{-labial}\end{bmatrix} \supset [\text{+cons}]$

c. $\begin{bmatrix}\text{-cons}\\ \text{+round}\end{bmatrix} \supset [\text{+labial}]$

(47) a. $\begin{bmatrix}\text{-cons}\\ \text{+back}\\ \text{-low}\end{bmatrix} \supset [\text{+labial}]$ b. $\begin{bmatrix}\text{-labial}\\ \text{+back}\\ \text{-low}\end{bmatrix} \supset [\text{+cons}]$

c. $\begin{bmatrix}-\text{cons}\\ -\text{labial}\\ -\text{low}\end{bmatrix} \supset [-\text{back}]$ d. $\begin{bmatrix}-\text{cons}\\ +\text{back}\\ -\text{labial}\end{bmatrix} \supset [+\text{low}]$

Dieses System ist deshalb so kompliziert, weil es wünschenswert ist, zumindest das *u* des Japanischen als [-round, +labial] zu klassifizieren (weil der glottale Frikativ in seiner Umgebung gewöhnlich eine labiale Artikulation hat; vgl. Kean (1980: Appendix)). Diese Kombination von Merkmalspezifikationen ist also eine Verletzung von (45). Verletzungen von (46) und (47) scheinen dagegen kaum vorzukommen.

Ausgesprochen selten scheinen auch gerundete niedrige Vokale zu sein; ihre Abwesenheit wird durch (48) ausgedrückt:

48. a. $\begin{bmatrix}-\text{cons}\\ +\text{low}\end{bmatrix} \supset [-\text{labial}]$ b. $\begin{bmatrix}+\text{labial}\\ +\text{low}\end{bmatrix} \supset [+\text{cons}]$

c. $\begin{bmatrix}-\text{cons}\\ +\text{labial}\end{bmatrix} \supset [-\text{low}]$

(Durch (b) würden Konsonanten mit pharyngal-labialer Doppelartikulation gekennzeichnet - in Sprachen, wo sie existieren.)

Hier legt sich eine (partielle) Deutung des "Seltenheits"-Begriffs nahe. Es scheint, daß sich die Implikationsregeln darin unterscheiden, wie leicht sie suspendiert werden können. Manche - etwa (37) - sind offensichtlich leicht suspendierbar. (45) ist weniger leicht suspendierbar. (38) und (46) sind vielleicht überhaupt nicht suspendierbar.

Diese Beispiele sollen das allgemeine Problem illustrieren. Möglicherweise sind sie empirisch nicht zweifelsfrei. Zweifelsfrei scheint mir jedoch, daß es Phänomene der erläuterten Art gibt: daß markierende Implikationsregeln verschieden "stark" sind, d.h. sich darin unterscheiden, wie "leicht" sie zu suspendieren sind; daraus resultiert, daß gewisse markierte Lauttypen "seltener" sind als andere.

Das wesentliche Problem dabei ist, wie die relative "Stärke" einer Implikationsregel theoretisch zu erfassen ist. Es sieht nicht so aus, als ob sie generell aus der Interaktion verschiedener Implikationsregeln (oder Markiertheitskonventionen i.S.

von *SPE* oder Kean (1980)) zu deduzieren ist. Offenbar bedarf es einer eigenen Theorie, die die Elemente von *MIR* in geeigneter Weise gewichtet. Zur Diskussion vgl. *MR*.

6.5 Wir haben in §§ 6.1 - 6.4 ausführliche Überlegungen zur Markiertheit angestellt, aber überhaupt keine zum Linking. Dies ist auch nahezu entbehrlich. Die Probleme - nämlich: wie ist Linking allgemein zu erfassen, und wie ist insbesondere zu erfassen, daß die Wirkung von Markiertheitskennzeichnungen als Linking-Regeln vom phonologischen System der Einzelsprache L_i abhängig ist - haben sich dabei ganz von selbst gelöst. Wir müssen nur explizit sagen, was "die Implikationsregel IR_j gilt in L_i" bedeutet:

(49) Eine Implikationsregel IR_j gilt in einer Sprache L_i g.d.w. in L_i (13b) und (29) auf IR_j angewendet werden.

Die Konvention für die Interpretation von Alternationsregeln (31) ist, mit anderen Worten, zugleich eine Explikation des auf einzelsprachliche Systeme relativierten Konzepts der Linking-Regel.[17]

Man überzeugt sich leicht davon, wie die markierenden Implikationsregeln mit den Alternationsregeln interagieren. Betrachten wir zunächst die Umlautregel (50) (≈ (12)):

(50) $\emptyset \rightarrow$ [+front] / ... $\begin{bmatrix} \overline{} \\ \text{-cons} \end{bmatrix}$ ...

17 Selbstverständlich ist die rekursive Anwendung von (28) auf Linking-Regeln genauso wie bei definitorischen Implikationsregeln erwünscht und empirisch notwendig. Eine Folge von Kloekes restriktiver Linking-Theorie (1982: 103) ist, daß jede solche Rekursion ohne Effekt bleiben muß: Merkmale, deren Spezifikation als Kontext für Markiertheitskonventionen dient, können nach seiner Theorie nie durch Linking-Regeln spezifiziert werden. Man beachte in diesem Zusammenhang, daß (49) selbst völlig unabhängig von irgendeiner Markiertheitstheorie ist. Selbst wenn sich jede Markiertheitstheorie empirisch als unhaltbar erweist, bleibt die Tatsache bestehen, daß es definitorische und einzelsprachlich geltende Implikationsregeln gibt, die in der besprochenen Weise mit Alternationsregeln interagieren. Man kann sagen: Die Tatsache, daß (a) ein großer Teil der einzelsprachlich geltenden Implikationsregeln sich in vielen Sprachen findet und daß es (b) eine Hierarchie der Suspendierbarkeit solcher Regeln zu geben scheint, führt überhaupt erst dazu, daß man eine Menge *MIR* wie in (44) postuliert. Insofern ist das Konzept der Implikationsregel und ihrer Interaktion mit Alternationsregeln logisch primär und trägt zur Explikation traditioneller Markiertheitstheorien bei.

Sie interagiert in allen deutschen Dialekten mit (20), (21), (35). Außerdem gelten im Deutschen generell (51), (52):

(51) a. [-cons] $\supset$ [-nasal] b. [+nasal] $\supset$ [+cons]

(52) a. [-cons] $\supset$ [-coronal] b. [+coronal] $\supset$ [+cons]

Daher gilt für die Veränderung, die (50) bewirkt, auf jeden Fall (53):

(53) $I(B \cup C^{t})^{m} \subseteq$ [-cons, +front, -back, -distrib, -low, -nasal, -coronal]

In Standarddeutschen kommt von den Implikationsregeln, die wir besprochen haben, nicht mehr hinzu. In Dialekten jedoch, die zugrundeliegend keine gerundeten vorderen Vokale haben, gilt außerdem (37). Diese Implikationsregel interagiert mit (50) und (46), so daß zusätzlich zu (53) auch (54) gilt:

(54) $I(B \cup C^{t})^{m} \subseteq$ [-labial, -round]

Das Resultat sind in diesen Dialekten also vordere ungerundete Vokale.

Die Regel für die Frikativalternation ist (55) (≈ (7)):

(55) $[+\text{back}] \rightarrow [+\text{front}] \;/\; [+\text{front}] \begin{bmatrix} \underline{\hspace{2em}} \\ +\text{cons} \\ +\text{obstr} \\ +\text{high} \\ +\text{contin} \end{bmatrix}$

In diesem Zusammenhang sind die Regeln (56) - (58) von Interesse:

(56) a. $\begin{bmatrix} +\text{cons} \\ +\text{contin} \end{bmatrix} \supset [-\text{nasal}]$ b. $\begin{bmatrix} +\text{contin} \\ +\text{nasal} \end{bmatrix} \supset [-\text{cons}]$

c. $\begin{bmatrix} +\text{nasal} \\ +\text{cons} \end{bmatrix} \supset [-\text{contin}]$

Nach (56) sind nasale Frikative ausgeschlossen. Nach (57) sind nicht-hohe hintere Konsonanten - das sind im Deutschen [ʀ, ʁ, χ]

- stets [+contin] (niedrige Konsonanten sind aufgrund von (36) ausgeschlossen); nach (58) gilt das gleiche für [+front]-Konsonanten, z.B. [ç, ʃ]:

(57) a. $$\begin{bmatrix}\text{+cons}\\ \text{+back}\\ \text{-high}\\ \text{-low}\end{bmatrix} \supset [\text{+contin}]$$ b. $$\begin{bmatrix}\text{-contin}\\ \text{+back}\\ \text{-high}\\ \text{-low}\end{bmatrix} \supset [\text{-cons}]$$

c. $$\begin{bmatrix}\text{+cons}\\ \text{-contin}\\ \text{-high}\\ \text{-low}\end{bmatrix} \supset [\text{-back}]$$ d. $$\begin{bmatrix}\text{+cons}\\ \text{+back}\\ \text{-contin}\\ \text{-low}\end{bmatrix} \supset [\text{+high}]$$

(58) a. $$\begin{bmatrix}\text{+cons}\\ \text{+front}\end{bmatrix} \supset [\text{+contin}]$$ b. $$\begin{bmatrix}\text{-contin}\\ \text{+front}\end{bmatrix} \supset [\text{-cons}]$$

c. $$\begin{bmatrix}\text{+cons}\\ \text{-contin}\end{bmatrix} \supset [\text{-front}]$$

Wegen (40ii) könnte man (58a) auch als [+cons, -back, +high] ⊃ [+contin] formulieren. Dann läge es nahe, (57) und (58) mit Hilfe von Variablen zu vereinigen in [+cons, αback, -αhigh] ⊃ [+contin]. Dagegen spricht, daß (58) unabhängig von (57) suspendiert sein kann: (58) ist im Französischen, das ein palatales [ɲ] hat, suspendiert; (57) dagegen gilt nur in den wenigen Sprachen nicht, die über ein uvulares [ɴ] verfügen. Aus ähnlichen Gründen ist es nicht wünschenswert, (39) als [+cons, +front] ⊃ [+coronal] zu reformulieren. Denn wiederum sind zwar palatale Obstruenten im Französischen (durch (39)) ausgeschlossen, nicht aber das nicht-koronale [ɲ]. Im Standarddeutschen dagegen ist zwar (39) suspendiert, nicht aber (58) - jedenfalls nicht "systematisch phonemisch"; vgl. § 7.2.

Regel (55) interagiert in allen deutschen Dialekten mit (14a), (20), (36), (38), (40), (56) und (58), so daß auf jeden Fall (59) gilt:

(59) $I(B \cup C^{t})^{m} \subseteq$ [+cons, +obstr, +high, -low, +contin, +front, -back, -nasal, -labial]

Im Standarddeutschen ist das alles: [x] wird zu [ç] verändert. In Dialekten, die kein [ç] haben, gilt außerdem (39). Diese Implikationsregel interagiert mit (55) und (52), so daß zusätzlich zu (59) auch (60) gilt:

(60) $I(B \cup C^{\mathrm{t}})^{m} \subseteq$ [+coronal, +cons]

Das Resultat ist, daß [x] zu [ʃ] verändert wird.

6.6 Das einfache Bild von den Zusammenhängen zwischen Markiertheit, phonologischem System der Einzelsprache und Linking wird etwas verdunkelt durch eine Unterscheidung, die implizit oder explizit überall gemacht, aber kaum je präzise formuliert wird: die Unterscheidung zwischen "systematisch phonemischem" und "systematisch phonetischem" Teil der Grammatik.[18] Dazu drei Beispiele.

Je nachdem, wie man *Obstruent* definiert, ist (61) entweder eine definitorische oder eine markierende Implikationsregel, die im Deutschen gilt:

(61) a. [-obstr] ⊃ [+voice]   b. [-voice] ⊃ [+obstr]

Viele Sprecher des Deutschen haben nun (fakultativ) nach gespannten ("Fortis-")Obstruenten stimmlose Laute, die mit Sonoranten alternieren, z.B. [kl̥aɪ̯n] *klein*, [kn̥i:] *Knie*, [kχax] *Krach* (vgl. zu letzterem Fn. 5). Falls man diese Laute als stimmlose Sonoranten betrachtet, verletzen sie (61); falls sie (61) erfüllen, sind sie Obstruententypen, die es im Deutschen sonst - d.h. besonders: in zugrundeliegenden Repräsentationen - nicht gibt, die deshalb durch markierende Implikationsregeln IR_i auszuschließen sind; diese IR_i sind hier verletzt.

Es ist sehr sinnvoll, die *r*-Laute des Standarddeutschen "systematisch phonemisch" als uvulare Sonoranten ([ʀ]) zu klassifizieren. Die meisten Sprecher verfügen auch über diese Realisierung; üblicher ist aber vor silbischen Lauten die Realisierung

18 Die Meinung scheint weit verbreitet zu sein, daß "subphonematische" Erscheinungen von geringem sprachwissenschaftlichen Interesse sind, zumal wenn sie irgendwie mit Koartikulation zusammenzuhängen scheinen (vielleicht weil hier der Einfluß von nicht-sprachlichen - z.B. anatomischen - Gegebenheiten relativ stark ist). Ich halte diese Meinung für falsch und erkenntnishindernd; vgl. dazu Anderson (1981).

als Frikativ [ʁ] und sonst die "Vokalisierung", die ich mit [ʌ] transkribiere; z.B. [ha:ʌ̯] *Haar*, [bɛʌ̯gə] *Berge*. Dieses [ʌ] interpretiere ich als hinteren mittelhohen nicht-labialen (und nicht gerundeten) Halbvokal, also als Verletzung der sonst im Deutschen geltenden Regel (47).

Für ein früheres Stadium des Deutschen nimmt man ähnliches hinsichtlich des Umlauts an. Offenbar hat es ein Sprachstadium D_1 gegeben, in dem keinerlei vordere gerundete Vokale existierten, in dem (37) also allgemein galt. Man nimmt an, daß darauf ein Stadium D_2 folgte, das dasselbe zugrundeliegende Vokalsystem wie D_1 hatte, aber über eine Umlautregel verfügte. Das setzt voraus, daß (37) "systematisch phonemisch" noch galt, aber "systematisch phonetisch" suspendiert war. Die in D_2 wirkende Version von (50) war eine "systematisch phonetische" Regel. Es folgte ein Stadium D_3, in dem, wie im heutigen Standarddeutschen, (37) auch "systematisch phonemisch" suspendiert war und (50) dementsprechend als "systematisch phonemische" Regel zu interpretieren war. Man darf annehmen, daß ein Übergang wie der von D_2 zu D_3 durch Morpheme nahegelegt wird, die keiner beobachtbaren Alternation unterliegen (hier also: die phonetisch nur mit gerundeten vorderen Vokalen auftreten). Darauf ist ein Teil der deutschen Dialekte zu dem unmarkierten Zustand zurückgekehrt und hat die Suspendierung von (37) wieder aufgegeben: die Entrundungsdialekte, Stadium D_4.

Offenbar können also Implikationsregeln IR_i, die im "systematisch phonemischen" Teil der Grammatik einer Sprache L_j gelten, im "systematisch phonetischen" Teil der Grammatik von L_j suspendiert sein. Statt "systematisch phonemisch" sage ich künftig: k--phonologisch; statt "systematisch phonetisch": p-phonologisch. Die Präfixe "k-" und "p-" sollen an die Unterscheidung von "Kern" und "Peripherie" erinnern: In der "Peripherie" der Grammatik sind gewisse Prinzipien, die im "Kern" gültig sind, gelockert oder außer Kraft gesetzt (vgl. *MR* zur Diskussion). Es scheint, daß die p-phonologisch in einer Sprache geltenden Implikationsregeln immer eine (echte oder unechte) Untermenge der k-phonologisch in ihr geltenden bilden. Wenn in den vorigen Abschnitten davon die Rede war, daß Elemente von *MIR* (leicht oder weniger leicht) suspendierbar sind, war stets gemeint: suspendierbar hinsichtlich des k-phonologischen Teils.

Die Unterscheidung zwischen k-phonologischem und p-phonologischem Teil zwingt zu einer Reformulierung der Natürlichkeitsbedingung (19) in (62):

(62) a. Alle phonologischen Repräsentationen haben die durch (18a, b) charakterisierten Eigenschaften.
b. In allen Repräsentationen von L_i sind die in L_i p-phonologisch geltenden Implikationsregeln erfüllt.
c. In allen k-phonologischen Repräsentationen von L_i sind die in L_i k-phonologisch geltenden Implikationsregeln erfüllt.

Ebenso muß bei den Konventionen für die Anwendung von Regeln in der Definition (29) gemäß (63) differenziert werden:

(63) "Alle Implikationsregeln IR_k" in (29) heißt
(a) im Zusammenhang mit k-phonologischen Alternationsregeln: alle k-phonologisch in L_i geltenden Implikationsregeln;
(b) im Zusammenhang mit p-phonologischen Alternationsregeln: alle p-phonologisch in L_i geltenden Implikationsregeln.

Alle anderen auf (19) oder (29) zu beziehenden Aussagen müssen entsprechend reinterpretiert werden.

7. Die *n*-Assimilation im Deutschen

Zum Abschluß möchte ich ein Beispiel aus dem Deutschen besprechen, an dem sich die Wirkung der erarbeiteten Prinzipien gut beobachten läßt: die progressive *n*-Assimilation.

7.1 Viele Sprecher assimilieren ein silbisches *n* an die Artikulationsstelle eines beliebigen vorhergehenden Konsonanten, gleichgültig, welche Spezifikation für *Obstruent* oder *Continuant* er hat;[19] z.B. [ʁaɪ̯bm̩] *reiben*, [ʁaɪ̯mm̩] *reimen*, [lɔkŋ̍] *locken*, [laxŋ̍]

19 Im wesentlichen gilt dasselbe für die regressive Assimilation eines (i.a. unsilbischen) *n*. Ich beschränke mich auf die progressive Assimilation, weil

lachen, [laŋŋ̍] *langen*. Ein erklärungsbedürftiges Problem ist dabei: Es gibt keine Assimilation an vorangehenden Uvular, also z.B. nicht *[mʊʁɴ̍], sondern nur [mʊʁn̩] (neben [mɐʌ̯n]) für *murren*.[20] Man könnte erwägen, dies dadurch zu deskribieren, daß man Liquide auf irgendeine Weise aus der Menge der möglichen Umgebungen für die Assimilation auszuschließen versucht. Dann sollte man erwarten, daß es Sprachen gibt, die uvulare Liquide von einer solchen Assimilation nicht ausschließen; falls es sie gibt, ist die Frage, ob Assimilation bzw. Nicht-Assimilation mit anderen Eigenschaften dieser Sprachen zusammenhängen. Wir werden sehen, daß die in § 6 entwickelten Prinzipien in Verbindung mit unabhängig begründeten Annahmen über das Deutsche die Assimilation an [ʀ] im Deutschen (aber nicht in allen Sprachen) grundsätzlich verhindern; dies kann als Erklärung (im Unterschied zu einer bloßen Deskription) für die Nicht-Assimilation gelten.

Nach unseren Konventionen muß die Assimilationsregel wie in (64) formuliert werden:

(64) $$[+\text{coronal}] \rightarrow \begin{bmatrix} \alpha\text{back} \\ \beta\text{high} \\ \gamma\text{coronal} \end{bmatrix} \; / \; \begin{bmatrix} +\text{cons} \\ \alpha\text{back} \\ \beta\text{high} \\ \gamma\text{coronal} \end{bmatrix} \begin{bmatrix} \_\_\_\_ \\ +\text{nasal} \\ +\text{syllab} \end{bmatrix}$$

Wichtig ist dabei, daß die Merkmalspezifikation [+nasal], die hier in C^t aufgeführt ist, dort tatsächlich stehen muß. Wenn sie in *A* aufgeführt wäre, würde ω bei der Assimilation an Labiale oder Velare niemals eine Spezifikation für *Nasal* enthalten und damit gegen (18a) verstoßen.

Die einschlägigen Merkmalspezifikationen von [ʀ] und [ʁ] sind: [+cons, +back, -high, -coronal]. Der Teil *B* von (64) ist also als (65) zu interpretieren:

(65) [+back, -high, -coronal]

---

die Menge der prinzipiell möglichen Kontexttypen bei ihr reichhaltiger ist.

20 Manche Sprecher realisieren [n̩] nach *r* fakultativ als [ŋ̍]. (Velare Realisationen von *n* vor *r* sind mir nicht bekannt.) Nach meiner Beobachtung wird *r* dann nicht uvular, sondern als velarer Frikativ realisiert, also z.B. [va:ɣŋ̍] *waren*, [ʃvɪɣŋ̍] *schwirren*. Ich vermute, daß solche Sprecher über eine generelle Regel verfügen, nach der in konsonantischer Umgebung ein uvularer Konsonant velar werden kann; vgl. die velare Artikulation bei [txa:bm̩] *traben* usw. (Fn. 5).

Ein Nasal mit dieser Merkmalspezifikation wäre der im Deutschen nicht existierende - insbesondere: in zugrundeliegenden Repräsentationen nicht existierende - uvulare Nasal [N]. Seine Existenz wird durch die sehr "starke" Implikationsregel (57) verhindert. Auf welche Weise interagieren (57) und andere Regeln mit (64)? Einschlägig sind vor allem (36a), (51b), (56a) und (57a). Aus (51b) gewinnen wir zu (65) und $\dot{C}^t$ von (64) die Spezifikation [+cons] hinzu, aus (36a) demzufolge [-low]. Durch (57a) erhalten wir deshalb [+contin]. Dies in Verbindung mit (56a) gibt uns [-nasal]. Vereinigt mit (65) ergibt das soweit die Merkmalkombination (66):

(66) [+cons, +back, -high, -low, -coronal, -nasal, +contin]

Diese Kombination von Merkmalspezifikationen würde zu einem [R̩] führen; d.h. zu dem typischen Effekt von Linking-Regeln: Die primäre Veränderung einer Regel generiert eine in der jeweiligen Sprache nicht zugelassene Kombination von Merkmalspezifikationen, und die Linking-Regel sorgt dafür, daß das Veränderungsprodukt auf einen (einzel-)sprachlich möglichen Segmenttyp ausweicht. (66) muß nun aber noch mit [+nasal] aus C^t vereinigt werden, und das führt - u.a. wegen der Kombination [+nasal, -nasal] - zu einer Verletzung von (18b). Unter den von uns eingeführten Konventionen muß die Assimilation von *n* an [R, ʁ] zu einer Verletzung der Natürlichkeitsbedingungen führen. Möglich - und notwendig - wäre die Assimilation nur in einer Sprache, in der (57) suspendiert ist, [N] also auch sonst (insbesondere in zugrundeliegenden Repräsentationen) vorkommt.

Die Regel (64) ist fakultativ. Deshalb führt es zu keinen systematischen Problemen, wenn eine Anwendung der Regel eine Natürlichkeitsbedingung verletzt. Das Resultat der Regelanwendung wird ausgefiltert; im Effekt ist ihre Nicht-Anwendung in diesem Fall obligatorisch. Es könnte aber Regeln wie (64) - genauer: Regelschemata, da (64) Variablen enthält - geben, die obligatorisch sind. Dafür müssen wir die (inhaltlich triviale) Vorkehrung (67) treffen:

(67) Eine Regel, aus deren Merkmalspezifikationen folgt, daß ω notwendig eine Natürlichkeitsbedingung verletzt, wird nicht angewendet.

Eine Regel, deren Resultat ω immer gegen eine Natürlichkeitsbedingung verstößt, ist im Normalfall nicht lernbar, da sie keine beobachtbaren Wirkungen hat. Daraus folgt, daß (67) nur für solche Regeln einen wesentlichen Effekt hat, die als Einzelfall unter ein Regelschema wie (64) fallen, unter das auch Einzelfälle mit wohlgeformtem ω fallen.

Aus den gleichen Gründen wie bei den Uvularen folgt, daß (64) nicht zu einer Assimilation an eine palatale Umgebung führt. [ç] hat die Merkmalspezifikationen [-back, +high, -coronal]. Damit und mit C^t interagieren neben (36a) und (51b) jetzt (40iia), (58a) und (56a); ω würde wieder (wegen [+nasal, -nasal] usw.) gegen (18b) verstoßen, wenn (64) angewendet würde. Dasselbe gilt für Assimilation an [ʃ]. In der Umgebung von [ç] und [ʃ] bewirkt (64) also, genau wie in der Umgebung von [ʀ, ʁ], keine Veränderung des *n*.

Ähnliches gilt, aus anderen Gründen, bei den Labialen. Man kann annehmen, daß im Deutschen die k-phonologischen Implikationsregeln (68) und (69) gelten:

(68) (i) a. $\begin{bmatrix} \text{+cons} \\ \text{+labial} \\ \text{-contin} \end{bmatrix} \supset [\text{+distrib}]$ b. $\begin{bmatrix} \text{+cons} \\ \text{+labial} \\ \text{-distrib} \end{bmatrix} \supset [\text{+contin}]$

(ii) a. $\begin{bmatrix} \text{+cons} \\ \text{+labial} \\ \text{+contin} \end{bmatrix} \supset [\text{-distrib}]$ b. $\begin{bmatrix} \text{+cons} \\ \text{+labial} \\ \text{+distrib} \end{bmatrix} \supset [\text{-contin}]$

(69) a. $\begin{bmatrix} \text{+cons} \\ \text{-back} \\ \text{-coronal} \\ \text{-high} \end{bmatrix} \supset [\text{+labial}]$ b. $\begin{bmatrix} \text{+cons} \\ \text{-back} \\ \text{-labial} \\ \text{-high} \end{bmatrix} \supset [\text{+coronal}]$

Aus (68i) folgt, daß es keinen labiodentalen (sondern nur einen bilabialen) Plosiv gibt; aus (68ii), daß es keinen bilabialen (sondern nur einen labiodentalen) Frikativ gibt. Aus (i) folgt zugleich, daß labiale Nasale bilabial sind. (69) regelt für die Konsonanten, die in *SPE* als [+anterior] klassifiziert werden, den Zusammenhang zwischen Koronalität und Labialität. (In Sprachen wie dem Englischen, die interdentale Konsonanten haben, ist (69) suspendiert.)

Für die Anwendung von (64) auf labiodentale Umgebung hat das folgende Konsequenz. In dieser Umgebung hat *B* (genau wie in bilabialer Umgebung) die Spezifikationen [-back, -high, -coronal]. Wegen (69a) tritt [+labial] hinzu. Wegen (68ia) tritt nun auch [+distrib] hinzu. (64) generiert also in labiodentaler Umgebung keineswegs, wie man vielleicht erwartet, einen labiodentalen Nasal; das Assimilationsergebnis ist vielmehr ein [m] (etwa [ʃlaɪ̯fm̩] *schleifen*). Dies ist tatsächlich eine mögliche Artikulation.

Andererseits existieren in labiodentaler Umgebung durchaus labiodentale Nasale, etwa [ʃlaɪ̯fɱ̩] *schleifen*; und in Transkriptionen des Deutschen wird gelegentlich [ɲ] in der Umgebung von palatalen Konsonanten notiert; etwa [ʁaɪ̯çɲ̩] *reichen*. Diese nasalen Segmenttypen gehen nicht auf die Wirkung von (64) zurück, sondern sind als ein p-phonologisches Phänomen zu verstehen.

7.2 Es gibt eine p-phonologische *m*-Assimilation an vorangehenden (bzw. folgenden) Labiodental: [ʃtaɪ̯fɱ] *steifem*, [doːvɱ] *doofem*. (Bei regressiver Assimilation: [ʊɱfaːʁn̩] *umfahren*, [ʊɱvɪkl̩n] *umwickeln*.) Sie muß p-phonologisch sein, da die k-phonologische Implikationsregel (68ia) suspendiert ist. Wir können sie als (70) formulieren:

$$(70)\ \emptyset \rightarrow [\text{-distrib}]\ /\ \begin{bmatrix} \text{+cons} \\ \text{-distrib} \\ \text{+labial} \end{bmatrix} \begin{bmatrix} \rule{2em}{0.4pt} \\ \text{+nasal} \\ \text{-back} \\ \text{+labial} \end{bmatrix}$$

Die Spezifikation [+labial] in der Umgebungsangabe verhindert, daß [m] an Alveolare (die [-distrib] sind) assimiliert wird. Im Gegensatz zu (64) darf *m* nicht als silbisch spezifiziert werden: Progressiv assimiliertes [ɱ] findet sich auch z.B. in [doːfɱan] *Doofmann*, [aʊ̯fɱaxŋ̍] *aufmachen*. (70) verändert alle (silbischen oder unsilbischen) [m] fakultativ zu [ɱ], daher auch [ʃlaɪ̯fɱ] *schleifen*.

Wie ist es mit der Assimilation an hohe vordere Konsonanten? Zunächst ist festzustellen, daß *n* in der Umgebung von [ʃ] häufig nicht mit alveolarer Artikulation realisiert wird, sondern deutlich retrahiert ist und etwa die Artikulationsstelle von [ʃ] hat (und wie [n] und [ʃ] koronal ist); dies bezeichne ich durch [n$^-$]. Die *n*-Variante in der Umgebung von palatalen Konsonanten scheint nun ähnliche Charakteristika zu haben: Sie ist gegenüber dem alveolaren [n] retrahiert, hat aber nicht die lange Kontaktfläche zwischen Zunge und Palatum, die für [ɲ] und [ç] typisch ist; sie ist also, anders als [ç], [-distrib]. Demzufolge finden sich auch vor Vokal nie die auditiven Effekte des [ɲ], die etwa aus dem Französischen und Spanischen vertraut sind. Viele Sprecher haben zwar [bʁaʊ̯̑xŋ̍i:n] *brauchen ihn*, [ʃl̩aɪ̯̑fɱ̍i:n] *schleifen ihn*; aber etwa [ʁaɪ̯̑çɲ̍i:n] *reichen ihn* findet sich niemals. Die retrahierte *n*-Variante nach Palatal gibt es offenbar auch unsilbisch, etwa in *Rechner*, *Weichnudel*, aber wiederum niemals als [ɲ]. Andererseits hat diese *n*-Variante anscheinend keine koronale Zungengestalt; ich nehme deshalb an, daß sie die Spezifikationen [-back, +high, -coronal, -distrib] hat, und bezeichne sie durch [ɲ$^+$], also z.B. [ʁaɪ̯̑çɲ̍$^+$, ʁɛçɲ$^+$əʁ] *reichen*, *Rechner*.

Wenn diese Beobachtungen über [n$^-$, ɲ$^+$] korrekt sind, müssen wir annehmen, daß die k-phonologische Regel (58) p-phonologisch suspendiert ist und eine p-phonologische Alternationsregel wie (71) existiert:

$$(71)\quad \emptyset \rightarrow \begin{bmatrix} \text{+high} \\ \alpha\text{coronal} \end{bmatrix} \;/\; \begin{bmatrix} \text{+cons} \\ \text{+high} \\ \alpha\text{coronal} \\ \text{-back} \end{bmatrix} \begin{bmatrix} \underline{\qquad} \\ \text{+nasal} \\ \text{-back} \\ \text{-labial} \end{bmatrix}$$

Durch (71) wird (silbisches und unsilbisches) [n] fakultativ nach [ʃ] zu [n$^-$] und nach [ç] zu [ɲ$^+$] verändert.

Es liegt nahe, einen Zusammenhang zwischen (70) und (71) zu vermuten. In beiden Fällen übernimmt ein Nasal die relativ zu ihm leicht retrahierte Artikulationsstelle eines benachbarten Konsonanten. Dies wird durch die universale artikulatorische Interpretation der Merkmalspezifikationen erfaßt, wenn wir (70) und (71) in (72) vereinigen:

(72)
$$\emptyset \rightarrow \left[\begin{array}{l}-\text{distrib}\\ \alpha\text{high}\\ \beta\text{coronal}\end{array}\right] \;/\; \left[\begin{array}{l}+\text{cons}\\ \alpha\text{high}\\ \beta\text{coronal}\\ \gamma\text{labial}\\ -\text{back}\\ +\text{contin}\end{array}\right]\left[\begin{array}{l}\rule{2cm}{0.4pt}\\ +\text{nasal}\\ -\text{back}\\ \gamma\text{labial}\end{array}\right]$$

In (72) zeigt sich jedoch ein Problem. Da die Regel nicht [ɲ], sondern $[\text{ɲ}^{+}]$ generieren soll, kann sie nicht als Assimilation der Spezifikation von *Distributed* interpretiert werden, was nach (70) eigentlich nahe läge; statt dessen muß die ansonsten nicht motivierte Spezifikation [+contin] in die Umgebungsangabe C_1^1 aufgenommen werden. Ich verstehe das als Hinweis darauf, daß Bilabiale und Labiodentale nicht primär durch ihre Spezifikation für *Distributed* differenziert werden sollten.

Literatur

Anderson, Stephen R. 1981. Why Phonology Isn't "Natural". - *Linguistic Inquiry* 12, 493-539.

Bach, Emmon; Harms, Robert T. 1972. How Do Languages Get Crazy Rules? - In: *Linguistic Change and Generative Theory. Essays from the UCLA Conference on Historical Linguistics in the Perspective of Transformational Theory February 1969.* Hrsg. v. Robert P. Stockwell, Ronald K.S. Macaulay.- Bloomington, London: Indiana University Press. 1-21.

Chomsky, Noam; Halle, Morris. 1968. *The Sound Pattern of English.* - New York et al.: Harper & Row (= *SPE*).

Höhle, Tilman N. [i. Vorb.] Phonologische Merkmale und Regelinteraktion (= *MR*).

Kean, Mary-Louise. 1980. *The Theory of Markedness in Generative Grammar.* - Bloomington, Ind.: Indiana University Linguistics Club. [Vervielfältigt.][Ph.D.-Dissertation MIT 1975.]

- 1981. On a Theory of Markedness: Some General Considerations and a Case in Point. - In: *Theory of Markedness.* 559-604.

Kloeke, W.U.S. van Lessen. 1981. How Strident is the Raspberry? Likely, Unlikely, and Impossible Feature Configurations in Phonology. - In: *Theory of Markedness.* 363-406.

- 1982. *Deutsche Phonologie und Morphologie. Merkmale und Markiertheit.* (Linguistische Arbeiten, 117.) - Tübingen: Max Niemeyer.

Theory of Markedness in Generative Grammar. Proceedings of the 1979 GLOW Conference. 1981. Hrsg. v. Adriana Belletti, Luciana Brandi und Luigi Rizzi. - Pisa: Scuola Normale Superiore di Pisa.

Wurzel, Wolfgang Ullrich. 1970. *Studien zur deutschen Lautstruktur.* (studia grammatica, 8.) - Berlin: Akademie-Verlag.

NEUTRALER UND NICHT-NEUTRALER SATZAKZENT IM DEUTSCHEN

Joachim Jacobs
Universität München

0. Vorbemerkung

Die folgenden Überlegungen über den deutschen Satzakzent sind im Sinne einer Theorie der *Akzentpositionen und -stärkegrade*, nicht in dem einer Theorie der *Akzentuierungsmittel* zu verstehen. Dabei setze ich voraus, daß die Frage, welche phonetisch-phonologischen Mittel (Tonhöhenbewegungen, Dauer usw.) zum Einsatz kommen, um einen an einer bestimmten Stelle befindlichen und dort mit einem bestimmten Stärkegrad versehenen Akzent als solchen zu markieren, klar trennbar ist von der Frage, nach welchen Prinzipien der Akzent gerade diese Position und diesen Stärkegrad haben kann oder muß.[1] Ausserdem setze ich voraus, daß die Trennung dieser beiden Fragen nützlich, ja notwendig ist, um letztlich zu einer effektiven Gesamttheorie der Akzentuierung in der jeweils betrachteten Sprache zu kommen. Mir scheint, daß sich mein Ansatz durch diese beiden Voraussetzungen insbesondere von den verschiedenen Varianten der sog. *'pitch accent theory'* (PAT) unterscheidet,[2] die Akzente mit bestimmten Tonhöhenbewegungsmustern identifiziert und damit tendenziell die traditionelle Unterscheidung von Intonation und Akzentuierung aufgibt. Abgesehen davon, daß es Akzentuierung ohne Tonhöhenbewegung und Tonhöhenbewegung ohne Akzentuierung gibt,[3] sehe ich ein Hauptproblem

---

1 Diese Voraussetzung kennzeichnet natürlich einen großen Teil der Akzentliteratur, wenn sie auch selten explizit gemacht wird.

2 Vgl. z.B. Bolinger 1958, Vanderslice/Ladefoged 1972, Lieb 1982. Man beachte, daß aus meiner Position nicht folgt, daß die intonatorische Form der Realisierung eines Akzents für den Bedeutungseffekt dieses Akzents prinzipiell irrelevant ist. Daß dies weder in echten 'pitch accent'-Sprachen (wie dem Altgriechischen) noch in Sprachen wie dem Deutschen oder Englischen, die zur Akzentmarkierung Kombinationen verschiedener Mittel einsetzen, der Fall ist, ist evident, zwingt aber keineswegs zu einer PAT-Theorie (sofern man eine eigene Intonationskomponente in der Grammatik annimmt, was man ja wohl muß).

3 Vgl. z.B. Ladd 1978, Kap. II.

für alle PAT-Varianten in der Tatsache, daß die Art und Weise des Einsatzes von Tonhöhenbewegungen zur Markierung von Akzenten stark von der intonatorischen Gesamttendenz des jeweiligen Satzes abhängt. Dies läßt sich nicht adäquat beschreiben, wenn man Akzentuierung und Intonation (bzw. Akzent und Akzentuierungsmittel) theoretisch nicht sauber trennt. So zeigt Lötscher 1981, daß im Standarddeutschen im allgemeinen "in absteigenden Intonationskurven ... die Tonhöhe von akzentuierten Silben entsprechend ihrer Akzentuierungsstärke angehoben, die Tonhöhe der unakzentuierten Silben gesenkt" wird, während "in ansteigenden Intonationskurven ... die Tonhöhe der akzentuierten Silben entsprechend ihrer Akzentuierungsstärke gesenkt, die Tonhöhe der unakzentuierten Silben angehoben" wird.[4] Z.B. wird der Akzent in (1a)

(1a) *Der Mánn ist gekommen.*

durch eine Anhebung der Tonhöhe auf der Silbe *Mann* und eine nachfolgende Tonhöhensenkung realisiert, während der Akzent in (1b)

(1b) *Der Mánn ist gekommen?*

einen Tonhöhenanstieg nach der akzentuierten Silbe erfordert. Ein PAT-Vertreter müßte deswegen hier unweigerlich Manifestationen von *verschiedenen Akzentarten* annehmen[5] und die Variation durch die für diese Akzentarten geltenden verschiedenen formalen und funktionalen Prinzipien erklären (womit er aber noch nicht der von der Akzentuierung unabhängigen Gesamtintonationstendenz der Sätze Rechnung getragen hätte). Es scheint mir klar zu sein, daß eine Analyse, die die Akzentuierung in (1a) und (1b) auf das Wirken derselben Prinzipien zurückführt und die darüberhinaus *dieselbe Akzentuierung* (und verschiedene Intonation) in diesen beiden Sätzen konstatieren kann, nicht nur näher an der grammatischen Intuition (und Tradition), sondern auch ökonomischer wäre. Für eine Akzenttheorie, die auf den beiden oben skizzierten Voraussetzungen beruht, ist eine solche Analyse kein Problem.

---

4 Lötscher 1981, 26.

5 Z.B. Bolinger einen A-Akzent in (1a) und einen B-Akzent in (1b), Lieb einen fallend kontrastiven Akzent in (1a) und einen steigend kontrastiven Akzent in (1b).

1. Akzentuierung und Fokussierung

Der Ausgangspunkt meiner Fragestellung sind Sätze wie die folgenden:

(2) *{Nur / Nicht / Sogar} Pêter zeigte der Polizei ein Bild von Gerda.*

(3) *Peter zeigte der Polizei {nur / nicht / sogar} ein Bild von Gêrda.*

(4) *Peter zeigte der Polizei {nur / nicht / sogar} ein Bíld von Gerda.*

(5) *Sogar Pêter zeigte der Polizei nur ein Bíld von Gerda.*

Diese Sätze enthalten nach üblicher Auffassung *nicht-normale Akzente*. (Manche würden hier wohl auch von kontrastiven Akzenten sprechen, insbesondere, soweit es um die Varianten mit *nicht* geht.) Die erste Frage, die ich mir nun stelle, ist: Nach welchen *Regeln* ergeben sich im Standarddeutschen die Positionen und die Stärkegrade solcher nicht-normalen Akzente? Daß hier auch die Stärkegrade geregelt sind, sieht man z.B., wenn man (5) mit (6) vergleicht:

(6) ?*Sogar Pèter zeigt der Polizei nur ein Bíld von Gerda.*

Wenn der zweite Akzent deutlich stärker als der erste ist, wirkt dieser Satz seltsam, jedenfalls seltsamer als bei der umgekehrten Akzentstärkeverteilung.

Meine zweite und zentrale Frage ist: Welches *Verhältnis* besteht zwischen den zu erfassenden Regeln für nicht-normale Akzente und den Regeln für *normale Akzente*?[6] Dies beinhaltet sowohl die Frage, ob diese beiden Typen von Regeln gleichartig sind, als auch die nach ihrem Zusammenwirken bei der Beschreibung (oder 'Erzeugung') der Akzentmuster der zu betrachtenden Sätze.

Ich gehe davon aus, daß sich in der zugänglichen Akzentliteratur keine oder nur unbefriedigende Antworten auf meine beiden Fragen (oder entsprechende Fragen für andere Sprachen als das Deutsche) finden.[7]

---

6 Man beachte die im folgenden einzuführende Präzisierung des Begriffs "nicht-normaler Akzent".

7 Siehe aber Anmerkung 34.

Dies zu zeigen, würde natürlich den mir hier gesetzten Rahmen sprengen. Ich erwähne deswegen nur zwei relativ prominente Beispiele: Der 'klassische' GTG-Ansatz zur Beschreibung nicht-normaler Akzentverteilungen findet sich in Jackendoff 1972. Wie in Dogil 1980[8] gezeigt wird, ist Jackendoffs 'emphatic stress rule'[9] aber nicht nur theoretisch problematisch, sondern ordnet schlicht inkorrekte Akzentverteilungen zu. Wer andererseits bei Pheby 1981 nachschlägt, einer Arbeit, die schon durch den Ort ihrer Veröffentlichung als Standardbeitrag zur deutschen Intonation und Akzentuierung gelten muß, wird feststellen, daß die Darstellung an der unseren Fragen entsprechenden Stelle[10] so kurz geraten ist, daß sich ihr kaum mehr entnehmen läßt, als daß Akzente eben nicht immer ihre 'unmarkierte' Position einnehmen müssen.

Präzisieren und erweitern kann ich die eben eingeführte Fragestellung, wenn ich zur Beschreibung der betroffenen Sätze den Begriff *Fokus* einführe:

(DF) In einem komplexen Ausdruck x ist ein Abschnitt y *Fokus* eines Teils z von x in einer Lesart I von x, wenn in x bei I y durch Akzentuierung hervorgehoben ist und diese Hervorhebung anzeigt, daß in x bei I y als von z semantisch besonders betroffen zu verstehen ist.

(DF) ist natürlich kaum als eine brauchbare *Definition* zu betrachten. Es wird ja nur eine hinreichende Bedingung für das Vorliegen eines Fokus angegeben, und dabei werden Begriffe verwendet, die selbst klärungsbedürftig sind (z.B. der des 'besonderen semantischen Betroffenseins'). Zusammen mit ein paar illustrativen Beispielen wird (DF) aber wohl trotzdem klar machen können, was hier unter Fokus zu verstehen ist. So kann man bei (2) sagen, daß *Peter* in jeder möglichen Interpretation dieser Sätze Fokus der einleitenden Partikel ist, weil in jeder dieser Interpretationen *Peter* durch den Akzent auf der Silbe *Pe* hervorgehoben ist und diese Hervorhebung so zu verstehen ist, daß sie anzeigt, daß *Peter* von der Partikel semantisch besonders betroffen ist (jedenfalls mehr und in anderer Weise

---

8 Ich danke Grzegorz Dogil, daß er mich auf diesen Aufsatz aufmerksam gemacht hat.

9 Jackendoff 1972, 241-242.

10 Pheby 1981, §30, §38.

als der Rest des Satzes). Ich will das in der orthographischen Repräsentation der Sätze deutlich machen, indem ich das fokussierte Material mit tiefgestellten Halbklammern markiere und die Verbindung mit dem fokussierenden Ausdruck durch gleiche numerische Indizierung anzeige, so etwa wie in (2a):

(2a) *Sogar*$_1$ $\llcorner_1$*Péter*$_1\lrcorner$ *zeigte der Polizei ein Bild von Gerda.*

(2a) macht deutlich, daß die NP *Peter* Fokus der gleich indizierten Partikel ist. Die Indizierung ist nützlich, da es mehrere fokussierende Ausdrücke mit jeweils eigenem Fokus im Satz geben kann, z.B. in (5), das man mit der eben eingeführten Notation so darstellen kann:

(5a) *Sogar*$_2$ $\llcorner_2$*Péter*$_2\lrcorner$ *zeigte der Polizei nur*$_1$ *ein* $\llcorner_1$*Bíld*$_1\lrcorner$ *von Gerda.*

(5a) zeigt an, daß *Peter* Fokus von *sogar* und *Bild* Fokus von *nur* ist.

Der Sinn der Relativierung des Fokuskonzepts auf *Interpretationen* wird bei Beispiel (3) erkennbar, das man mit der eingeführten Notation (am Beispiel der *Nicht*-Variante) auf mindestens zwei verschiedene Weisen darstellen kann:

(3a) *Peter zeigte der Polizei nicht*$_1$ *ein Bild von* $\llcorner_1$*Gérda*$_1\lrcorner$.

(3b) *Peter zeigte der Polizei nicht*$_1$ $\llcorner_1$*ein Bild von Gérda*$_1\lrcorner$.

(3a) entspricht einer Interpretation, bei der man z.B. mit ... *sondern ein Bild von Luíse* fortsetzen kann, (3b) entspricht dagegen z.B. einer Fortsetzung mit ... *sondern seinen Páß.*

Kompliziert wird die Analyse der Fokussierung durch die Möglichkeit eines *mehrteiligen Fokus.*[11] So ist oft der Fokus von Negationsträgern mehrteilig:

(7) *Nicht*$_1$ $\llcorner_1$*Péter*$_1\lrcorner$ *liebt* $\llcorner_1$*Gérda*$_1\lrcorner$.

(7) entspricht einer Fortsetzung mit ... *sondern Gérda liebt Péter* oder ... *sondern síe liebt íhn.* Das, was hier von der Negationspar-

11 Näheres dazu und zum Fokusbegriff insgesamt in Jacobs 1982a und Jacobs 1982b.

tikel im Sinne der Fokussierung besonders betroffen ist, ist kein einzelner zusammenhängender Abschnitt, sondern verteilt sich auf mehrere Teile des Satzes. Diese Variante darf nicht mit der in (5a) exemplifizierten verwechselt werden, bei der es mehrere fokussierende Teile und für jeden jeweils einen einteiligen Fokus gibt, und vor allem nicht mit der durch (3b) illustrierten, wo es nur einen einteiligen Fokus gibt, dieser aber eine komplexe Konstituente ist.

Bevor ich nun zu der angekündigten Präzisierung meiner phonologischen Fragestellung mit Hilfe des Fokusbegriffs komme, muß ich noch etwas zum Verhältnis dieses Begriffs zum Begriff des *Rhemas* sagen. Als Rhema bezeichnet man üblicherweise die durch eine Äußerung übermittelte neue Information, im Gegensatz zum *Thema*, dem Informationshintergrund, auf dem die Äußerung aufbaut. Entsprechend sind dann *rhematische und thematische Satzteile* solche, die bei Äußerungen des jeweiligen Satzes neue bzw. alte Information zum Ausdruck bringen. Im Anschluß an die Terminologie in Chomsky 1971 und Jackendoff 1972 wurde der rhematische Satzteil oft auch Fokus genannt, und deswegen muß ich hier vor einer möglichen Verwechslung warnen. Für mich ist der Chomskysche Fokus (also der rhematische Satzteil) nur ein möglicher *Spezialfall von Fokussierung*, nämlich der, in dem der Fokus nicht zu einem bestimmten fokussierenden Ausdruck im Satz gehört (etwa zu einer Negations- oder Gradpartikel), sondern zum jeweiligen *illokutionären Handlungspotential* (das ja normalerweise nicht an einzelnen Ausdrücken im Satz festgemacht werden kann). In Deklarativsätzen ist der rhematische Satzteil also in dieser Sicht der Fokus der Assertion, in Imperativsätzen ist es der Fokus der Aufforderung (oder 'Direktion') usw. Dies paßt zu der allgemeinen Bestimmung des Fokusbegriffs in (DF), wenn man für die Variable "z" nicht nur syntaktische, sondern auch semantische Bestandteile des jeweiligen Komplexes x als Werte zuläßt.

Daß es nötig ist, den rhematischen Satzteil als nur einen möglichen Fall von Fokus anzusehen, sieht man im übrigen am leichtesten daran, daß innerhalb des *thematischen* Teils von Sätzen Fokussierungen vorkommen können:

(8) S_1: *Warum zeigte Peter der Polizei* *nur*$_1$ *ein Bild von* $[_1$*Gérda*$]_1$*?*

S_2: *Peter zeigte der Polizei* *nur*$_1$ *ein Bild von* $[_1$*Gèrda*$]_1$*,*

weil er von den anderen Verdächtigen kein Bild hätte.
└2 2┘

In dem von S_2 hier geäußerten Satz liegt der Fokus der Partikel *nur* im thematischen Satzteil, während der rhematische Satzteil, also der Fokus der Assertion, die kausale Adsententialphrase ist (was in der Notation dadurch deutlich wird, daß es zur Indizierung des Klammerpaars unter dieser Phrase keine Entsprechung im Restsatz gibt). Wer hier den ersten und den zweiten Fokus als semantisch gleichartig (nämlich als rhematisch) auffaßte, würde zu einer ziemlich abstrusen Bedeutungsanalyse kommen.[12] Solche Beispiele machen deutlich, daß eine Theorie der Thema-Rhema-Struktur nur ein Teil einer allgemeineren Theorie der Fokussierung sein kann.[13]

Nach dieser Klärung des Fokusbegriffs kann ich meine Probleme genauer formulieren. Es geht zunächst darum, die Regeln zu finden, nach denen sich die Akzentpositionen und -stärken in Sätzen ergeben, bei denen (in der jeweils 'anvisierten' Interpretation) einer oder mehrere ihrer (echten) Teile als fokussiert zu verstehen sind. Dabei ist klar, daß *Bolingers* Feststellung, daß in solchen Fällen der Akzent eben auf den fokussierten Punkt fällt ('point of information focus'[14]), für diese Fragestellung vollkommen unzureichend ist. Erstens ist der Fokus ja im allgemeinen kein akzentuierbarer 'Punkt', sondern ein komplexerer Abschnitt (unter Umständen ein ganzer Satz), womit sich dann sofort die Frage erhebt, *wo* denn in diesem Abschnitt der den Fokus markierende Akzent liegen muß. Zweitens gibt Bolingers Feststellung auch nicht den geringsten Hinweis auf bei mehr als einem Fokus auftretende *Akzentabstufungsphänomene*, wie sie etwa in den Beispielen (5), (6) oder (8) sichtbar werden. Drittens schließlich läßt Bolingers Regel vollkommen offen, wie denn der Akzentverlauf in den jeweils *nicht* fokussierten Teilen des betrachteten Satzes ist. (Daß das nicht vollkommen arbiträr ist, dürfte evident sein.)

Die zweite eingangs erwähnte Frage kann ich nun so formulieren: In welchem Verhältnis stehen die Regeln für die Akzentuierung von

---

12 So weit ich sie verstanden habe, scheint mir ein Großteil der Literatur zur 'funktionalen Satzperspektive' an dieser ungenügenden Trennung von Assertionsfokus und Partikelfokus zu kranken.

13 Näheres dazu in Jacobs, i. Vorb.

14 Vgl. Bolinger 1972.

Ausdrücken mit fokussierten Teilen zu den Akzentregeln für Ausdrücke ohne fokussierte Teile? Diese Fragestellung koinzidiert nicht vollkommen mit der altbekannten nach dem Verhältnis zwischen normaler und nicht-normaler Akzentuierung, weil die Nicht-Normalität von Akzentuierungen nicht ausschließlich davon abhängt, ob die jeweiligen Komplexe so zu interpretieren sind, daß sie fokussierte Teile enthalten. Dies kann man sich am Vergleich von (9) und (10) klar machen:

(9) *Sogar die Möbel in der Lágerhalle wurden gestohlen.*
(10) *Sogar die Möbel in der Lagerhalle wurden gestohlen.*

Diese beiden Sätze sind nicht-normal akzentuiert in dem Sinn, daß sie so interpretiert werden müssen, daß sie fokussierte (echte) Teile enthalten. Abkürzend sage ich dafür: Die Sätze sind *nicht-neutral* akzentuiert. Neutral akzentuierte Ausdrücke wären also solche, die eine Interpretation erlauben, bei der kein Teilausdruck (außer eventuell dem Ausdruck selbst) als fokussiert zu verstehen ist. Darüberhinaus gibt es aber zwischen den beiden angegebenen nicht-normal (weil nicht-neutral) akzentuierten Beispielen eine offensichtlichen *Markiertheitsunterschied*, den man, wie es etwa in Höhle 1979 versucht wurde, an den durch die Akzentuierung induzierten Verwendungsrestriktionen festmachen könnte. In (9) gibt es mehrere Fokusmöglichkeiten - *Lagerhalle* kann Fokus sein, aber auch *in der Lagerhalle* oder *Möbel in der Lagerhalle* - während es in (10) nur eine einzige Fokusmöglichkeit gibt, nämlich die Präposition. In diesem Sinn also ist die Akzentuierung in (9) unmarkiert, während sie in (10) markiert ist.

Wenn man sich an solchen Beispielen klar macht, daß bei der Nicht-Normalität von Akzentuierungen *zwei* Faktoren eine Rolle spielen, nämlich die Neutralität und die Markiertheit, wäre rein rechnerisch zu erwarten, daß es neben nicht-neutralen und unmarkierten Akzentuierungen wie in (9) und nicht-neutralen und markierten Akzentuierungen wie in (10) noch eine dritte Art von nicht-normalen Akzentuierungen gibt, nämlich neutrale, aber markierte. Tatsächlich glaube ich, daß es so etwas gibt: Ein Beispiel wäre die Akzentuierung der *Weil*-Phrase in (8). Diese kann so interpretiert werden, daß sie keinen fokussierten Teil enthält, wie ja gerade der Kontext (8) und die fokusmarkierende Klammerung zeigt. Die Phrase ist aber gleichzeitig markiert akzentuiert, bei unmarkierter Akzentuierung müßte der Hauptakzent wohl auf *Bild* liegen.

Im folgenden wird die Frage der Markiertheit keine Rolle mehr spielen. Es ist ausschließlich der Gesichtspunkt der *Neutralität*, unter dem hier das Verhältnis von normaler und nicht-normaler Akzentuierung untersucht werden soll. (Nur unter diesem Gesichtspunkt kann es auch Untersuchungsgegenstand einer satzphonologischen Theorie sein. Eine Analyse der Markiertheit von Akzentuierungen setzt dagegen m.E. eine gut ausgebaute Satzphonologie schon voraus.)

Der Fokusbegriff erlaubt es nicht nur, die beiden eingangs erwähnten Fragestellungen zu präzisieren, sondern läßt darüberhinaus eine *dritte Problemgruppe* überhaupt erst sichtbar werden. Man hat ja an Beispielen wie (5) und (8) schon gesehen, daß in einem komplexen Ausdruck durchaus *mehrere Fokusse* vorkommen können. Bei genauerer Betrachtung erkennt man sehr schnell, daß eine solche Anhäufung von Fokussen ziemlich starken *Restriktionen* unterworfen ist, die nicht alle als reine Performanzbeschränkungen, wie sie in (11) sichtbar werden, abgetan werden können:

(11) ?*Nur*$_3$ $[_3$ *Pêter* $]_3$ *zeigte nur*$_2$ $[_2$ *der Polizèi* $]_2$ *nur*$_1$ $[_1$ *ein Bild von Gèrda.* $]_1$

Ein Teil dieser Restriktionen erweist sich als semantisch-syntaktisch, z.B. die, die in (12) wirksam ist:

(12) ?*Nur*$_2$ $[_2$ *Pêter* $]_2$ *besitzt sogar*$_1$ $[_1$ *drèi* $]_1$ *Autos.*

Die Akzeptabilität von (12) ist gemindert, weil die Partikel *sogar* innerhalb von einfachen Sätzen nicht im semantischen Skopus der Partikel *nur* liegen darf, und diese Beschränkung überträgt sich auf die dazugehörigen Fokusse (vgl. Jacobs 1982b).

Es gibt jedoch andere Beschränkungen, die sich weder als solche der Performanz noch als syntaktisch-semantische erklären lassen. Man kann annehmen, daß es sich um *satzphonologische* Restriktionen handelt. Man betrachte die folgenden Dialogvarianten:

(13) S_1: *Peter zeigte eines der Bilder nur*$_1$ $[_1$ *der Polizéi.* $]_1$ *Welches war das?*

S_2: a) ?*Peter zeigte nur*$_1$ $[_1$ *der Polizèi* $]_1$ *das Bild* $[_2$ *von Gérda.* $]_2$

b) *Das Bild von Gêrda (zeigte Peter nur*$_1$ *der Polizèi).*
└2 2┘ └1 1┘

Die geringe Akzeptabilität der ersten Antwortvariante in (13) läßt sich m.E. weder semantisch noch syntaktisch erklären.[15] Wenn hier aber phonologische Restriktionen wirksam sind, dann sind es solche, die in der Literatur so gut wie nie thematisiert wurden. Eine Ausnahme sind die Arbeiten von *Hans Altmann*, z.B. Altmann 1978. Altmann würde die Inakzeptabilität der a)-Variante von (13) mit dem Prinzip erklären, daß der Partikelfokus den Assertionsfokus gewissermaßen 'ansaugt', also mit ihm identisch sein muß.[16] Dagegen würde zwar die a)-Variante tatsächlich verstoßen, aber leider auch die b)-Variante oder (8), die beide voll akzeptabel sind. Die Erklärung, die wir hier zu suchen haben, ist also offensichtlich eine kompliziertere als die von Altmann vorgeschlagene.

2. Zum Format einer Akzenttheorie

Nachdem ich nun gesagt habe, was mich an Sätzen wie (2) - (5) hier interessiert, will ich einige Überlegungen darüber anstellen, welche Form denn die diesbezügliche *Theorie* haben soll. Ich gehe dabei davon aus, daß die syntaktischen und semantischen Eigenschaften der fraglichen Sätze in Jacobs 1982a und Jacobs 1982b korrekt erfaßt wurden (mit Hilfe der formalen Rekonstruktion entsprechender Deutschausschnitte durch Montague-Grammatiken). Außerdem gehe ich davon aus, daß meine theoretischen Aussagen über Akzentuierung irgendwie mit den zur Verfügung stehenden syntaktisch-semantischen Analysen gekoppelt sein müssen. Doch in welches *Format* soll ich diese Aussagen bringen? Nun, ich schlage vor, Akzentuierungen als *metrische Strukturierungen* im Sinne von Liberman 1975, Liberman/Prince 1977 und Ladd 1978 zu explizieren und entsprechend meine Akzenttheorie als ein System von mit der Syntax und der Semantik gekoppelten Aussagen über metrische

15 Insbesondere gilt nicht, daß der Assertionsfokus nicht *nach* Partikeln liegen darf. In *Nur Pêter kommt* kann *Peter* gleichzeitig Partikel- und Assertionsfokus sein (z.B. nach der Frage *Welche von deinen Verwandten kommen?*).

16 Vgl. Altmann 1978, Kap. 4.

Strukturierungen der fraglichen Sätze zu formulieren. Zunächst kurz etwas zu diesen metrischen Strukturierungen.

Libermans Grundidee ist, daß Akzentuierung nicht - wie etwa im SPE oder vielen anderen Ansätzen - eine *Eigenschaft* irgendwelcher Einheiten ist, sondern daß sie eine zweistellige *Relation* ist, die man etwa mit dem offenen Satz "x ist stärker hervorgehoben als y" kennzeichnen könnte. Außerdem betrifft diese Relation - anders als die als Eigenschaft aufgefaßte Akzentuierung - nicht nur Silben oder Segmente, sondern Einheiten beliebiger (aber jeweils gleicher) Komplexitätsstufe, so daß mit einer solchen Relation letztlich eine *hierarchische Strukturierung* der jeweils betroffenen Ausdrücke gegeben ist. Deutlich sichtbar wird das, wenn man eine solche Relation mit einem binär verzweigenden *Baum* darstellt, in dem das jeweils stärker hervorgehobene Relat von dem Symbol "s" (für "strong"), das jeweils schwächere von dem Symbol "w" ("weak") dominiert wird. Ein Beispiel ist der Baum (14), der eine neutrale Betonung des Satzes *Peter liebt die Oper* darstellt ("R" für "root"):

(14)

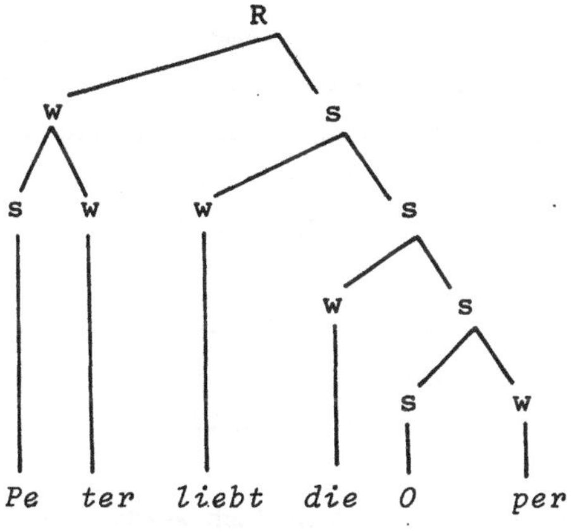

Wenn man das in eine nicht-relationale Akzentnotation übersetzen will, z.B. in die numerische SPE-Notation, kann man das nach der einfachen Regel[17] tun, daß an jedem Knoten das stärkste von ihm dominierte terminale Element einen höheren Akzentwert bekommen muß als die anderen

17 Sie entspricht nicht der Regel, mit der Liberman/Prince zunächst relationale und absolute Akzentdarstellungen verbinden (vgl. Liberman/Prince 1977, 257), sondern ihrer 'relative prominence projection rule' (vgl. ebd., 316), die nach ihrer (und meiner) Einschätzung ein adäquateres Bild von der absoluten Akzentstärke der einzelnen Silben zeichnet.

von diesem Knoten dominierten terminalen Elemente, wobei das stärkste terminale Element eines Knotens dasjenige ist, auf dessen Pfad zu diesem Knoten die geringste Zahl von Vorkommnissen von "w" liegt. Damit entspricht dem Baum (14) z.B. die numerische Akzentsequenz (14a):

(14a) *Peter liebt die Oper.*
2 3 2 2 1 3

Es gibt noch andere (insbesondere 'zerklüftetere') Akzentsequenzen, die (14) entsprechen, weil die angegebene Regel keine eindeutige Zuordnung von absoluten zu relationalen Akzentdarstellungen festlegt,[18] genauso wie es auch keine eindeutige Zuordnung von relationalen zu absoluten Darstellungen gibt.

Die *Vorteile* dieser relationalen oder, wie man aus naheliegenden Gründen auch sagen kann, metrischen Akzentauffassung kann ich hier nicht detailiert erläutern. Ich will nur zwei Punkte erwähnen. Der erste ist, daß mit der relationalen Auffassung eine Erklärung für die bei einer absoluten Interpretation von Akzenten höchst seltsame Tatsache sichtbar wird, daß sich Akzentuierungen niemals nur auf die akzenttragenden Silben allein auswirken, sondern immer jeweils *grössere Umgebungen* phonologisch affizieren, eine Tatsache, die im SPE in der bekannten Akzentsenkungskonvention zu erfassen versucht wird, in der ja festgelegt wird, daß ein Akzent nicht stark werden kann, ohne daß alle anderen in der Domäne der jeweiligen Regelanwendungen schwächer werden.[19] Diese Eigenschaft der Akzentuierung wird sofort selbstverständlich, wenn man sie als eine asymmetrische Relation zwischen benachbarten Abschnitten auffaßt, denn natürlich kann x nicht

18 Dies könnte für den hier vertretenen Ansatz problematisch werden, wenn es absolute Akzentstärkeunterschiede gibt, die systematisch relevant sind, ohne relationalen Unterschieden zu entsprechen. Ein guter Kandidat für ein solches Phänomen ist der 'extra heavy stress' auf fokussierten Ausdrücken: Es wurde oft vermutet, daß in einem Satz wie *Peter liebt die Oper* genau dann *O-* erheblich stärker akzentuiert werden kann als der Rest (Akzentverlauf z.B. 3 4 3 3 1 4), wenn *(die) Oper* fokussiert ist. Dem könnte ich in meinem relationalen Rahmen, so wie er bisher geschildert wurde, nicht Rechnung tragen, weil sowohl (14a) als auch der Akzentverlauf mit 'extra heavy stress' der relationalen Akzentstruktur (14) entsprechen. Mögliche Lösungen dieses Problems werden in Jacobs (i. Vorb.) diskutiert (insbesondere solche, die den 'extra heavy stress' nicht als Akzentuierungs-, sondern als Intonationsphänomen behandeln).

19 Vgl. Chomsky/Halle 1968, 16-17.

stärker sein als y, ohne daß y schwächer ist als x.

Ein anderer Vorteil ist besonders für die Analyse des Verhältnisses von Akzentuierung und Fokussierung von Bedeutung. Die geschilderte Akzentauffassung läßt nämlich den phonologischen Sinn der Unterscheidung von *akzenttragenden Silben* einerseits und *durch Akzentuierung hervorgehobenen komplexeren Abschnitten* andererseits sichtbar werden. Diese Unterscheidung wird in vielen neueren Arbeiten gemacht (z.B. in Fuchs 1976, Höhle 1979, Pheby 1981), aber erst die hierarchisch-relationale Akzentauffassung erlaubt es, sie mühelos in die satzphonologische Theorie zu integrieren. Das sieht man an einem Baum wie (15), dem ich gleich eine entsprechende absolute Akzentdarstellung beigegeben habe:

(15)

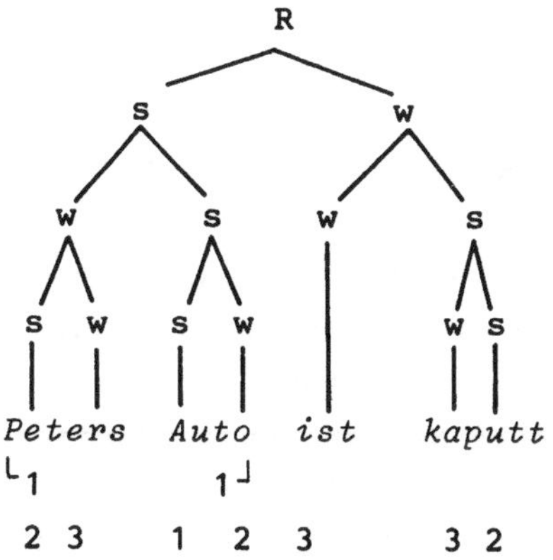

In der absoluten Akzentdarstellung unter dem Beispielsatz findet sich nichts, was darauf hinweist, daß durch den Hauptakzent auf der Silbe *Au* der ganze Abschnitt *Peters Auto* hervorgehoben wird (nämlich zum Zwecke der Assertionsfokussierung). Der Baum dagegen enthält diese Information, indem *Au* das stärkste terminale Element des s-Knotens ist, der *Peters Auto* dominiert. Allgemein gilt: Durch die Akzentuierung einer Silbe x wird jeder Abschnitt hervorgehoben, der im jeweiligen metrischen Baum von einem s-Knoten dominiert wird und dessen stärkstes terminales Element x ist.[20]

In einem Punkt allerdings ist die geschilderte Akzentauffassung gar nicht zufriedenstellend: Sie erlaubt es nicht, der einfachen Tatsache Rechnung zu tragen, daß Akzente innerhalb einer Phrasie-

---

20 Dieses Prinzip erfaßt allerdings noch nicht alle möglichen Fälle, insbesondere nicht solche mit der gleich einzuführenden g-Relation. Eine allgemeinere Formulierung wird sich in Jacobs, i. Vorb. finden.

rungseinheit *gleich stark* sein können. Dieses Phänomen kommt z.B. (aber nicht nur) bei mehrteiligem Fokus (s. Abschnitt 1) vor, so etwa, wenn man auf die Frage *Wer liebt wen?* antwortet *Péter liebt Gérda*. Hier ist der Assertionsfokus zweigeteilt, der erste Teil ist *Peter*, der zweite *Gerda*, und die beiden entsprechenden Akzente sind intuitiv gleich stark.[21] Das kann man nun aber nicht so wie in (16a) notieren,

(16a)

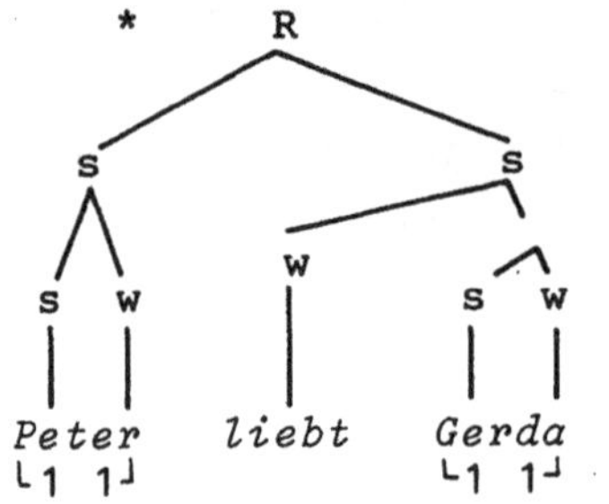

d.h. so, daß sich an einer passenden Stelle ein Knoten in *zwei* s--Knoten verzweigt. Das paßt einfach nicht zu der relationalen Akzentauffassung, nach der die Markierung "s" ja die Kehrseite der Markierung "w" ist und deshalb ohne sie nicht vorkommen kann.

Eine Lösung dieses Problems besteht darin, neben der asymmetrischen s-w-Relation noch eine *symmetrische Hervorhebungsrelation* anzunehmen, die man mit dem offenen Satz "x ist gleich stark hervorgehoben wie y" kennzeichnen und in unseren Bäumen durch jeweils ein Paar von mit "g" (für "gleich") etikettierten Knoten markieren kann. Damit wäre das obige Beispiel wie in (16b) darzustellen:

(16b)

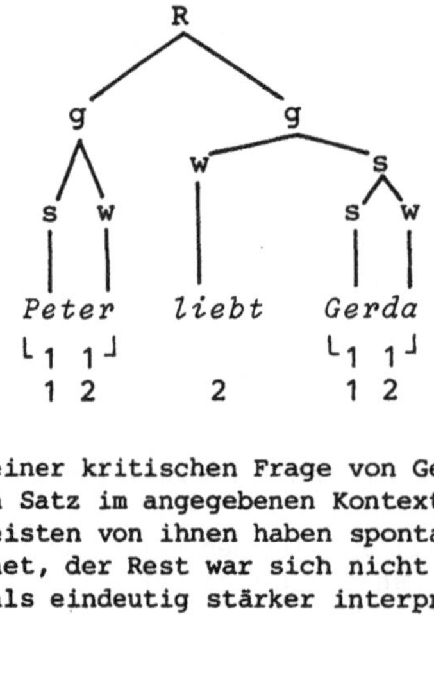

21 Nach einer kritischen Frage von Georg Heike zu diesem Punkt habe ich den fraglichen Satz im angegebenen Kontext noch einmal einigen Informanten vorgelegt. Die meisten von ihnen haben spontan die beiden Akzente als gleich stark bezeichnet, der Rest war sich nicht sicher. Keiner der Informanten hat einen Akzent als eindeutig stärker interpretiert.

Wenn man dann noch unserer Regel für die Interpretation solcher Bäume in absoluten Akzentstärkegraden hinzufügt, daß die stärksten terminale Element von zwei mit "g" etikettierten Schwesterknoten jeweils gleich bewertet werden müssen, ergibt sich der unter (16b) notierte Akzentverlauf, der genau das ist, was man hier haben will.

Diese g-Relation möchte ich also der relational-hierarchischen Akzentauffassung hinzufügen. Die angestrebte Akzenttheorie läßt sich nun präziser (aber immer noch vorläufig) so charakterisieren: Sie soll ein System von Aussagen sein, das die Menge der möglichen Paare der Form (17) festlegt,

(17) $<<\alpha^s,\alpha^b>,\alpha^a>$

wobei α^s eine oberflächensyntaktische Repräsentation für einen der fraglichen Sätze α ist, α^b eine entsprechende Bedeutungsrepräsentation für α und α^a eine Akzentuierungsrepräsentation im Rahmen der eben skizzierten Akzentauffassung, also ein Baum wie (15) oder (16b). (Dabei gehe ich wie gesagt davon aus, daß die möglichen Paare $<\alpha^s, \alpha^b>$ für alle interessierenden α in Jacobs 1982a und 1982b korrekt festgelegt wurden.)

Daß ich hier nicht einfach (in SPE-Manier) nur α^s betrachte, sondern immer auch die semantische Repräsentation, hängt mit der möglichen *'Globalität'* von Akzentregeln zusammen. Man muß sicher damit rechnen, daß man bei der Formulierung solcher Regeln auch Zugang zu semantischer Information haben muß. Im folgenden wird das allerdings keine Rolle spielen, da die hier wichtigen semantischen Informationen schon in α^s enthalten sein werden, nämlich die über Lage und Art der Fokusse im Satz. In dieser Beziehung ist der α^b-Parameter also überflüssig.

In einer anderen Beziehung habe ich mit α^s und α^b noch *zu wenig* akzentrelevante Informationen. Ich glaube, daß man mit *grammatischen* Informationen allein niemals zu einer vollständigen Erfassung der Akzentregularitäten in natürlichen Sprachen kommen kann, weil Lage und Art der Akzente zu einem gewissen Teil immer auch vom jeweiligen *Verwendungskontext* abhängen. Ein bekanntes Beispiel für diese Kontextabhängigkeit ist *Susan Schmerlings* Beispielpaar (18a) und (18b) (das ich hier gleich ins Deutsche übersetzt und mit einer Fokusmarkierung versehen habe):[22]

---

22 Vgl. Schmerling 1976, 55-56, 67-70. Ähnliche Beispiele finden sich auch in Bolinger 1972 und Ladd 1978.

(18a) *Das ist der Doktor, von dem ich dir erzählt habe.*
└1 1┘

(18b) *Das ist der Dôktor, von dem ich dir erzählt habe.*
└1 1┘

Beide Sätze können als Antwort auf die Frage *Wer ist das?* geäußert werden, ihr Akzentuierungsunterschied läßt sich also nicht (jedenfalls nicht in jeder Interpretation) auf einen Fokussierungsunterschied zurückführen. Worauf sonst? Schmerling weist darauf hin, daß der erste Satz als Antwort auf die erwähnte Frage in einer Klinik angebracht wäre, während man mit dem zweiten Satz dieselbe Frage etwa in einer Werkshalle oder einem Schwimmbad beantworten würde. M.a.W.: Die Akzentverteilung hängt von der Wahrscheinlichkeit ab, mit der im jeweiligen Kontext von Doktoren die Rede ist (oder auch - was nicht dasselbe ist - von der möglichen Vorerwähntheit von Doktoren). Das ist natürlich keine Information, die auf irgendeiner Ebene der *grammatischen* Analyse dieser Sätze zur Verfügung steht.

Ich schlage deshalb vor, Akzentregeln nicht nur auf syntaktische und semantische Analysen zu relativieren, sondern darüber hinaus auch auf passende *Kontextbeschreibungen*, solche also, die z.B. die Wahrscheinlichkeit, mit der von bestimmten Entitäten die Rede ist, verzeichnen. Die Akzenttheorie ist danach ein System von Aussagen über die möglichen Paare der Form (19),

(19) $\langle\langle\langle\alpha^{s},\alpha^{b}\rangle,kon^{\alpha}\rangle,\alpha^{a}\rangle$

wobei kon^{α} eine Kontextbeschreibung der angedeuteten Art für α ist.

Ein weiteres allgemeines Problem der Akzenttheorie ist, ob die Relation, die die Aussagen über Paare der Form (19) zwischen grammatischen Repräsentationen und Kontextdarstellungen einerseits und Akzentrepräsentationen andererseits herstellen, eine *Funktion* ist, m.a.W. ob es im Bereich der Akzentuierung *freie Variation* gibt. In der neueren Intonationsforschung gibt es eine Tendenz, diese Frage zu verneinen. Ich glaube, daß das falsch ist, daß es also in einem gewissen Umfang freie Akzentvariation gibt, und ich sehe diese Freiheit insbesondere bei der Wahl zwischen *integrierenden* und *isolierenden* Akzentuierungen am Werk. Wenn man z.B. gefragt wird, was Peter Gerda zum Geburtstag geschenkt hat, kann man mit genau gleichem Effekt (20a) oder (20b) antworten:

(20a) *Er hat ihr eine Kárte für die Óper geschenkt.*
└1 1┘

(20b) *Er hat ihr eine Karte für die Óper geschenkt.*
└1 1┘

Im ersten Fall hebt man den Assertionsfokus hervor, indem man *jedes Inhaltswort* in diesem Fokus isoliert betont, im zweiten Fall, indem man *ein* solches Wort betont und mit dieser Betonung den Rest des Fokus gewissermaßen zu einem Ganzen integriert. (Den Begriff der Integration für diesen Sachverhalt entnehme ich aus Fuchs 1976, eine der wenigen Arbeiten, wo diese Wahlmöglichkeit überhaupt gesehen und nicht mit jeweils verschiedenen Fokusverteilungen verwechselt wird.) Mir scheint, daß bei dieser Alternative im allgemeinen weder grammatische noch Kontextfaktoren (außer natürlich der Lust und Laune des Sprechers) eine Rolle spielen.[23]

Ich werde im folgenden diese Alternativen allerdings ignorieren und zur Vereinfachung nur jeweils *integrierend* betonte Varianten berücksichtigen. Diese Vereinfachung wird das, was über nicht-neutrale Akzentuierung und ihr Verhältnis zur neutralen zu sagen sein wird, nicht negativ beeinflussen.

3. Regeln und Beschränkungen

Noch eine andere Vereinfachung werde ich mir bei den *Regeln*, zu denen ich nun komme, erlauben. Ich werde nämlich bei den zu betrachtenden syntaktischen Repräsentationen α^S nur die *Verbendstellungsversionen* der jeweiligen Sätze berücksichtigen. Dies tue ich, weil dieser Verbstellungstyp im Deutschen topologisch am wenigsten problematisch ist. Insbesondere kommt man für ihn im allgemeinen mit Strukturbäumen aus, bei denen es keine sich überschneidenden Kanten

23 In Fuchs 1976 werden einige Bedingungen aufgezeigt, die eine integrierende bzw. eine isolierende Akzentuierung begünstigen. Ich habe aber nicht den Eindruck, daß diese Bedingungen in irgendeinem (oder gar in jedem) Kontext eine Entscheidung für eine der beiden Möglichkeiten *erzwingen*. (Möglicherweise spielen hier aber realisationsphonologische Faktoren - vgl. Vennemann 1979 - eine Rolle, z.B. die Sprechgeschwindigkeit oder der Formalitätsgrad.)

gibt. Ich halte überschneidende Kanten zwar nicht für ein prinzipielles Problem,[24] doch ihre Mitberücksichtigung würde mich hier einfach zu sehr von meinem eigentlichen Thema ablenken. Im übrigen glaube ich, daß die Verbstellung im Deutschen in dem Sinne *akzentneutral* ist, daß in Sätzen, die sich nur durch die Verbstellung unterscheiden und bei denen ansonsten alle akzentbeeinflussenden Faktoren dieselben sind, auch jeweils dieselben Akzentrelationen bestehen.[25]

Noch einige Informationen zu den *syntaktischen Repräsentationen* α^s, auf die die folgenden Regeln Bezug nehmen. Sie haben, genau wie die Akzentrepräsentationen, die Form von binär verzweigenden Bäumen. Auf der terminalen Ebene dieser Bäume werden, wie schon angedeutet, die Fokusse und die (eventuell) dazugehörigen fokussierenden Ausdrücke so wie schon in den bisherigen Beispielen markiert, also durch tiefgestellte Halbklammern und numerische Indizierung. Diese Indizierung wird durch die syntaktischen Regeln nach den folgenden Prinzipien eingeführt: 1. Je größer der *semantische Skopus* des fokussierenden Elements ist, desto größer ist der numerische Wert des entsprechenden Fokusindex. (Deswegen hat der Assertionsfokus im allgemeinen den größten Index). 2. Bei *mehrteiligen* Fokussen wie in (7) erhalten die Klammern, die die jeweiligen Teile markieren, den gleichen Index.

Bei den Akzentregeln gehe ich, wie schon angedeutet, von einer syntaktischen Repräsentation α^s, einer semantischen Repräsentation α^b und einer Kontextrepräsentation kon^α aus. Ein Paar der Form $<<\alpha^s,\alpha^b>, kon^\alpha>$ nenne ich eine *Akzentuierungsbasis* (für α). Die Regeln haben dann die Form einer rekursiven Bestimmung der zu einer Akzentuierungsbasis A gehörenden *Entsprechungsrelation* (E_A) zwischen Teilbäumen der jeweiligen syntaktischen Repräsentation und Teilbäumen der aufzubauenden Akzentrepräsentation. (Letztere nenne ich Akzentbäume.) Wenn $A = <<\alpha^s,\alpha^b>,kon^\alpha>$ und $<\alpha^s,\alpha^a> \in E_A$, dann sage ich, daß α^a eine *mögliche Akzentuierung* von α bei A ist. Es wird darauf ankommen, die Theorie so einzurichten, daß die theoretisch möglichen Akzentuierungen für die interessierenden α bei irgendeiner Akzentuierungsbasis A mit den intuitiv möglichen Akzentuierungen für α unter

---

24 Vgl. Jacobs 1982a, Kap. 2.

25 Dies deutet schon auf eine *transformationelle* Explikation der Akzentstrukturen von bis auf die Verbstellung identischen Sätzen hin.

den A entsprechenden Umständen übereinstimmen. Hier nun einige Regeln, die anschließend erläutert werden:

(RF) Gegeben sei A = $<<\alpha^s,\alpha^b>,kon^\alpha>$. Dann gelte für alle Teilbäume β von α^s:

(R0) Falls $\beta = [_K\gamma]$[26] und γ terminal ist, dann A-entspricht β der Akzentbaum $[_R\gamma^a]$, der $[_K\gamma]$ durch die Wortakzentregeln zugeordnet wird.

(R1) Falls $\beta = [_K\gamma\ \lambda]$ und γ und λ die Akzentbäume $[_R\gamma^a]$ bzw. $[_R\lambda^a]$ A-entsprechen und es ein $i \geq 1$ gibt, so daß γ(λ) ein Vorkommnis von $\llcorner_i \ldots {}_i\lrcorner$ enthält[27] und für kein $j \geq i$ gilt, daß λ (bzw. γ) ein Vorkommnis von $\llcorner_j \ldots {}_j\lrcorner$ enthält, dann A-entspricht β der Akzentbaum $[_R[_s\gamma^a][_w\lambda^a]]$ (bzw. $[_R[_w\gamma^a][_s\lambda^a]]$).

(R2) Falls $\beta = [_K\gamma\ \lambda]$ und γ und λ die Akzentbäume $[_R\gamma^a]$ bzw. $[_R\lambda^a]$ A-entsprechen und es ein $i \geq 1$ gibt, so daß γ und λ je ein Vorkommnis von $\llcorner_i \ldots {}_i\lrcorner$ enthalten und es kein $j > i$ gibt, so daß γ oder λ ein Vorkommnis von $\llcorner_j \ldots {}_j\lrcorner$ enthält, dann A-entspricht β der Akzentbaum $[_R[_g\gamma^a]$ $[_g\lambda^a]]$.

Falls es in β kein Vorkommnis von $\llcorner_i \ldots {}_i\lrcorner$ (für irgendein $i \geq 1$) gibt oder in β kein Knoten außer der Wurzel ein solches Vorkommnis dominiert, gelte:

(R3v) Falls $\beta = [_K\gamma\ \lambda]$ und γ und λ die Akzentbäume $[_R\gamma^a]$ bzw. $[_R\lambda^a]$ A-entsprechen, dann A-entspricht β

a) der Akzentbaum $[_R[_s\gamma^a][_w\lambda^a]]$, falls $\lambda = [_{Vn}\mu]$ $(1 \leq n \leq 3)$ und μ terminal ist,

b) der Akzentbaum $[_R[_w\gamma^a][_s\lambda^a]]$, falls das nicht der Fall ist.

⋮

26 "K" und "M" sind Kategorienvariablen, β, γ, λ und μ sind Variablen für Teilbäume. "$[_K\gamma]$" bezeichnet einen Teilbaum mit der Wurzel K, usw.

27 Ich erspare mir eine Definition von "enthält", da klar sein dürfte, was gemeint ist.

Ich erläuterte diese Regeln am Beispiel der durch sie vorausgesagten Akzentuierung von (*daß*) *nur Peter Gerda verehrt* bei der Basis A1:

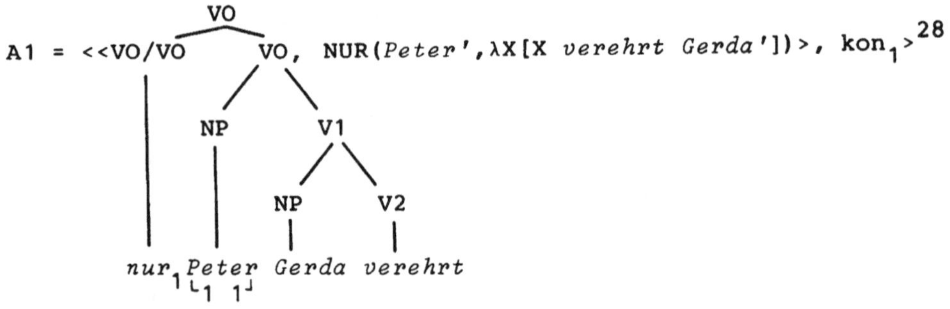

Nach (RO) gilt zunächst ("E_{A1}" für "A1-entspricht"):

(21)

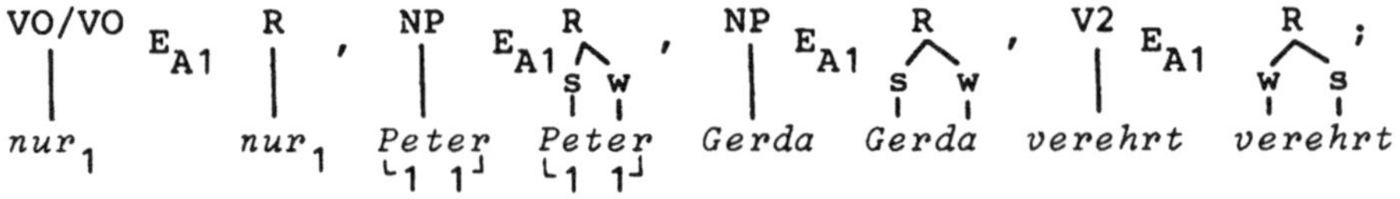

In der Basis der Rekursion gehe ich also davon aus, daß auch die Wortakzentregeln Akzentbäume zuordnen, und zwar in Abhängigkeit von der syntaktischen Kategorie der Wörter, aber natürlich auch von der morphologischen und Silbenstruktur, dem Segmentbestand usw. Ein Beispiel für eine gut ausgearbeitete relationale Wortakzenttheorie für das Englische findet sich in Liberman/Prince 1977. Eine entsprechende Theorie für das Deutsche befindet sich in Vorbereitung.[29] Für uns ist daran jetzt nur wichtig, daß diese Theorie auch Akzentbäume für Wörter festlegt, deren Repräsentation durch Halbklammern und numerische Indizes ergänzt ist (die natürlich erst auf der syntaktischen Ebene, nämlich als Fokusmarkierungen, sinnvoll werden). Dabei wird insbesondere Wortrepräsentationen, die als Ganze unterklammert sind, derselbe Baum zugeordnet wie der entsprechenden Repräsentation ohne

---

28 Zu den Details der syntaktischen und der semantischen Repräsentation vgl. Jacobs 1982b. (Insbesondere wird dort erläutert, wieso *nur Peter* nicht als Konstituente aufzufassen ist und wie der Operator NUR, der auf Zerlegungen von Propositionen in einen Fokusteil und einen nicht-fokussierten Teil - den 'Hintergrund' - angewandt wird, zu deuten ist.) kon_1 ist eine hier nicht näher zu bestimmende Kontextrepräsentation.

29 Siehe Jacobs, i. Vorb.

Klammern (wie *Peter* im Beispiel). Dies entspricht dem allgemeinen Prinzip der Akzentuierung von als Ganzen fokussierten Ausdrücken, zu dem ich gleich kommen werde. Nach (R3v) und (21) gilt:

(22)

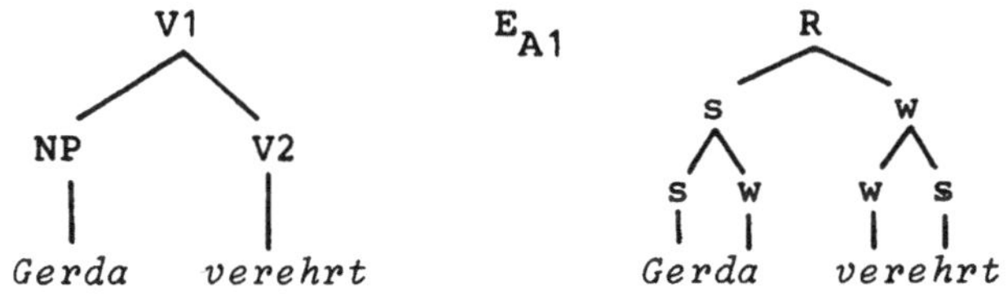

(R3v) ist die (vorläufig) einzige Regel in (RF), die eine *neutrale* Akzentuierung von Konstituenten beschreibt. Die Neutralität kommt in der Bedingung vor (R3v) zum Ausdruck, die diese Regel auf den Fall einschränkt, in dem β entweder keinen Fokus enthält oder als Ganzes fokussiert ist. Ich gehe dabei von dem Prinzip aus, daß die Fokussierung eines Ausdrucks im Standard-Deutschen *keinen Einfluß* auf seine *internen* Akzentrelationen hat.[30] (R3v) besagt dann, daß im Deutschen in syntaktischen Komplexen, die in zwei Teilkonstituenten zerlegt werden können, bei neutraler (und integrierender!) Akzentuierung die *zweite* Konstituente hervorgehoben wird, wenn diese kein (finites oder infinites) Verb ist, andernfalls die erste. Diese Regel (die natürlich an die 'nuclear stress rule' erinnert) scheint mir im Prinzip richtig, wenn auch in mancher Hinsicht ergänzungsbedürftig zu sein. So ist sie, wie gesagt, auf den Fall der integrierenden Betonung beschränkt (vgl. die Bemerkungen zu (20)). Weiterhin vernachlässigt sie völlig den möglichen Einfluß des Kontexts (vgl. die Bemerkungen zu (18)). Und schließlich berücksichtigt sie 'feinere' grammatische Faktoren nicht, wie z.B. die Frage, ob die betroffenen Konstituenten pronominal sind (in welchem Fall sie bei Neutralbetonung nur unter sehr speziellen Bedingungen akzentuiert werden können.) Dies alles erfordert sowohl *Modifikationen* von (R3v) (das "v" steht für "vorläufig") als auch *zusätzliche Regeln.* (Genaueres demnächst in Jacobs, i. Vorb. Dort wird auch der nicht-funktionale Charakter von E_A deutlicher werden.) Diese Modifikationen und Zusätze werden jedoch nichts an dem von (RF) gezeichneten Bild von der Interaktion zwischen Neutralbetonungsregeln und den Regeln für nicht-neutrale Akzentuierungen ändern, zu denen ich jetzt komme.

30 Sie könnte aber möglicherweise Einfluß auf den *absoluten* internen Akzentverlauf haben, vgl. Anm. 18.

Nach (R1), (21) und (22) gilt:

(23)

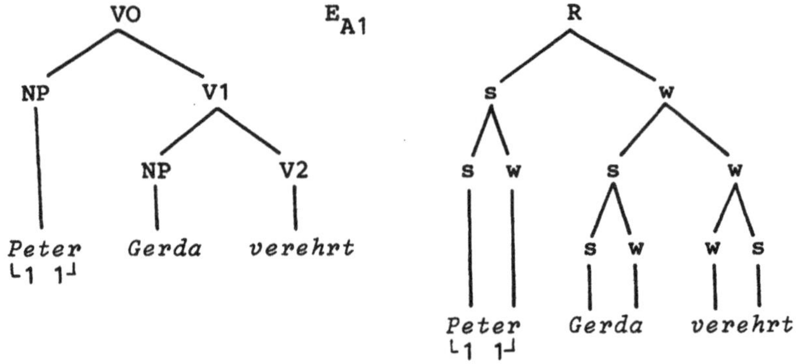

Nach (R1), (21) und (23) gilt schließlich:

(24)

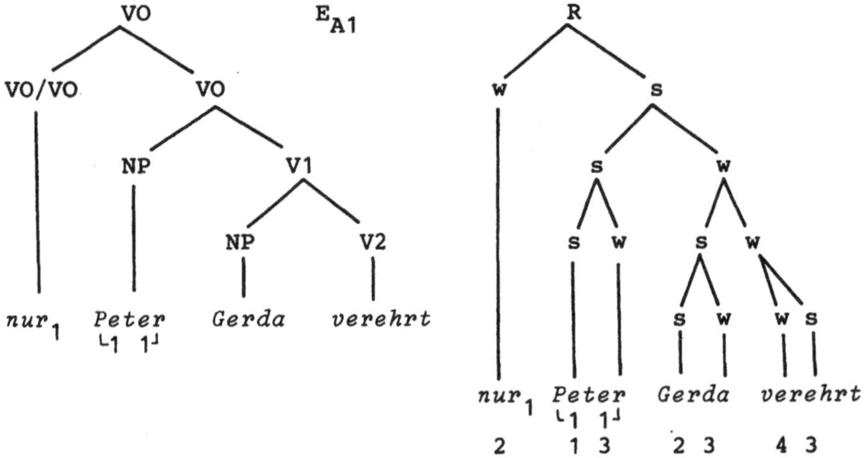

Der Effekt von (R1) ist, daß, nachdem die Neutralakzentregeln festgelegt haben, wo der Hauptakzent eines fokussierten Abschnitts liegt, sichergestellt wird, daß dieser Akzent auch Hauptakzent *aller grösseren Abschnitte* bleibt, die den Fokus als Teil enthalten. Dieses Fokusakzentprojektionsprinzip wird in zwei Fällen durchbrochen: Wenn im selben Satz ein höher bewerteter Fokus vorkommt, wird der Hauptakzent des niedriger bewerteten Fokus nur solange 'nach oben' weitergereicht, wie es die Forderung erlaubt, daß letztlich der Hauptakzent des höher bewerteten Fokus Hauptakzent des ganzen Satzes sein muß. So ergibt sich bei einer geeigneten Akzentuierungsbasis A2:

(25)

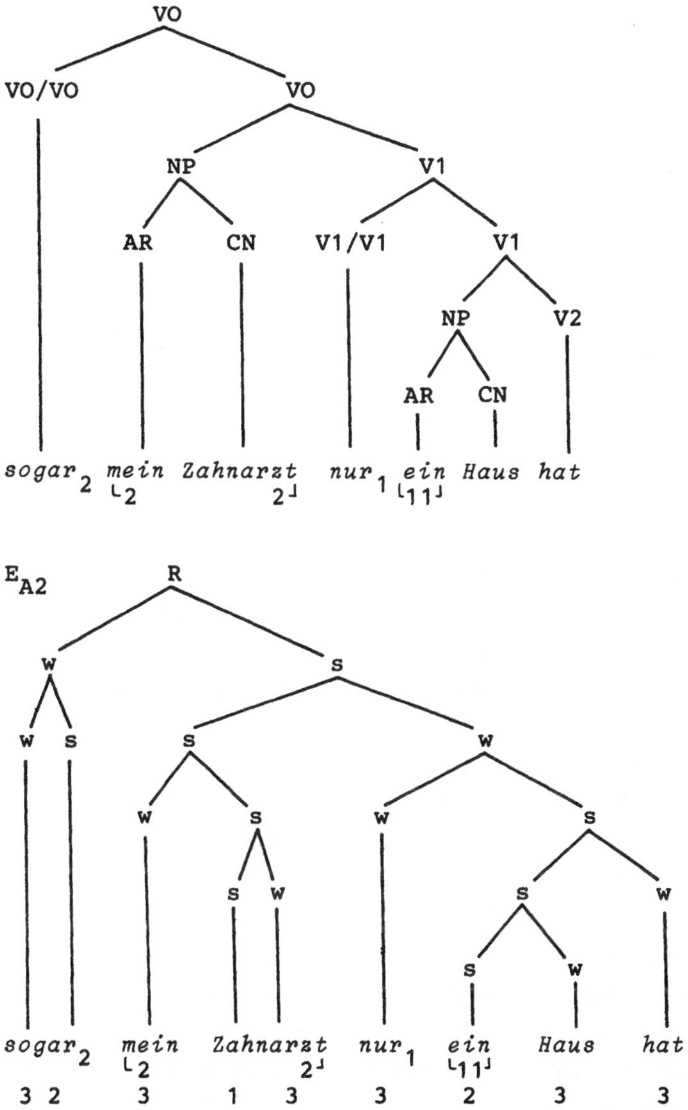

Die zweite Ausnahme sind Fälle mit mehrteiligem Fokus. Hier bewirkt (R2) zusammen mit (R1), daß die Hauptakzente aller Fokusteile gleich starke Hauptakzente des ganzen Satzes werden (es sei denn, es gibt einen höher indizierten Fokus, s.o.).[31] Z.B. erhalten wir bei einer

31 Ich wurde darauf aufmerksam gemacht, daß man auch bei *mehreren Fokussen* mit der Möglichkeit gleich starker Akzente rechnen muß. Dann wäre z.B. (25) durch eine Variante zu ergänzen, in der *ein* ebenfalls den Wert 1 erhält Dies könnte man durch Hinzufügen einer entsprechenden dritten Fokusakzentregel zu (RF) erreichen.

geeigneten Akzentuierungsbasis A3:

(26)

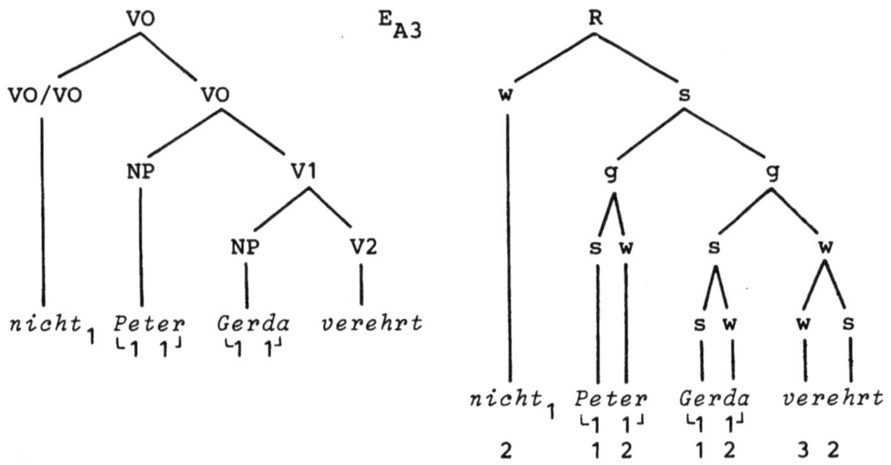

Mit diesen Beispielen ergibt sich nun eine Antwort auf die Frage nach dem Verhältnis zwischen den Regeln für neutrale und denen für nicht-neutrale Akzentuierung. Wenn man die letzteren etwas ungenau als semantische und die ersteren - noch ungenauer - als syntaktische Akzentregeln auffaßt, erkennt man jetzt deutlich, wieso Bolingers These, daß Satzakzentregeln immer semantisch seien, falsch ist, und man sieht auch, daß eine in Ladd 1978 geäußerte Vermutung,[32] daß der Akzent bei Fokussierung semantisch und im neutralen Fall syntaktisch geregelt wird, die Sache ebenfalls nicht ganz trifft. Es ist vielmehr nach unserer Explikation so, daß syntaktische und semantische Akzentregeln *ineinandergreifen*, und zwar in der durch die intrinsische Regelordnung in (RF) festgelegten Weise,[33] die bewirkt, daß *vor* den semantischen Regeln im allgemeinen syntaktische operieren, *danach* dagegen nie. Allerdings ist auch bei den syntaktischen Akzentregeln Semantik in dem Sinne mit im Spiel, daß die Nicht-Anwendung von (R1) oder (R2) genauso durch die Fokusmarkierungen gesteuert wird wie ihre Anwendung.[34]

---

32 Ladd 1978, 114.

33 Man beachte, daß es in (RF) keinerlei *extrinsische* Regelordnung gibt, d.h. daß die Regeln alle genau dann angewandt werden können, wenn ihr Antezedens erfüllt ist.

34 Das eben skizzierte Bild vom Verhältnis zwischen Neutral- und Fokusakzentregeln unterscheidet sich auch von dem in Dogil 1980 gezeichneten, einer Arbeit, die ansonsten wegen ihrer Verwendung des relational-hierarchischen Ak-

Nun zur Explikation der *phonologischen Restriktionen für Mehrfachfokussierung*, die am Beispiel (13) sichtbar wurden. Ich glaube, daß sich alle Fälle dieser Art durch den Verstoß gegen ein einziges, funktional recht plausibles Prinzip erklären lassen, das man vorläufig etwa so formulieren kann: Zwei Fokussierungen dürfen sich nicht so überlagern, daß die Akzentuierung, die nach (RF) zur Markierung der ersten dient, durch die zur Markierung der zweiten Fokussierung notwendige Akzentuierung *verändert* wird.

Bevor ich dieses Prinzip präzisiere und seine Anwendung zeige, möchte ich noch etwas zum Status einer solchen Restriktion innerhalb der Akzentuierungstheorie sagen. Ich denke, daß man sie als Bestandteil einer akzenttheoretischen *Filterkomponente* konzipieren sollte, die die durch (RF) erzeugten Paare der Form (19) nach verschiedenen Kriterien überprüft und eventuell verändert. Ein anderer Bestandteil dieser Filterkomponente müßte eine Explikation der z.B. in Kiparsky 1966 diskutierten *rhýthmischen Beschränkungen* für Akzentverteilungen sein, die z.B. bewirken, daß das Verb *ánziehen* in Umgebungen wie *einen Schúh anzìehen* auf der zweiten Silbe betont wird. Liberman hat mit seinen Überlegungen über das Wirken sogenannter *metrischer Gitter* ('metrical grids') gezeigt, wie man im Rahmen der hier vertretenen Akzentauffassung solche rhythmischen Restriktionen erfassen kann.[35]

---

zentuierungskonzepts mit meinen Vorschlägen einiges gemeinsam hat. Bei Dogil setzt die nicht-neutrale Akzentuierung die neutrale in dem Sinn *voraus*, daß die erstere als durch Umformung mittels eines 'principle of contrastive relabelling' aus der letzteren abgeleitet betrachtet wird. Abgesehen davon, daß diese Sicht für Sätze mit *obligatorischer* nicht-neutraler Betonung (wie die meisten meiner Beispiele) m.E. wenig plausibel ist, sehe ich in Dogils Vorschlägen folgende Probleme:

1. Dogil markiert den Fokus nicht in der syntaktischen Repräsentation, sondern in den jeweiligen Akzentbäumen, und zwar durch eine 'Einschachtelung' ('boxing') des jeweils entsprechenden Knotens. In Anbetracht der Tatsache, daß die Akzentbäume *Kennzeichnungen von Relationen* sind, scheint mir diese 'Einschachtelung' von Knoten buchstäblich sinnlos zu sein: Es gibt für sie ja keine zu der von den Bäumen denotierten s-w-Relation passende Deutung. Darüber hinaus würde Dogils Vorgehen erfordern, daß die *semantische Interpretation*, die ja den Fokus berücksichtigen muß, (auch?) an Akzentbäumen ansetzt. Wie dies zu bewerkstelligen wäre, ist wohl nicht nur mir ein Rätsel.

2. Dogil trifft keine Vorkehrungen, um Fälle mit *mehreren (oder mehrteiligen) Fokussen* zu behandeln. Seine Behauptung (ebd., 243), seine Theorie lasse sich auf Beispiele wie *I saiḍ áffirmation, not cónfirmation* anwenden, ist, soweit ich sehe, einfach falsch.

35 Vgl. Liberman/Prince 1977, Kap. 3. Man beachte, daß die beiden eben skizzierten

Ich formuliere nun eine Präzisierung des gerade erwähnten Prinzips als *Wohlgeformtheitsbedingung* für Paare der Form (19). Dabei sei FA die Menge der potentiell fokussierenden Ausdrücke {*nicht*, *nur*, *sogar*, *auch*, ...}, und zwei Teilbäume seien kongruent genau dann, wenn sie möglicherweise verschieden etikettierte Wurzeln und verschieden besetzte terminale Knoten haben, aber ansonsten identisch sind:

(CF) Wenn α^a eine mögliche Akzentuierung von α bei $A = \langle\langle\alpha^s,\alpha^b\rangle, kon^\alpha\rangle$ ist, dann ist $\langle A,\alpha^a\rangle$ genau dann *f-wohlgeformt*, wenn für alle Teilbäume β von α^s gilt: Falls $\beta = [_K[_M\gamma_i]\ \lambda]$ ($i \geq 1$, $\gamma \in FA$), dann ist der Akzentbaum, der β A-entspricht, kongruent mit dem Akzentbaum, der β' A'-entspricht. Dabei unterscheidet sich β' von β dadurch, daß für alle $j > i$ alle Vorkommnisse von $\llcorner_j \ldots \lrcorner_j$ in λ getilgt sind. $A' = \langle\langle\alpha'^s, \alpha'^b\rangle, kon^\alpha\rangle$, wobei sich α'^s von α^s dadurch unterscheidet, daß β durch β' ersetzt ist und alle Vorkommnisse von μ_j (für alle $\mu \in FA$), in deren syntaktischem Bereich β in α^s liegt, getilgt sind.

(CF) macht also die F-Wohlgeformtheit von einem Gedankenexperiment abhängig: Wenn man herausfinden will, ob eine Fokusüberlagerung zulässig ist, muß man den Teilbaum, in dem der jeweils überlagerte Fokus liegt (β), von den überlagernden Fokussen 'reinigen' und überprüfen, ob sich für den dadurch entstehenden Teilbaum (β') bei der entsprechend abgeänderten Akzentuierungsbasis (A') der gleiche Akzentbaum (im Sinne der Kongruenz) ergeben würde wie vorher (d.h. bei A) für β. Damit ergibt sich F-Wohlgeformtheit für alle $\langle A,\alpha^a\rangle$-Paare, die zu (27) passen, wo der Partikelfokus gleichzeitig Assertionsfokus ist, weil dem hier nach (CF) zum Vergleich heranzuziehenden Baum (27') nach (RF) eine kongruente Akzentuierung entspricht (wovon sich der Leser selbst überzeugen möge):

Bestandteile einer akzenttheoretischen Filterkomponente nicht schon in die Akzentzuweisungsregeln (bei mir (RF)) eingebaut werden können. Der Grund dafür ist, daß die Formulierung der beiden Restriktionen *logisch voraussetzt*, daß die Akzentzuweisungsregeln 'unbehindert' angewandt werden können.

(27)

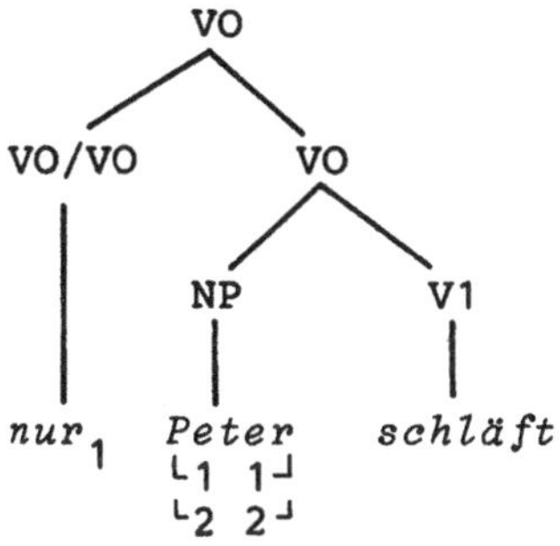

(27')

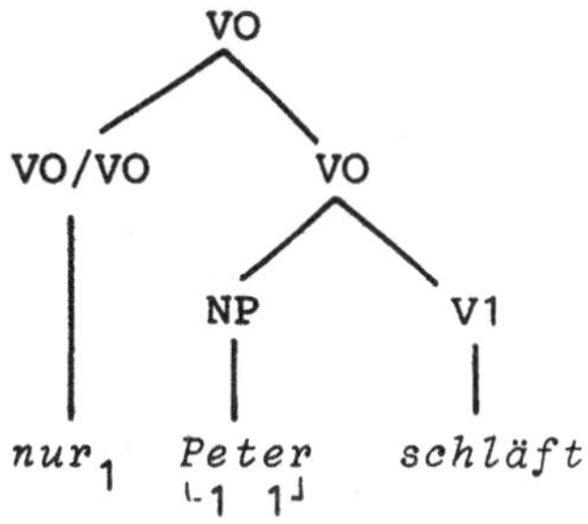

Nach (CF) gilt allgemein, daß ein bereits fokussierter Ausdruck noch einmal fokussiert werden kann, ohne daß die F-Wohlgeformtheit beeinträchtigt wird.[36]

Die $<A,\alpha^a>$-Paare für (28) dagegen sind *nicht* f-wohlgeformt, denn dem von der Überlagerung befreiten Baum (28') entspricht eine andere Akzentuierung (nämlich eine, in der *Pe-* und nicht *schläft* den Hauptakzent trägt):

(28) *

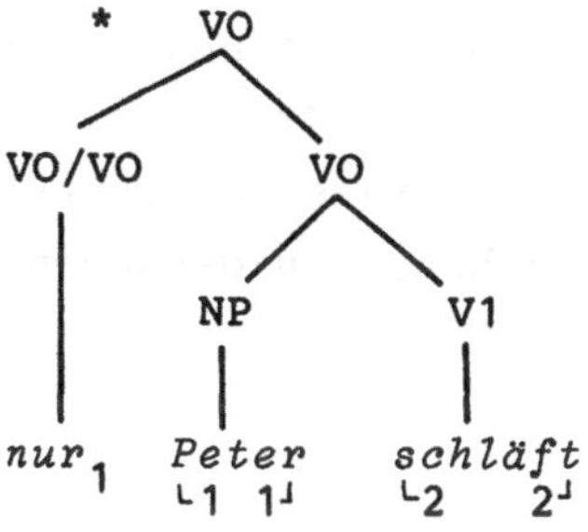

(28') (= (27'))

Und tatsächlich ist *Nur Peter schläft* mit *schläft* als Assertionsfokus (also als rhematischem Satzteil) kaum akzeptabel, genauso wie das strukturell analoge Beispiel (13a). Allgemein gilt nach (CF), daß im syntaktischen Bereich (d.h. in der Kokonstituente) einer fokussierenden Partikel nichts, was *außerhalb* des Partikelfokus liegt, Assertionsfokus sein kann.

Mit (CF) läßt sich aber auch erklären, wieso der Partikelfokus *nicht immer* den Assertionsfokus 'ansaugt':

---

36 Es sei darauf hingewiesen, daß in Beispielen wie (27) nicht alle Abschnitte, die sich nicht im Assertionsfokus befinden, im üblichen Sinn *thematisch* sein müssen. Vielmehr haben solche Sätze immer mindestens eine Lesart, in der die Partikel 'neu' ist, ohne im Assertionsfokus zu liegen. (Näheres dazu in Jacobs, i. Vorb.)

(29)

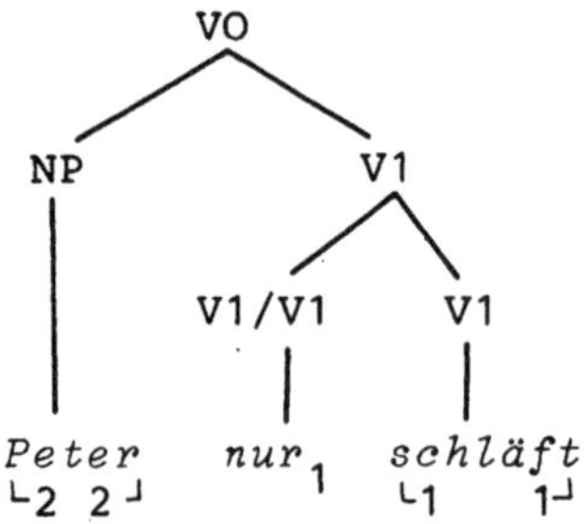

(29') (= (29))

In (29) findet im Sinne von (CF) gar *keine Fokusüberlagerung* statt, weil der höher bewertete Fokus nicht im syntaktischen Bereich der fokussierenden Partikel liegt. Deswegen besteht hier trivialerweise F-Wohlgeformtheit. Und tatsächlich kann hier das Subjekt ohne weiteres als Assertionsfokus fungieren (etwa in dem Kontext *Eine von den hier liegenden Personen ist nicht ohnmächtig, sondern schläft nur. Welche ist das?*). Allgemein gilt nach (CF), daß Fokussierungen außerhalb des syntaktischen Bereichs von fokussierenden Partikeln keinen Einfluß auf die F-Wohlgeformtheit haben. Dies erklärt auch den Akzeptabilitätsunterschied zwischen (13a) und (13b), und es erklärt die Akzeptabilität des nur scheinbar zu (28) parallelen Beispiels (8). Hier liegt ja nicht die Kausalphrase im syntaktischen Bereich der Partikel, sondern genau umgekehrt, und deswegen kann diese Phrase ohne weiteres Assertionsfokus sein.[37]

Literatur

Altmann, H. 1978. Gradpartikel-Probleme. Tübingen: Narr.

Bolinger, D.L. 1958. A theory of pitch accent in English. In: Word 14, 109-149.

- 1972. Accent is predictable (if you're a mind-reader). In: Language 48, 633-44.

Chomsky, N. 1971. Deep structure, surface structure, and semantic interpretation. In: D. Steinberg/L.A. Jakobovits (Hrsg.). Se-

37 Beispiele, in denen sich mehrere *Partikelfokusse* überlagern, werden in Jacobs 1982b diskutiert.

mantics. New York: Harper & Row, 183-216.

Chomsky, N./M. Halle. 1968. The sound pattern of English. New York: Harper & Row. (= SPE.)

Dogil, G. 1980. Focus marking in Polish. In: Linguistic Analysis 6, 221-45.

Fuchs, A, 1976. 'Normaler' und 'kontrastiver' Akzent. In: Lingua 38, 293-312.

Höhle, T.N. 1979. 'Normalbetonung' und 'Normale Wortstellung': eine pragmatische Explikation. Leuvense Bijdragen 68.

Jackendoff, R. 1972. Semantic interpretation in generative grammar. Cambridge/Mass.: MIT Press.

Jacobs, J. 1982a. Syntax und Semantik der Negation im Deutschen. München: Fink.

- 1982b. Fokus und Skalen. Zur Syntax und Semantik von Gradpartikeln. Ms. München.

- i. Vorb. Akzent, Grammatik, Kontext.

Kiparsky, P. 1966. Über den deutschen Akzent. In: Untersuchungen über Akzent und Intonation im Deutschen. Berlin: Akademie-Verlag, 69-98.

Ladd, D.R. 1978. The structure of intonational meaning. Ph.D.-Diss., Cornell University.

Liberman, M. 1975. The intonational system of English. Ph.D.-Diss., MIT.

Liberman, M./A. Prince. 1977. On stress and linguistic Rythm. In: Linguistic Inquiry 8, 249-336.

Lieb, H.-H. 1982. Akzente und das Negationswort *nicht*. In diesem Band.

Lötscher, A. 1981. Satzakzentuierung und Tonhöhenbewegungen im Standarddeutschen. In: Linguistische Berichte 74, 20-34.

Pheby, J. 1981. Intonation. In: Grundzüge einer deutschen Grammatik. Von einem Autorenkollektiv unter der Leitung von K.E. Heidolph, W. Flämig und W. Motsch. Berlin, Akademie-Verlag, 839-897.

Schmerling, S.F. 1976. Aspects of English sentence stress. Austin: University of Texas Press.

Vanderslice, R./P. Ladefoged. 1972. Binary suprasegmental features and transformational word-accentuation rules. In: Language 48, 819-38.

Vennemann, T. 1979. An outline of universal phonology. Ms. München.

EXTERNE ARGUMENTE IN DER SPRACHBESCHREIBUNG

W.U.S. van Lessen Kloeke
K.U. Nijmegen

1. Einleitung

In der Hochlautung wird das inlautende *d* im Substantiv *Handlung* als stimmhafte Lenis realisiert. Es sind dabei zwei alternative, einander gleichberechtigte Syllabierungen denkbar, die sich mit folgendem Apparat beschreiben lassen (1):

(1) a. b.

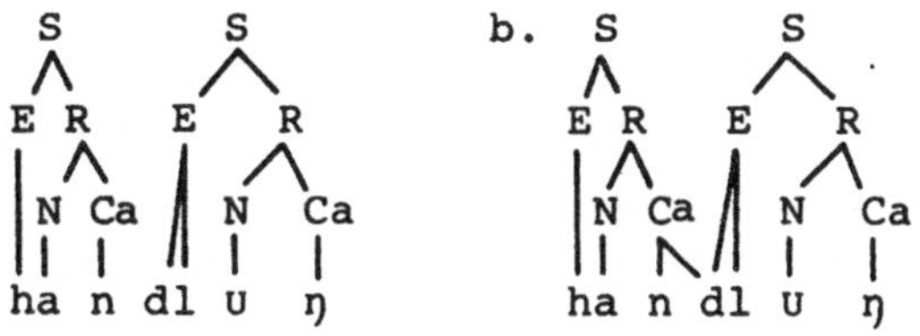

(S: Silbe; E: Einsatz; R: Reim; N: Nukleus; Ca: Coda)

In (1a) fällt die Silbengrenze zwischen *n* und *d*, in (1b) ist das *d* ambisyllabisch. Bei dieser Aussprache ist eine Silbentrennung *Han**[d.l]*ung* ausgeschlossen, denn im Hochdeutschen ist eine stimmhafte Lenis unmittelbar vor der Silbengrenze nicht zugelassen. Dies kann man formal zum Ausdruck bringen, indem man folgende negative Silbenstrukturbedingung (SSB) annimmt (2):

(2) SSB ∽

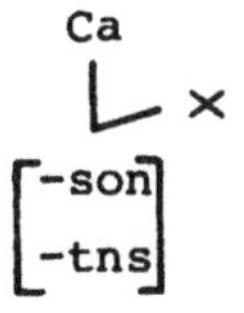

Diese SSB gibt an, daß eine Lenis, außer wenn sie noch durch einen folgenden Knoten dominiert wird, in der Silbencoda nicht statthaft ist, m.a.W., daß im absoluten Auslaut nur Fortes vorkommen.

Die SSB (2) hat auf morphophonologischer Ebene ein Gegenstück in der Auslautverhärtungsregel (3):

(3) Auslautverhärtung

$$[-\text{son}] \rightarrow [+\text{tns}] / \underline{\quad\quad} [-\text{segm}] \begin{Bmatrix} [-\text{segm}] \\ [+\text{cons}] \\ [-\text{son}] \end{Bmatrix} \begin{matrix} (a) \\ (b) \\ (c) \end{matrix}$$

Die Regel besagt, daß Obstruenten im Morphemauslaut immer gespannt sind, außer wenn ein Vokal folgt. So gibt es *glau*[p]*!*, *glau*[p]*-t*, *unglau*[p]*-lich* neben *glau*[b]*-en* oder *Zeu*[k]*-nis*, *zeu*[k]*-te* neben *Zeu*[g]*-in*. Man könnte diese Auslautverhärtungsregel als eine Art morphologische Redundanzregel auffassen, welche die Distribution der Allomorphe /g̊laub̥/∾/g̊laup/ und /tsoüg̊/∾/tsoük/ beschreibt, man erzielt jedoch eine interessantere Generalisierung, wenn man sie als generative Regel verwendet, welche aus den Basismorphemen /g̊laub̥/ und /tsoüg̊/ die entsprechenden Allomorphe ableitet. Die Formen lassen sich folgendermaßen repräsentieren: /+g̊laub̥+/, /+g̊laub̥+t+/, /+un+g̊laub̥+lix+/, /+g̊laub̥+en+/ bzw. /+tsoüg̊+nis+/, /+tsoüg̊+te+/, /+tsoüg̊+in+/. Möglicherweise muß die Teilregel (3c) entfallen, denn es gibt im Deutschen offenbar keine Suffixe mit anlautendem Laryngallaut, einem Segment mit der Konfiguration [-cons,-son]. In den Ableitungen *glaubhaft*, *schlagartig*, *Fremdheit* sind die Endungen nämlich nicht als gewöhnliche Affixe, sondern als 'Halbwörter' zu klassifizieren (vgl. Fleischer 1969: 69-70 und Höhle 1982: 88-91 für einschlägige Kriterien), und diese Beispiele wären mit einer internen Wortgrenze, dem Grenzcluster [-segm][-segm] zu repräsentieren (/+g̊laub̥++haft+/, /+šlāg̊++ārt+ig̊+/, /+fremd̥++hait+/), so daß Regel (3a) auf sie anzuwenden wäre.

Regel (3) bringt zum Ausdruck, daß die Alternation Fortis/Lenis unmittelbar vor der Morphemgrenze, aber nicht morphemintern stattfindet, also wohl in den Formen *lie*[p]*-lich*, *empfin*[t]*-lich*, *trü*[k]*-lich*, aber nicht in *gie*[b]*l-ig*, *schwin*[d]*l-ig*, *hü*[g]*l-ig*. Es gibt jedoch einige Ausnahmen von dieser Fortisierung im Morphemauslaut. Von marginalen Fällen wie *rouge*, *Prestige* abgesehen, sind das Wörter mit Endungen vom Typ *...ler(isch)*, *...ner(isch)*. Angenommen, daß all diese Endungen mit einem Morphem *-l* oder *-n* (bzw. mit ihrem Allomorph *-el* oder *-en*) anfangen, so läßt sich eine morphologische Ausgleichsregel ('readjustment rule') im Sinne von Chomsky/Halle 1968 oder Zonneveld 1978, dem Standardwerk auf diesem Gebiete, aufstellen (4):

(4) $[u\ R.\ 3] \rightarrow [-\ R.\ 3]\ /\ \_\_\_\ [-segm] \begin{bmatrix} +cons \\ +son \end{bmatrix} [-segm]$

[+ R. 3] ist der unmarkierte Wert für dieses Regelmerkmal, doch für die Gruppe der Wörter, die mit dem Morphem *-l* oder *-n* gebildet sind, gilt die Subregularität, daß keine Auslautverhärtung in der Basis stattfindet. Folglich gibt es Auslautverhärtung in *Bil*[t]*-nis*, *erdkun*[t]*-lich*, jedoch nicht in *Bil*[d]*-n-er*, *Erdkun*[d]*-l-er*, und so läßt sich die Tatsache erfassen, daß sich die Substantive *A*[d]*ler* und *Ra*[d]*-l-er* in der Hochlautung aufeinander reimen.

2. Die dorsalen Reibelaute [x] und [ç]

Der Ach-Laut und der Ich-Laut stehen im Deutschen auf phonetischer Ebene zueinander in Opposition, und in der Lentorede lassen sich sogar Minimalpaare wie *V-chen* ['faUçən] 'kleines V': *fauchen* ['faUxən] 'schnauben' konstruieren. Alternationen wie *Bach* [bax]: *Bäche* ['bɛçə] legen es jedoch nahe, hier einen Zusammenhang zu suchen, und wenn man die morphologische Struktur der Wörter, in denen diese beiden Laute vorkommen, berücksichtigt, so stellt sich heraus, daß der Ach-Laut und der Ich-Laut morphemintern komplementär verteilt sind. Vorausgesetzt, man nimmt Morphemgrenzen in die Repräsentation auf, dann lassen sich alle Morpheme, die einen dorsalen Reibelaut enthalten, mit zugrundeliegendem Ach-Laut ansetzen. Regel (5) leitet dann die entsprechenden Allomorphe ab:

(5) Dorsaler Reibelaut

$$\begin{bmatrix} -son \\ +high \\ +cont \end{bmatrix} \rightarrow [-back]\ / \begin{Bmatrix} [-segm] \\ [+cons] \\ \begin{bmatrix} -cons \\ -back \end{bmatrix} \end{Bmatrix} \_\_\_ \quad \begin{matrix} (a) \\ (b) \\ (c) \end{matrix}$$

Nach Morphem- oder Wortgrenze (*Männ-chen*, *Petro-chemie*, *Childerich*, *Chrisma*), nach Konsonant (*Milch*, *schizophren*, *Anarchie*) oder vorderem Vokal oder Halbvokal (*Becher*, *Echo*, *Löch-er*, *Büch-er*, *Bäuch-e*) wird er als Ich-Laut realisiert, sonst (*Bach*, *Loch*, *Buch*, *Bauch*, *Parochie*) als Ach-Laut. Die Formulierung der Regel macht auch eine Aussage über die Direktionalität von Eindeutschungen, denn, obwohl das *Wörterbuch der deutschen Aussprache* z.B. eine Lautung des russischen Personennamens *Tschechow* mit inlautendem Ach-Laut empfiehlt, sagt Regel (5) voraus, daß die Aussprache mit Ich-Laut eher zu erwarten ist.

Dennoch wäre es denkbar, daß die Regel umgekehrt formuliert werden müßte, um eine Derivation ç → x/ ... zu ermöglichen. Sie muß dann folgendermaßen aussehen (6):

(6) $$\begin{bmatrix}\text{-son}\\ \text{+high}\\ \text{-cor}\\ \text{+tns}\end{bmatrix} \rightarrow [\text{+back}]\ /\ X \begin{bmatrix}\text{-cons}\\ \text{+back}\end{bmatrix} \_\_\_\ Y$$

Bedingung: X ... Y ≠ ... [-segm] ...

Die zusätzliche Bedingung indiziert, daß die Alternation nur morphemintern stattfindet; die Spezifizierung [+tense] im Fokus der Regel ist notwendig, um zu verhindern, daß auch zugrundeliegende ungespannte Reibelaute dieser Alternation unterliegen, denn die präpalatalen /j̊/ in *Bajuware*, *Koje*, *Halleluja* werden nicht 'velarisiert'. Es ist offensichtlich, daß die Regel (6) merkmalaufwendiger ist als Regel (5), aber dieses Argument gegen erstere Regel kann man als theoriegebunden auffassen.

Es gibt jedoch externe Argumente, die für Regel (5) sprechen. 1. Nach gängiger Auffassung gilt ein phonemisches /x/ als weniger markiert als /ç/, weshalb man den Ach-Laut in einem Segmentsystem eher anzutreffen vermutet. 2. Im Hochdeutschen gibt es die Konsonantenabstufung [ç]: [g]: [k] wie in *ledi*[ç]: *ledi*[g]*e*: *ledi*[k]*lich*. Am einfachsten ist es, eine Regel zu formulieren, welche das *g* nach kurzem *i* spirantisiert, denn das Ergebnis bildet direkt eine Eingabe für Regel (5) - doch nicht für die umgekehrte Regel (6). Das eigentliche langue-externe Argument kommt indessen aus norddeutschen Mundarten. In Dialekten, die in Brandenburg und Nordthüringen gesprochen werden, gibt es ein spirantisiertes *g*, und da besteht nicht nur bei den stimmlosen, sondern auch bei den stimmhaften dorsalen Reibelauten eine Alternation: *We*[ç]: *We*[j]*e*, *Ta*[x]: *Ta*[ɣ]*e*. Nur die ohnehin bevorzugte Regel (5) kann beide Alternationen erfassen. Die betreffenden Dialekte und das Hochdeutsche verfügen also über eine identische phonologische Regel.

3. Die Präteritumsuffixe *-ete* und *-te*

Verben der kanonischen Form ...*CNe* mit Nasalcluster im Auslaut der Basis vom Typ *vervollkommnen*, *öffnen*, *atmen* und Verben mit dentalem Plosiv im Wurzelauslaut vom Typ *reden*, *retten* bilden ihr Präteritum mit dem Suffix *-ete*, sonst erhalten schwache Verben die Endung *-te*. Es ist möglich, ersteres Suffix durch *e*-Prothese aus der kürzeren Endung, oder aber letzteres durch Synkope aus der längeren Endung abzuleiten. Es gibt jedoch ein Argument gegen *e*-Prothese, das man mit einem gewissen Recht als extern bezeichnen kann: Sie erfordert im Gegensatz zu einer Analyse, welche Synkope vorsieht, eine extrinsische Regelordnung. Will man die betreffende Alternation nämlich mit einer Protheseregel verantworten, dann muß die Auslautverhärtung (3) ihr nachgeordnet werden, um eine Präteritumform *['re:tətə] (aus /+rēd̥+te+/) zu verhindern. Eine Synkoperegel, welche das anlautende *e* des Suffixes außer nach Nasalcluster und dentalem Plosiv tilgt, leitet korrekterweise ['re:dətə] aus /+rēd̥+ete+/ ab; die aus /+lēb̥+ete+/ synkopierte Form /+leb̥+te+/ bildet jedoch eine Eingabe für Regel (3b), welche der Synkoperegel intrinsisch nachgeordnet ist, und ergibt ['le:ptə].

4. Der Velarnasal [ŋ]

Im Hochdeutschen gibt es, wie die Reihe *dümmer* : *dünner* : *Dünger* beweist, drei Nasale, [m,n,ŋ], die zueinander in phonologischer Opposition stehen. In einigen Fällen ist der Velarnasal [ŋ] als Allophon von [g] zu werten, und zwar infolge von Assimilation der Artikulationsart unter Einfluß eines folgenden Nasals. Die Regel läßt sich folgendermaßen formalisieren (7):

(7) 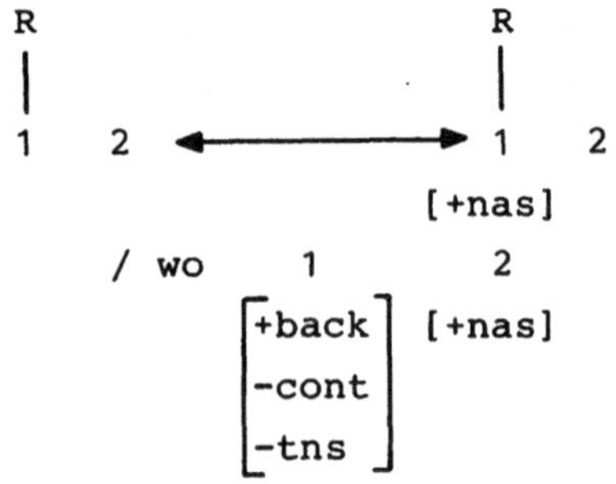

Diese Nasalierung des Lenisverschlußlautes, die übrigens in den Aussprachewörterbüchern abgelehnt wird, kann vorkommen in *A*[ŋn]*es*, *eni*[ŋm]*atisch*, *si*[ŋn]*alisieren* u. dgl.

Eine andere Quelle für den Velarnasal bildet der dentale Nasal [n]. Eine Assimilation der Artikulationsstelle ist zu beobachten in der Velarisierung eines Dentalnasals etwa in *a*[ŋk]*ommen*, *a*[ŋg]*eblich*. Die Erscheinung läßt sich wie folgt formalisieren (8):

(8) 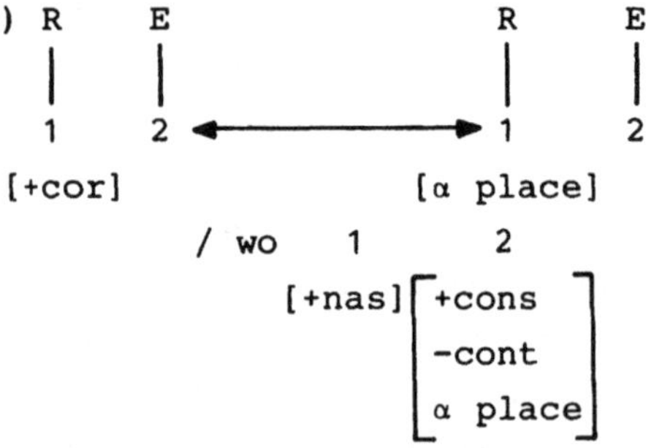

Diese Allophonieregel, die übrigens auch eine regressive Assimilation etwa an einen heterosyllabischen Labialverschluß wie in *a*[mb]*eißen*, *u*[mp]*assend* beschreibt, ist weniger wirksam als die progressive Assimilationsregel (9), die ein tautosyllabisches [n] angleicht:

(9) 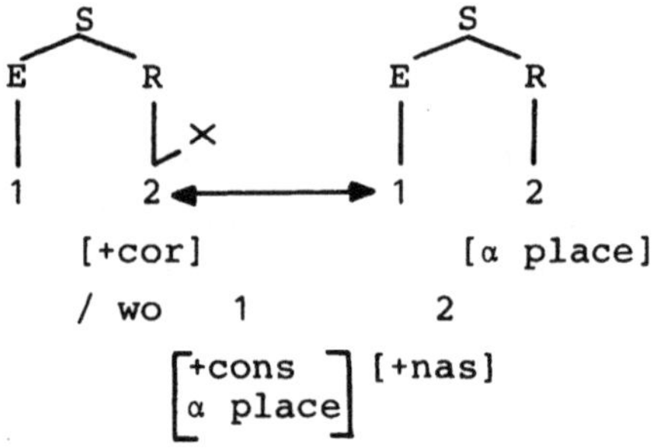

Die progressive Assimilation des Dentalnasals ergibt Sequenzen wie [komm̩] *kommen*, [li:bm̩] *lieben*, [vɪpm] *wippen*, [ɔfɱ̍] *offen*, [lø:vɱ̍] *Löwen*, [re:gŋ̍] *Regen*, [bakŋ̍] *backen*, [zɪŋn̍] *singen*, [ku:xŋ̍] *Kuchen*, [laχN] *lachen* (vgl. Höhle und Vater 1978 für mehr Beispiele). Entsprechend der Formulierung findet die Assimilation nicht statt, wenn der Reimknoten noch einen weiteren Konsonanten dominiert: [li:bn̩t] *liebend*, [rauxn̩s] *Rauchens*. Je nachdem aber, ob Regel (8) oder Regel (9) angewendet wird, ist *Ge*[gŋ̍b]*eispiel* oder *Ge*[gm̩b]*eispiel* zu erwarten, was ebenfalls den Tatsachen entsprechen dürfte.

Es gibt also einen phonemischen Velarnasal sowie [ŋ]-Allophone, die auf [g] bzw. [n] zurückzuführen sind. Wenn man jedoch die Wortstruktur der Wörter mit /ŋ/ berücksichtigt, dann stellt sich heraus, daß dieser Velarnasal sich morphemintern wie ein Konsonantencluster verhält und daß er mit der Sequenz /ng̊/ in komplementärer Distribution steht. 1. Im Anlaut sind */+ŋ/ aber auch die Cluster */+mC/ und */+nC/ ausgeschlossen. 2. Es fehlen Cluster von */Cŋ/ sowie */CmC/ und */CnC/, aber /Cm/ und /Cn/ sind zugelassen: *Smaragd*, *Schnabel*, *ebnen*, *atmen*, *Arm*, *sammeln*. 3. Es fehlen Diphthonge */VVŋ/ und gespannte Vokale */V̄ŋ/ vor Velarnasal, wie es meistens der Fall ist vor Konsonantencluster. 4. Vor nichtlabialem Verschlußlaut stehen /n/ und /ŋ/ in komplementärer Distribution: *Mond*, *Lenz*, *Tank*, *Tango*. 5. Der Velarnasal wirkt auf seine rechte Umgebung wie ein stimmhafter Plosiv: In *Ge-bein*, *Ge-därm* fehlt die Endung *-e*, während sie in *Ge-häng-e* ebenso wie in *Ge-birg-e* erhalten bleibt.

Alternationen von [ng] und [ŋ] gibt es freilich nicht, aber wohl von [ŋg] und [ŋ]: *Diphthong* : *diphthongieren*. Diese Alternation liesse sich durch eine einzige Regel nach dem sogenannten 'transformationellen' Format beschreiben, aber der Klarheit halber werden hier die regressive Nasalassimilation und die *g*-Eliminierung separat vorgeführt. Erstere Regel kann folgendermaßen aussehen (10):

(10) Regressive Nasalassimilation

$$\begin{bmatrix}+\text{nas}\\-\text{lab}\end{bmatrix} \rightarrow [+\text{back}] \;/\; X \;\_\_\; \begin{bmatrix}-\text{son}\\+\text{back}\\-\text{cont}\end{bmatrix} \; Y$$

Bedingung: X ... Y ≠ ... [-segm] ...

Sie erlaubt eine Repräsentation /+tank+/, /+tang̊ō+/ für [taŋk]

Tank, ['taŋgoˑ] *Tango*, aber die Derivation von [taŋ] *Tang* muß in zwei Schritten verlaufen (/+tang̊+/ → /+taŋg̊+/ → /+taŋ+/), deshalb gibt es Regel (11):

(11) *g*-Eliminierung

$$\begin{bmatrix}-\text{son}\\ -\text{tns}\end{bmatrix} \rightarrow \emptyset \; / \; \begin{bmatrix}+\text{back}\\ +\text{nas}\end{bmatrix} \; \_\_\_ \left\{\begin{array}{l}[-\text{segm}]_2\\ [-\text{son}]\\ [+\text{cons}]\\ [+\text{cent}]\\ \begin{bmatrix}\text{Suffix}\\ +\ \text{Nat}\end{bmatrix}\end{array}\right\} \begin{array}{l}(a)\\ (b)\\ (c)\\ (d)\\ (e)\end{array}$$

Vor Wortgrenze, Obstruent, Konsonant, Murmelvokal oder 'Stamm'-Suffix (*lang*, *längst*, *Langner*, *Lange*, *Länge*, *längs*) - die Umgebungen überschneiden sich - wird zugrundeliegendes /g̊/ erfaßt. M.a.W., ausser vor Vollvokal oder fremdem Suffix (*Langobarde*, *diphthongieren*) wird *g* nach Velarnasal getilgt. Regel (11) erfaßt nicht nur die Distribution von [ŋg] und [ng] wie in *Ungar* : *ungar*, sondern sie macht auch die richtige Vorhersage über die Direktionalität einer lautlichen Veränderung in einem Lehnwort wie ['dʒuŋəl] *Dschungel* (<['dʒʌŋgəl]).

Und nun zur Regelordnung. In Kloeke 1982 stellte ich fest, daß alle Regeln, auch die morphophonologischen, ungeordnet bleiben konnten, versäumte aber die Wirkung der Auslautverhärtung auf /ng̊/-Repräsentationen einzuschränken. Wenn Regel (3) nämlich vor der *g*--Eliminierung angewendet wird, ergibt das z.B. eine falsche Oberflächenstruktur *[taŋk] für *Tang*. Das bedeutet, daß Regel (11) der Auslautverhärtungsregel (3) extrinsisch vorgeordnet, oder aber daß eine morphologische Ausgleichsregel (12) angenommen werden muß:

(12)

$$[u\ \text{R. } 3] \rightarrow [-\ \text{R. } 3] \; / \; [+\text{nas}] \begin{bmatrix}\_\_\_\\ +\text{cons}\\ +\text{back}\\ -\text{tns}\end{bmatrix} [-\text{segm}]$$

Dadurch kommt zum Ausdruck, daß mit der Repräsentation /ng̊/ im Hochdeutschen nur die Alternation [ŋg] : [ŋ], doch normalerweise nicht die dritte Möglichkeit [ŋk] vorkommt. Nur die Basis von /+lārüng̊+s+/ *Larynx* ist [m R. 3], denn es kennt die Alternation *Lary*[ŋk]*s* :

Lary[ŋ]*en* : *lary*[ŋg]*al*. Dieses Beispiel - es gibt auch noch die Wörter *Meninx*, *Pharynx* mit ihren Ableitungen - bildet ein Argument gegen extrinsische Regelordnung. Denn, indem intrinsische Regelordnung falsche Oberflächenstrukturen erzeugen kann, hat eine extrinsische Ordnung *g*-Eliminierung > Auslautverhärtung als Ergebnis, daß die Alternation [ŋk] : [ŋg] notwendigerweise durch eine zusätzliche Regel erfaßt werden muß, die dennoch ebenfalls im Morphemauslaut zu wirken hat. Bei der vorliegenden Analyse erfordert das idiosynkratische Verhalten dieser drei Fremdwörter in bezug auf Auslautverhärtung dagegen lediglich eine einfache Markierung für den positiven Wert des Regelmerkmals.

Externe Argumente für die Analyse des Velarnasals als eine Sequenz /ng̊/ sind folgende. 1. Das zugrundeliegende Segmentinventar des Hochdeutschen braucht ein Segment weniger zu umfassen, denn /n/ und /g̊/ sind ohnehin schon vorhanden. 2. Nicht nur deutsche Mundarten, sondern auch manche Varianten des Hochdeutschen, etwa die wienerische und die norddeutsche, verfügen über phonemische Velarnasale, die auf die Sequenz /ng̊/ zurückzuführen sind und darüber hinaus eine Abstufung [ŋ] : [ŋg] : [ŋk] kennen. Es muß angenommen werden, daß diese Varianten über die identische, wenn auch 'abstrakte' Assimilationsregel (10) verfügen; die jeweiligen Eliminierungsregeln sind aber nur zum Teil dieselben.

In der wienerischen Variante wird im allgemeinen vor Schwa das *g* getilgt: *si*[ŋ]*en*, *Sä*[ŋ]*er*; vor Vollvokal, fremdem Suffix sowie vor Sonant und Reibelaut bleibt er erhalten: *la*[ŋk]*sam*, *bri*[ŋk]*st*, *A*[ŋk]*st*, *I*[ŋg]*wer*, *e*[ŋg]*lisch*, *hu*[ŋg]*rig*. Vor Plosiv und vor Wortgrenze bzw. im Auslaut gibt es Schwanken: *bri*[ŋk]*t* neben *bri*[ŋ]*t*, *Ju*[ŋ]*vieh* neben *Ju*[ŋk]*geselle*, *si*[ŋk] neben *si*[ŋ]. Die betreffende Regel könnte folgendermaßen aussehen (13):

(13) *g*-Eliminierung (Wiener Variante)

$$\begin{bmatrix}-\text{son}\\-\text{tns}\end{bmatrix} \rightarrow \emptyset \;/\; \begin{bmatrix}+\text{back}\\+\text{nas}\end{bmatrix} \;\_\_\_\; \begin{Bmatrix}[-\text{segm}]_2\\ [-\text{cont}]\\ [+\text{cent}]\end{Bmatrix} \begin{array}{l}\text{(a)}\\ \text{(b)}\\ \text{(c)}\end{array}$$

Bedingung: (a) und (b) fakultativ.

Fakultativ muß in dieser Regel nicht bedeuten, daß die Tilgung nach

Belieben stattfindet, sondern daß unter denselben phonologischen Bedingungen verschiedene lexikalische Einheiten unterschiedlich für das betreffende Regelmerkmal spezifiziert sind.

Versuchsweise kann auch für die norddeutsche Variante eine Regel angesetzt werden (14):

(14) *g*-Eliminierung (norddeutsche Variante)

$$\begin{bmatrix}-\text{son}\\ -\text{tns}\end{bmatrix} \rightarrow \emptyset \; / \; \begin{bmatrix}+\text{back}\\ +\text{nas}\end{bmatrix} \_\_\_ \left\{\begin{matrix}[-\text{son}]\\ [-\text{cont}]\\ [+\text{cent}]\end{matrix}\right\} \quad \begin{matrix}\text{(a)}\\ \text{(b)}\\ \text{(c)}\end{matrix}$$

Bedingung: (a) und (b) fakultativ.

Anders als in der Wiener Variante bleibt der Plosiv im Auslaut fast immer erhalten: *ju*[ŋk]; in *bri*[ŋk]*st*, *bri*[ŋk]*t* ist das nicht so leicht zu entscheiden. Die drei verschiedenen Varianten haben auf jeden Fall miteinander gemeinsam, daß sie das *g* vor Schwa eigentlich immer tilgen, vor Vollvokal oder fremdem Suffix dagegen erhalten. Diese globalen Übereinstimmungen treffen jedoch auch wieder nicht für alle Varianten des Hochdeutschen zu. Heinz Vater (persönliche Mitteilung), der aus der Berliner Gegend stammt, spricht kein *g* in *U*[ŋ]*ar*, *Ta*[ŋ]*o*, hat aber Auslautverhärtung, wo sie in der norddeutschen Variante üblich ist, so daß in seinem Idiolekt faktisch nur die Alternation [ŋ] : [ŋk] zu beobachten ist.

Es ist verfehlt, diese Variationen durch unterschiedliche Regelordnung, *g*-Eliminierung > Auslautverhärtung bzw. Auslautverhärtung > *g*-Eliminierung, erklären zu wollen. Vielmehr ist offensichtlich - und darin hat Kohrt 1980 recht -, daß von unterschiedlicher Regelextension die Rede sein muß. Allein schon die Schwankungen, die unterschiedliche Streuung dieses phonologischen Phänomens innerhalb der jeweiligen regionalen Varianten, weisen darauf hin, daß die beiden Regeln (13) und (14) bestenfalls Momentaufnahmen einer lexikalischen Diffusion sind. Um so bemerkenswerter ist denn auch, daß die *g*-Eliminierungsregel (11) der hochdeutschen Norm keine fakultativen Teilregeln, und auch, wenn man das Korpus im *Wörterbuch der deutschen Aussprache* als Maßstab nimmt, keine einzige Ausnahme kennt.

5. Zusammenfassung

Externe Argumente in der Phonologie und Morphologie können langue-intern begründete Analysen unterstützen - fehlen die internen Argumente, dann sind die externen selbstverständlich hinfällig. Es sind Fakten aus der vergleichenden und historischen Sprachwissenschaft sowie Argumente aus dem Bereich der Merkmaltheorie, der Markiertheit und der Regelordnung, jeweils verbunden mit einem Einfachheitskriterium, welche als Entscheidungshilfe für zwei alternative, mit langue-internen Argumenten erstellte Analysen herangezogen werden können.

Literatur

Chomsky, A. Noam, und Morris Halle. 1968. The sound pattern of English. New York, Harper and Row.

Fleischer, Wolfgang. 1969. Wortbildung der deutschen Gegenwartssprache. 4. Aufl. 1976, Leipzig, Bibliographisches Institut.

Höhle, Tilman N. 1982. Über Komposition und Derivation: zur Konstituentenstruktur von Wortbildungsprodukten im Deutschen. Zeitschrift für Sprachwissenschaft 1.76-112.

- und Heinz Vater. 1978. 'Derivational Constraints' und die silbischen Konsonanten im Deutschen. In: Studia linguistica Alexandro Vasilii filio Issatschenko a collegis amicisque oblata, hrsg. v. H. Birnbaum, L. Durowić und G. Jacobsson, 169-86. Lisse, de Ridder.

Kloeke, Wus van Lessen. 1982. Deutsche Phonologie und Morphologie: Merkmale und Markiertheit. (Linguistische Arbeiten, 117.) Tübingen, Niemeyer.

Kohrt, Manfred. 1980. Rule ordering, rule extension, and the history and present state of /ng/-clusters in German. Linguistics 18.777-802.

Wörterbuch der deutschen Aussprache. 3. Aufl. 1971, hrsg. v. H. Krech, E.-M. Krech, E. Kurka, H. Stelzig, E. Stock, U. Stötzer, R. Teske und K. Jung-Alsen. Leipzig, Bibliographisches Institut.

Zonneveld, Wim. 1978. A formal theory of exceptions in generative phonology. Dordrecht, Foris.

AKZENTE UND DAS NEGATIONSWORT *nicht**

Hans-Heinrich Lieb
Freie Universität Berlin

O. Vorbemerkungen

Zwischen Negations- und Akzentphänomenen besteht im Deutschen ein Zusammenhang - dies ist bekannt. Die Art des Zusammenhangs ist jedoch nicht geklärt. Die semantischen Wirkungen von Negation und Akzent lassen sich im Einzelfall nur schwer trennen, was zu dem Eindruck beiträgt, Negation im Deutschen sei nicht nur formal, sondern auch semantisch eine recht heterogene Erscheinung. In der vorliegenden Arbeit plädiere ich für die folgenden Thesen:

(1) a. Die semantische Wirkung syntaktischer Akzente ist in Sätzen mit und ohne *nicht* identisch.
  b. In Sätzen mit *nicht* und Akzent ist der Beitrag des Akzents zur Satzbedeutung nicht immer identisch mit seiner semantischen Wirkung; vielmehr kann diese unter dem Einfluß des *nicht*-Vorkommens modifiziert werden und geht dann in modifizierter Form in die Satzbedeutung ein.

Die Arbeit bewegt sich in einem bestimmten sprachtheoretischen Rahmen ("integrative Sprachwissenschaft", vgl. Lieb (1977), (i.V.)). In diesem Rahmen habe ich - ausgehend vom Deutschen - eine Theorie der syntaktischen Akzente ausgearbeitet (Lieb (demn.)), welche die semantischen Wirkungen von Akzentvorkommen in den Mittelpunkt stellt und im übrigen eine Theorie der syntaktischen Hervorhebung (*syntactic stress*) und des sprachlichen Rhythmus einschließt. Die Beziehung zwischen Akzent und *nicht* im Deutschen, die ich in der vorlie-

* Die §§1 bis 3 sind die überarbeitete Fassung des Vortrags, den ich bei der Kölner Jahrestagung der DGfS gehalten habe, und decken sich im wesentlichen mit den §§1 bis 3 von Lieb (i.E. b). Herrn Joachim Jacobs (München) danke ich für seine förderliche Kritik an der ursprünglichen Fassung. Die grundsätzlichen Unterschiede im Ansatz werden deutlich, wenn man Jacobs (in diesem Bande) vergleicht.

liegenden Arbeit am Beispiel erläutere, ist ähnlich bereits in Lieb (demn.: Kap. 9) thematisiert.

Da meine Akzenttheorie noch unveröffentlicht ist, muß ich sie zunächst charakterisieren; insofern führt die Arbeit informell in Grundgedanken einer neuen Akzenttheorie ein. Die Erläuterungen betreffen auch meine Notation für Tonhöhenverläufe sowie die Methode, mit deren Hilfe die semantischen Effekte syntaktischer Akzente ermittelt werden.

Die vorliegende Arbeit hat den Charakter eines Diskussionsbeitrags, der aktuelle Probleme der Wissenschaft vom Deutschen in einem neuen Rahmen aufgreift, sich jedoch auf die Diskussion von Einzelbeispielen beschränkt. Ich möchte diesen Charakter meiner Arbeit nachdrücklich hervorheben, da er einige Eigenheiten erklärt.

1. Der sprachtheoretische Rahmen wird nur soweit erläutert, wie es für die unmittelbare Fragestellung nötig scheint. Damit sich der Leser gegebenenfalls weiter orientieren kann, wird auf entsprechende Schriften verwiesen. Dies bringt es mit sich, daß zahlreiche Veröffentlichungen des Verfassers angeführt werden, was unter andern Umständen befremdlich wirken müßte.

2. Ich habe bewußt darauf verzichtet, auch nur die wichtigste Literatur zu syntaktischen Akzenten oder zu Negationsproblemen zu referieren. Ein Literaturüberblick zu Akzentfragen ist in Lieb (demn.) enthalten. Für Negation im Deutschen setze ich voraus, daß der Leser mit dem Forschungsstand vertraut ist. Im übrigen sind für 1982 zwei Monographien zu Negation im Deutschen angekündigt (Jacobs (i.E.), Kürschner (i.E.)), die mir beide bei Abfassen der vorliegenden Arbeit nicht zugänglich waren.

Negationsfragen werden in scharfer Auswahl behandelt: unter Beschränkung auf das Negationswort *nicht* stelle ich informelle Hypothesen auf, die das Zusammenwirken von Negation und Akzent beim Aufbau von Satzbedeutungen betreffen; damit bleibt etwa der Beitrag, den *nicht* zur 'Satzaussage' leistet - unabhängig von Akzenten - außer Betracht. Für eine umfassendere syntaktisch-semantische Darstellung von Negation im Deutschen verweise ich auf Lieb (i.E. b).

Ich beginne nunmehr mit einer Charakterisierung der Akzenttheorie und erläutere zunächst, in welcher Form akzentuierte Sätze gekennzeichnet werden.

1. Grundlagen der Akzentbeschreibung

1.1 Tonhöhentafel 1. Erläuterungen zum Intonationsteil

Der einfache Satz "Der Mann ist gekommen." sei im Rahmen einer *Tonhöhentafel*, die ich schrittweise erläutern werde, wie folgt gegeben:

(2) Tonhöhentafel 1

a. Intonationsteil

```
         der     mann     ist    gekommen
Basis   ¯S      ¯S       ¯S     _  ¯  _S
                 -.
1       _S      ¯ )_S    _S     _  _.  _S
```

b. Funktionsteil

```
kon1(S) =
                     Verbalgruppe(-,S)
              ┌──────────────────────────────┐
           N(-,S)                          V(-,S)
     ┌───────────────────┐        ┌─────────────────────┐
  N(-,S)              N(-,S)    V(-,S)              V(-,S)
    1                   2         3                   4
```

$mark_1(S) = \ldots$

$lex_1(S)$ = {<*der*$_f$, b°>, <*mann*$_f$, 'mann'>, <*ist*$_f$, b°>, <*gekommen*$_f$, 'kommen'>}.

Erläuterungen zum Intonationsteil

Im Intonationsteil einer Tonhöhentafel werden die intonatorischen Eigenschaften festgelegt, mit denen ein Satz angenommen wird. In (2) soll dabei im einzelnen folgendes gelten.

[1] Die Variable "S" steht für beliebige Idiolektsysteme einer nicht näher umgrenzten norddeutschen Umgangssprache.

[2] "*der mann ist gekommen*": Es handelt sich hier um den orthographischen Namen für eine Folge von phonologischen Wörtern von S. Phonologische Wörter sind dabei wie in Lieb (1980a) konzipiert, wobei hier nur festzuhalten ist: jedes phonologische Wort schließt eine phonologische Intonationsstruktur ein.

[3] Basiszeile: In dieser Zeile ist die Folge der Wortintona-

tionsstrukturen notiert. Dabei ist zu lesen:

(3) "¯S" als "Hoch in S";
"_S" als "Tief in S".

Die Ausdrücke bezeichnen auditiv verstandene Tonhöhen, deren genauen Status ich hier ungeklärt lasse.

In der Basiszeile treten die folgenden abgekürzten Schreibweisen auf:

(4) a. "¯S" für"{<1, {¯S}>}", d.h. die Einerfolge der Einermenge von Hoch in S ist durch den Namen von Hoch in S bezeichnet;
b. "_ ¯ _S" für {<1, {_S}>, <2, {¯S}>, <3, {_S}>}", d.h. die dreigliedrige Folge der Einermengen von Tief in S, Hoch in S und Tief in S ist wie angegeben bezeichnet;
c. die Folge der Wortintonationsstrukturen ist durch Hintereinanderschreiben der Abkürzungen bezeichnet.

[4] Zeile 1: Die Abkürzungen sind dieselben, die in (4) anhand der Basiszeile erläutert wurden; jedoch treten die folgenden Namen von Tonhöhen neu auf (zusätzlich zu "Hoch in S" und "Tief in S"):

(5) "¯˙S", lies als "Hoch-steigend in S";
"_.S", lies als "Tief-fallend in S";
"¯˙)_S", lies als "Hoch-steigend-zu-tief in S".

Zeile 1 bezeichnet eine Folge von *modifizierten* Wortintonationsstrukturen. Die Modifikationen gegenüber den jeweiligen Wortintonationsstrukturen sind offensichtlich.

Die Folge von modifizierten Wortintonationsstrukturen ist zugleich *die Tonhöhenkontur von syntaktischen Intonationsstrukturen des Satzes, die in ihrem Tonhöhenverlauf sämtlich übereinstimmen.* ***

1.2 Erläuterungen zum Funktionsteil

Im Funktionsteil werden nicht-intonatorische Struktureigenschaften eines Satzes festgelegt; ferner wird eine Zuschreibung von lexikalischen Bedeutungen zu primitiven syntaktischen Konstituenten vorgenommen. Ich erläutere zunächst den Begriff der syntaktischen Struktur, den ich voraussetze. (Vgl. auch Eisenberg (1980), Fischer (1981).)

[1] Es sei *S* ein beliebiges Idiolektsystem (nicht nur des Deutschen; für deutsche Systeme wird nicht-kursives "S" gebraucht). Es sei *f* eine Folge von phonologischen Wortformen von *S*. Eine *syntaktische Struktur* von *f* fasse ich auf als ein Tripel $\langle k,\mu,I\rangle$, dessen Komponenten wie folgt bestimmt sind.

k ist eine (Oberflächen)*Konstituentenstruktur*, darstellbar wie in dem folgenden Beispiel:

(6)

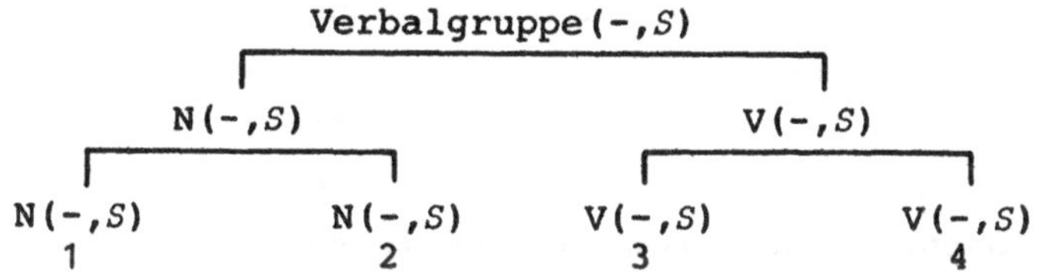

In erster Annäherung ist *k* eine Zuordnung von Konstituentenpositionen, dargestellt durch Zahlenmengen, zu Konstituentenkategorien ("N(-,*S*)" für "die Menge der Nomenformen in *S*" usw.).

μ ist eine zu *k* passende *Markierungsstruktur*, die syntaktische Zusatzinformationen enthält; ihr Status mag hier offenbleiben.

I ist eine *syntaktische Intonationsstruktur*. Sie ist formal von derselben Art wie ihre Tonhöhenkontur; vgl.

(7) I_1 = _S ¯˙)_S ....
  = {<1, {<1, {¯S}>}>, <2, {<1, {¯˙)_S}>}>, ...};
I_2 = {<1, {<1, {¯S, ...}>}>, <2, {<1, {¯˙)_S, ...}>}>, ...}.

I_1 ist die Folge von modifizierten Wortintonationsstrukturen in Zeile der Tafel. I_2 ist dieselbe Folge, aber aufgefüllt durch weitere auditive Werte, Intensitäten, Längen usw., angedeutet durch die Punkte. I_2 könnte eine syntaktische Intonationsstruktur von *der mann ist gekom-*

men in einem deutschen System S sein. Dann ist I_1 die Tonhöhenkontur von I_2.

[2] Der Funktionsteil der Tonhöhentafel benennt nun für jedes deutsche System S genau eine Konstituentenstruktur $kon_1(S)$, die eine Konstituentenstruktur von *der mann ist gekommen* in S ist; sowie eine Markierungsstruktur $mark_1(S)$. Der Intonationsteil dagegen bestimmt nur eine *Menge* von Intonationsstrukturen des Satzes, nämlich die Menge aller Intonationsstrukturen, welche die Tonhöhenkontur 1 haben.

[3] Allgemein bestimmt eine Tonhöhentafel für einen Satz die Menge aller syntaktischen Strukturen $\langle k,\mu,I\rangle$, bei denen k und μ die im Funktionsteil festgelegte Konstituenten- und Markierungsstruktur ist und I eine Intonationsstruktur des Satzes, deren Tonhöhenkontur durch den Intonationsteil der Tafel gegeben ist. Tonhöhentafeln erlauben damit die systematische Variation von syntaktischen Strukturen für einen einzigen Satz im Hinblick auf Tonhöheneigenschaften: Konstituentenstruktur und Markierungsstruktur werden konstant gehalten; von allen intonatorischen Eigenschaften, die nicht Tonhöheneigenschaften sind, wird abgesehen. Wenn sich Akzentvorkommen im wesentlichen in Tonhöheneigenschaften manifestieren - wie in Lieb (demn.) angenommen -, dann sind Tonhöhentafeln ein hervorragender Ausgangspunkt für die praktische Akzentforschung.

[4] Der Funktionsteil der Tafel bestimmt ferner genau eine lexikalische Interpretation $lex_1(S)$ für den Satz in jedem deutschen System S. Diese Interpretation ist eine Funktion, die jeder primitiven Konstituente des Satzes (die also keine Konstituente echt enthält) einen Begriff im psychologischen Sinne zuordnet, verstanden wie in Lieb (1980b). Diese Begriffe, auf deren Natur ich hier nicht weiter eingehe, sind im Beispielsatz: ˙mann˙, ˙kommen˙, sowie der 'leere Begriff' b° (der - informell ausgedrückt - keinen Inhalt hat). Die primitiven Konstituenten sind in der Tafel durch "der_f" usw. benannt. Dies ist zu lesen als: "der Teil (die Teilmenge) von f = *der mann ist gekommen*, dessen phonologisches Wort die Segmentfolge *der* = /de:r/ hat". ***

Die in Tonhöhentafel 1 enthaltenen Informationen stehen zur Verfügung, wenn es gilt, über das Vorliegen von syntaktischen Akzenten im Satz zu entscheiden. Die lexikalische Interpretation des Satzes wird erst herangezogen, wenn man den semantischen Effekt von Akzentvorkommen untersucht.

Ich werde nun meine Konzeption von syntaktischen Akzenten, mit der ich von allen bisherigen abweiche, am Beispiel erläutern. (Eine detaillierte Explikation findet sich wiederum in Lieb (demn.).)

2. Akzente und ihre semantischen Wirkungen

2.1 Beispiele eines Akzentvorkommens

Es sei die Akzenttheorie vorausgesetzt, die ich in Lieb (demn.) entwickle. Ferner sei angenommen, daß meine Untersuchungen zu Akzenten im Deutschen, die ich in dieser Arbeit vornehme, korrekt sind. Dann trifft Folgendes zu:

(8) Es sei f = *der mann ist gekommen* und *s* eine syntaktische 1-Struktur in S bezüglich Tafel 1.
mann$_f$ hat an der Stelle <2,1> absteigend kontrastiven Akzent in f bezüglich f, *s* und S.

Erläuterungen

[1] "*s* ist eine syntaktische 1-Struktur in S bez. Tafel 1" bedeutet: Ist $s = \langle k, \mu, I \rangle$, so ist k die Konstituentenstruktur von f in S, die in Tafel 1 festgelegt ist (kon_1(S)), μ ist die entsprechende Markierungsstruktur (mark_1(S)), und I ist eine Intonationsstruktur von f in S mit Tonhöhenkontur 1 (f = *der mann ist gekommen*).

[2] Der *Akzentträger* ist die primitive syntaktische Konstituente *mann*$_f$ in *der mann ist gekommen*. Die *Akzentstelle* <2,1> besteht aus der Nummer des phonologischen Wortes *mann* in f - also 2 - und der Nummer der Akzentsilbe im Wort - also 1 (das Wort hat nur eine Silbe). Der Ausdruck "absteigend kontrastiver Akzent" verweist auf die Existenz anderer syntaktischer Akzente im Deutschen, die ich in Lieb (demn.) ausführlich beschrieben habe; auf sie gehe ich hier

nicht weiter ein. "Absteigend" ist durch die Manifestation des Akzents in der Tonhöhenstruktur motiviert:

```
             -˙
1      _S   ¯  )_S   _S    _ _. _S
```

An der *Manifestationsstelle* des Akzents in der Intonationsstruktur tritt eine *charakteristische Tonhöhe* auf. Für den absteigend kontrastiven Akzent ist dies Hoch-steigend-zu-tief in S. Der Akzent manifestiert sich jedoch nicht nur an der Manifestationsstelle, sondern auch andernorts: die tiefen Tonhöhen nach der Manifestationsstelle sind - mit Ausnahme der letzten - ebenfalls eine Manifestation des Akzents auf $mann_f$. Ich nehme also neben der charakteristischen Tonhöhe *zusätzliche Tonhöhenmanifestationen* an; insofern vertrete ich eine sog. 'pitch accent theory'. (Die klassische Formulierung einer solchen Theorie für das Englische ist Bolinger (1958). Gemeinsamkeiten, aber auch wesentliche Unterschiede zwischen einem Bolinger-Ansatz und meiner eigenen Akzenttheorie sind in Lieb (demn.: Kap. 4) ausführlicher beschrieben.)

[3] In (8) wird zweimal auf *f* = *der mann ist gekommen* Bezug genommen. Man könnte sagen, daß eine Konstituente *in* einem Satz *f bei* einer syntaktischen Struktur *s* einen Akzent hat oder nicht hat; daraus ergibt sich bereits der notwendige Bezug auf *f*, *s* und S. Der Bezug auf den Satz *f* reicht jedoch noch nicht aus, wie die folgende Überlegung zeigt.

Das Akzentvorkommen beeinflußt die *Satz*bedeutungen dadurch, daß es die Bedeutungen von *Konstituenten* des Satzes beeinflußt. Die kleinste Konstituente von *f*, deren Bedeutungen durch das Akzentvorkommen affiziert werden, möge der *semantische Bereich* des Akzentvorkommens heißen. Wir repräsentieren den semantischen Bereich durch eine eigene Variable. In (8) ist der Bereich mit dem Satz identisch, wodurch sich das zweimalige Vorkommen von "*f*" erklärt. Eine solche Identität braucht jedoch nicht vorzuliegen, wie sich grade im Zusammenhang mit sog. Satzgliedverneinungen zeigen wird. ***

2.2 Akzente als Funktionen

Ich werde jetzt anhand von (8) den formalen Status klären, den syntaktische Akzente besitzen sollen. Betrachten wir nochmals:

(9) $mann_f$ hat an der Stelle <2,1> absteigend kontrastiven Akzent in f bezüglich f, s und S.

In diesem Ausdruck fasse ich einerseits "hat absteigend kontrastiven Akzent bezüglich f, s und S" zusammen und andrerseits den ganzen Rest:

(10) a. ... hat an der Stelle ... absteigend kontrastiven Akzent in ... bezüglich f, s und S.
b. $mann_f$, <2,1>, f.
c. $\langle mann_f, 2, 1, f \rangle \in \text{aca}(f, s, \text{S})$ $[\in \grave{}(f, s, \text{S})]$.

Der formale Status, den ich syntaktischen Akzenten allgemein zuschreibe, geht aus (10c) hervor:

(11) Jeder syntaktische Akzent [wie z.B. absteigend kontrastiver Akzent = aca = `] ist eine Funktion g der folgenden Art:
a. Die Argumente von g sind die Tripel $\langle f,s,S \rangle$, bei denen s eine syntaktische Struktur von f in S ist.
b. Die Werte von g sind Mengen von Quadrupeln $\langle f_1,n,m,f_2 \rangle$ derart, daß für jedes Argument $\langle f,s,S \rangle$ von g und jedes $\langle f_1,n,m,f_2 \rangle$ aus $g(f,s,S)$ und jedes $\langle k,\mu,I \rangle = s$ gilt:
(i) f_1 ist eine primitive Konstituente von f in k;
(ii) f_2 ist ein Teil (eine Teilmenge) von f;
(iii) f_1 ist ein Teil von f_2;
(iv) es gibt ein [phonologisches Wort] w und [eine Silbe] f^p, so daß
α. $\langle n,w \rangle \in f_1$;
β. $\langle m,f^p \rangle \in$ die Silbenfolge von w in S.

Die allgemeine Formulierung (11) wird durch das Beispiel (10c) folgendermaßen belegt:

(12) a. $\langle mann_f, 2, 1, f \rangle \in \text{aca}(f, s, \text{S})$.
b. (i) g = aca = `;

(ii) f = *der mann ist gekommen*;

(iii) s: eine beliebige syntaktische 1-Struktur in S bez. Tafel 1;

(iv) f_1 = $mann_f$;

(v) $f_2 = f$;

(vi) $n = 2$;

(vii) $m = 1$;

(viii) (das geforderte) w = *mann*;

(ix) (das geforderte) f^p = /man/.

Was ist nun der semantische Effekt des absteigend konstrastiven Akzents auf $mann_f$ in dem Satz?

2.3 Die Methode der Dialogschemata

In Lieb (demn.) habe ich den folgenden Grundgedanken genauer ausgeführt:

(13) Der semantische Effekt eines Akzentvorkommens in einem Satz besteht in der Spezifizierung von Sprechereinstellungen, die in Bedeutungen des Satzes eingehen.

Zur Ermittlung relevanter Einstellungen habe ich eine eigene Methode entwickelt, die *Methode der Dialogschemata*. (Vgl. auch Lieb (i.E. a).) Sie wird wiederum nur am Beispiel erläutert und nicht allgemein charakterisiert.

Der folgende Ausdruck bezeichnet eine Menge von Dialogschemata, die in gewisser Hinsicht äquivalent sind:

(14) A. Ich { (1) glaube, daß / (2) bezweifle, daß / (3) bin neugierig, ob } die Frau gekommen ist.

B. (1) Der Mànn ist gekommen.

(2) Der Mànn ist gekommen, nicht die Frau.

(3) Der Mànn ist gekommen, und sonst niemand.

In diesen Schemata wird der Satz *der mann ist gekommen* (B1) mit genau den Informationen vorausgesetzt, die in Tonhöhentafel 1 enthalten sind.

Es gilt, anhand der Schemata die folgende Frage zu beantworten. Angenommen, Sprecher B äußert einen der Sätze (B) als Reaktion auf eine Äußerung eines der Sätze (A) durch Hörer A. Ist dann die Äußerung B's eine *echte Erwiderung* auf die Äußerung A's? Die Relation der echten Erwiderung wird durch Axiome teilweise bestimmt.

Wenn die Antwort für alle Paare aus (A)- und (B)-Sätzen positiv ausfällt, schließen wir wie folgt. Jede Komponente der Satzbedeutungen in (B2) und (B3), die aus den Zusätzen in (B2) und (B3) erschlossen werden kann ohne direkte Verwendung von Bedeutungen von *frau*, ist auch eine Komponente der Satzbedeutungen von (B1), d.h. der Bedeutungen von *der mann ist gekommen* mit absteigend kontrastivem Akzent auf $mann_f$.

Der Schluß ist durch die folgende Überlegung gerechtfertigt. Die Sätze in (A) erlauben eine erschöpfende Klassifikation von Äußerungssituationen nach möglichen Hörereinstellungen, die einen relevanten Inhalt haben: Glauben repräsentiert eine *doxastisch positive* Einstellung, Bezweifeln eine *doxastisch negative*, und Neugier eine *doxastisch neutrale*, in einem definierbaren Sinn. Wenn nun Äußerungen von (B1) bis (B3) mit genau denselben Äußerungssituationen vereinbar sind, dann sind wir berechtigt, für Äußerungen von (B1) jede Sprechereinstellung anzunehmen, die sich für Äußerungen von (B2) und (B3) aus den Zusätzen erschließen läßt, immer unter der Voraussetzung, daß der Inhalt der Einstellung ohne Verwendung der lexikalischen Bedeutung von *frau* formuliert werden kann.

Diese zusätzlichen Sprechereinstellungen dürfen als semantischer Effekt des Akzentvorkommens angesehen werden, sofern gewisse weitere Bedingungen erfüllt sind. Wie ich in Lieb (demn.) zeige, trifft dies bei dem Beispielsatz in der Tat zu.

2.4 Bedeutungshypothese 1: *der mànn ist gekommen*

Wenden wir die skizzierte Methode nun für den Satz *der mann ist gekommen* an, mit absteigend kontrastivem Akzent auf $mann_f$, und gehen wir dabei von den Dialogschemata (14) aus. Es ergeben sich die beiden folgenden Einstellungs-Inhalts-Paare, die bei Äußerungen des Satzes - gleichzeitig - vorliegen können:

(15) a. Der Sprecher glaubt: es gibt einen Nicht-Mann, dessen Kommen der Hörer in Erwägung zieht.
b. Der Sprecher glaubt: es gibt keinen Nicht-Mann, der gekommen ist.

Hierbei ist "in Erwägung ziehen" gleichbedeutend mit "eine propositionale Einstellung haben"; die Einstellung selber kann beliebig sein.

Wir stellen nun eine Bedeutungshypothese auf, die informell lautet:

(16) Unter Voraussetzung von Tonhöhentafel 1 gibt es für den Satz *der mann ist gekommen* (mit absteigend kontrastivem Akzent auf $mann_f$) eine Bedeutung, zu der die beiden Einstellungs-Inhalts-Paare in (15) gehören.

Ein entscheidender Punkt bei (16) ist der logische Status der Hypothese: Es handelt sich um eine Existenzannahme, nicht um eine Allannahme. In der Tat gibt es für den Satz unter den Voraussetzungen von Tafel 1 Bedeutungen, zu denen statt der Paare (15) andere Paare gehören.

Ich werde im folgenden den Satz konfrontieren mit *nicht der mann ist gekommen*, wiederum mit absteigend kontrastivem Akzent auf $mann_f$. Dazu ist es erforderlich, daß ich Bedeutungshypothese (16) zunächst in eine präzisere Form bringe:

(17) Bedeutungshypothese 1. Es sei *f* = *der mann ist gekommen*; *s* eine syntaktische 1-Struktur in S bez. Tafel 1; und *e* die lexikalische Interpretation $lex_1(S)$ in Tafel 1.
Es gibt eine Satzbedeutung *u* von *f* bezüglich *f*, *s*, *e* und S derart, daß die folgende Menge $1(f_1)$ 'zu *u* gehört':

$$1(f_1) = df$$

die Menge der Paare $\langle R,u \rangle$, so daß (a) oder (b):

a. (i) R = Glauben,

(ii) u = die Relation zwischen [einem Sprechereignis] V und [einer Person] V_1 derart, daß: es gibt ein x_1 mit:

a. x_1 ist in der Referenzbasis für $mann_f$ bezüglich V, V_1 und 'mann', und x_1 ist NICHT im Umfang von 'mann' ['x_1 ist ein Nicht-Mann'];

ß. für alle [Personen] V_2, richtet V_1 V an V_2, so erwägt V_2, daß es ein x gibt mit: 'x ist ein früheres Kommensereignis von x_1 bezüglich V und V_1'.

b. (i) R = Glauben,

(ii) u = die Relation zwischen einem V und V_1 derart, daß: ES GIBT KEIN x_1 mit

α. 'x_1 ist ein Nicht-Mann' [= (aα)];

ß. es gibt ein x mit: 'x ist ein früheres Kommensereignis von x_1 bezüglich V und V_1'.

Erläuterungen

[1] In (17) sind im wesentlichen nur die beiden Einstellungs-Inhalts-Paare (15) genauer beschrieben. Der Begriff der Satzbedeutung bleibt unerläutert und damit auch, was es heißt, die beiden Paare (15) 'gehörten zu' der Bedeutung.

[2] "f", "f_1", ... stehen für Relationen zwischen positiven ganzen Zahlen und phonologischen Wörtern, also insbesondere für syntaktische Einheiten und ihre Teile. "e" steht für Relationen zwischen Entitäten f und Begriffen. "u", "u_1", ... stehen für Relationen zwischen raumzeitlichen Objekten oder Ereignissen V und V_1; "V", "V_1", ... stehen für solche Objekte oder Ereignisse. Die Werte von "R" sind gewisse Relationen, zu denen u.a. die propositionalen Einstellungen gehören. (Man beachte, daß die Variable "u" in "$\langle R,u\rangle$" ein zweites Mal eingeführt wird.) "x", "x_1", ... stehen für Entitäten, die im Umfang von Begriffen auftreten können.

[3] "NICHT" und "ES GIBT KEIN" ist im Hinblick auf spätere Vergleiche hervorgehoben.

[4] Für f_1 denke man sich vorausgesetzt, daß f_1 keine Wiederholungen von phonologischen Wörtern enthält. Ein Ausdruck wie "$mann_{f_1}$" bedeutet dann: "der *mann*-Teil von f_1", d.i. die Menge {<*n*, /man/, s^p_n>}, sofern das phonologische Wort </man/, s^p_n> als *n*-tes Wort in f_1 vorkommt; wenn ein phonologisches Wort mit der Segmentfolge /man/ in f_1 nicht vorkommt, bezeichnet "$mann_{f_1}$" die leere Menge.

[5] Die Referenzbasis für $mann_{f_1}$ bezüglich *V*, V_1 und des Begriffes 'mann' ist - intuitiv - die Menge der Objekte, von denen der Sprecher V_1 beim Äußern des $mann_{f_1}$-Teiles von *V* bereit ist anzunehmen, daß sie unter den Begriff 'mann' fallen oder nicht fallen.

[6] Der Ausdruck "*x* ist ein früheres Kommensereignis von x_1 bezüglich *V* und V_1" wäre unter Rekurs auf den Begriff 'kommen' und auf $gekommen_{f_1}$ zu interpretieren. Es dürfte einleuchten, daß wir schon wegen "früheres" auf die Äußerung *V* und den Sprecher V_1 Bezug nehmen müssen; genaugenommen müßten wir auch auf $gekommen_{f_1}$ relativieren.

[7] Die satzsemantischen Begriffe, die in (17) verwendet oder vorausgesetzt werden, sind in Lieb (1980c), (demn.) definiert oder genauer erläutert. ***

Ich gehe jetzt von *der mànn ist gekommen* zu dem Satz mit Negation über: *nicht der mànn ist gekommen.*

3. Akzent und *nicht*

3.1 Tonhöhentafel 2

Ausgangspunkt ist wiederum eine Tonhöhentafel:

(18) Tonhöhentafel 2

a. Intonationsteil

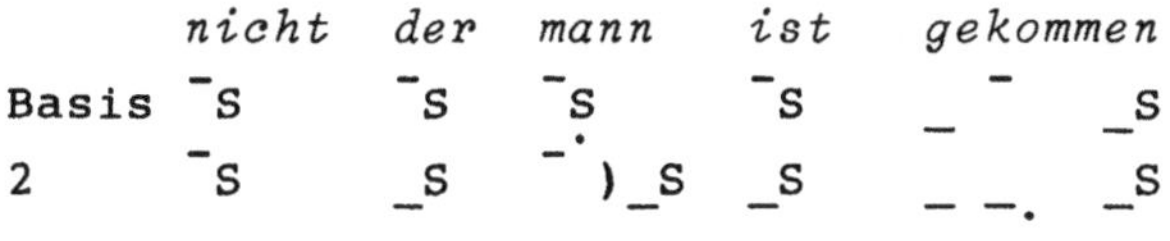

b. Funktionsteil

$kon_2(S)$ =

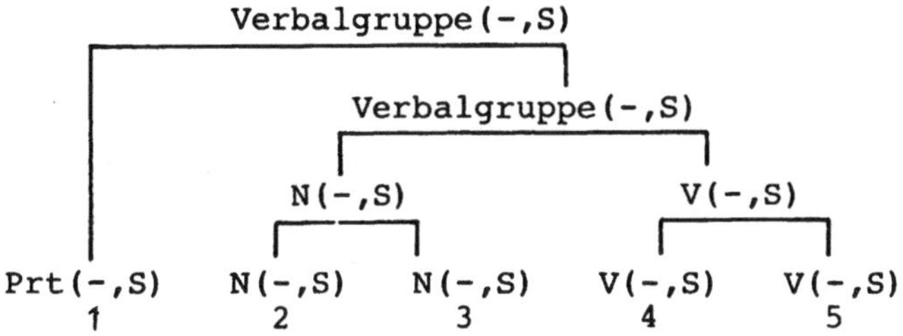

$mark_2(S)$ = ...

$lex_2(S)$ = {<*nicht*$_f$, b°>, <*der*$_f$, b°>, <*mann*$_f$, 'mann'>, <*ist*$_f$, b°>, <*gekommen*$_f$, 'kommen'>}.

Erläuterungen

[1] Tonhöhentafel 2 ist genau analog zu Tafel 1 zu verstehen. (Prt(-,S) = die Menge der Partikelformen von S; auch für *nicht*$_f$ wird als lexikalische Bedeutung der leere Begriff angesetzt.)

[2] Man beachte, daß *der mann ist gekommen*$_f$ als eine einzige Konstituente der Konstituente *nicht*$_f$ gleichgeordnet ist; ich habe *nicht der mann*$_f$ nicht als eigene Konstituente angesetzt. Eine solche Konstituente würde einer traditionellen Auffassung entsprechen, nach der bei sog. Satzgliedverneinung o.ä. die Negation mit dem betreffenden Satzglied nicht nur semantisch, sondern auch syntaktisch zusammengehört, d.h. eine Konstituente bildet. (Ziemlich deutlich so Grebe (1966: 603). Die traditionelle Auffassung ist kritisch diskutiert bei Stickel (1970: §3.2).) Ich werde demgegenüber einen Ansatz entwickeln, nach dem eine Negationspartikel mit ihrer 'Bezugskonstituente' grundsätzlich keine Konstituente bildet, und diesen Ansatz in der Anwendung syntaktisch und vor allem se-

mantisch rechtfertigen. Die Konstitentenstruktur in (18) ist bereits entsprechend angenommen. ***

Im Rahmen meiner Akzenttheorie und der Untersuchung des Deutschen gilt auch für den neuen Satz, daß $mann_f$ in ihm absteigend kontrastiven Akzent hat:

(19) Es sei *f* = *nicht der mann ist gekommen*; *s* eine syntaktische 2-Struktur in S bez. Tafel 2; und f_2 = *der mann ist* $gekommen_f$.

a. $<mann_f,3,1,f_2> \in aca(f,s,S)$, d.h.

b. $mann_f$ hat an der Stelle <3,1> absteigend kontrastiven Akzent in f_2 (= *der mann ist* $gekommen_f$) bezüglich *f*, *s* und S.

Erläuterungen

[1] Man beachte, daß f_2 = *der mann ist* $gekommen_f$ eine echte Konstituente ist von *f* = *nicht der mann ist gekommen*; f_2 ist auch formal verschieden von der Folge *der mann ist gekommen* in dem früheren Beispiel: f_2 ist keine Folge, das erste Glied von f_2 ist <2,*der*> und nicht wie vorher <1,*der*>. Entsprechend ist $mann_f$ in beiden Fällen ((8) und (19)) verschieden: In (8) ist $mann_f = \{<2, mann>\}$, in (19) jedoch ist $mann_f = \{<3,mann>\}$. Diese Unterschiede sind im folgenden sorgfältig zu beachten.

[2] Der semantische Bereich des Akzents auf $mann_f$ - die kleinste Konstituente, deren Bedeutung durch das Akzentvorkommen affiziert wird - ist nicht der ganze Satz *f*, sondern die echte Konstituente f_2 = *der mann ist* $gekommen_f$. Dies ist natürlich durch die folgende Analyse erst noch zu rechtfertigen. ***

3.2 Bedeutungshypothese 2: *nicht der mànn ist gekommen*

Um den semantischen Effekt des Akzentvorkommens zu ermitteln, gehe ich von der folgenden Menge von Dialogschemata aus:

(20)

A. Ich { (1) glaube, daß / (2) bezweifle, daß / (3) bin neugierig, ob } der Mann gekommen ist.

B. (1) Nicht der Mànn ist gekommen.

(2) Nicht der Mànn ist gekommen, sondern jemand anders.

Auf die zuvor skizzierte Art ermittle ich die folgenden Einstellungs-Inhalts-Paare:

(21) a. Der Sprecher glaubt: es gibt einen Mann, dessen Kommen der Hörer in Erwägung zieht.

b. Der Sprecher glaubt: es gibt einen Nicht-Mann, der gekommen ist.

Wie im ersten Beispiel (17) ergibt sich eine Bedeutungshypothese, die ich gleich in der expliziteren Form angebe:

(22) Bedeutungshypothese 2. Es sei f = *nicht der mann ist gekommen*; s eine syntaktische 2-Struktur in S bez. Tafel 2; und e die lexikalische Interpretation lex_2(S) in Tafel 2.

Es gibt eine Satzbedeutung u von f bezüglich f, s, e und S derart, daß die folgende Menge $2(f_1)$ 'zu u gehört':

$$2(f_1) = \text{df}$$

die Menge der Paare $\langle R,u \rangle$, so daß (a) oder (b):

a. (i) R = Glauben,

(ii) u = die Relation zwischen einem V und V_1 derart, daß: es gibt ein x_1 mit:

α. x_1 ist in der Referenzbasis für $mann_{f_1}$ bezüglich V, V_1 und ⌜mann⌝, und x_1 IST (ist NICHT NICHT) im Umfang von ⌜mann⌝ ['x_1 ist ein Mann'];

β. für alle V_2, richtet V_1 V an V_2, so erwägt V_2, daß es ein x gibt mit: 'x ist ein früheres Kommensereignis von x_1 bezüglich V und V_1'.

b. (i) R = Glauben,

(ii) u = die Relation zwischen einem V und V_1 derart, daß ES GIBT EIN [NICHT: ES GIBT KEIN] x_1 mit:

α. 'x_1 ist ein Nicht-Mann' [= (aα) in (17)];
β. es gibt ein x mit: 'x ist ein früheres Kommensereignis von x_1 bezüglich V und V_1'.

Ich stelle nun die entscheidende Frage: Welche Rolle spielt der Akzent und welche die Negation bei der Gewinnung einer Bedeutung, wie sie durch Bedeutungshypothese 2 für *nicht der mann ist gekommen* gesichert wird? insbesondere, welche Rolle spielen Akzent und Negation bei Gewinnung des kritischen Teils $2(f_1)$?

3.3 Semantische Wirkungen von Akzent und *nicht*

Für f = *nicht der mann ist gekommen* und f_2 = *der mann ist gekommen*$_f$ hatten wir angenommen:

(19a) $\langle mann_f, 3, 1, f_2 \rangle \in$ aca(f,s,S);

d.h. die kleinste Konstituente, deren Bedeutung durch den Akzent auf *mann*$_f$ beeinflußt wird, ist f_2 = *der mann ist gekommen*$_f$. Wenn dies zutreffen soll, wird man die Wirkung des Akzents genauso ansetzen müssen wie im ersten Beispiel für f = *der mann ist gekommen*. Dort bestand die Wirkung in der Zufügung der beiden Einstellungs-Inhalts-Paare $1(f_1)$ zur Satzbedeutung, wie sie sich unabhängig vom Akzent ergeben würde. Nun hat *der mann ist gekommen*$_f$ als echte Konstituente von *nicht der mann ist gekommen* selber noch keine Satzbedeutung, sondern nur eine 'unvollständige syntaktische Bedeutung', deren Natur ich hier offen lasse; eine Satzbedeutung kommt erst dem ganzen Satz *nicht der mann ist gekommen* zu. Ich nehme daher an: Die Wirkung des Akzents besteht darin, daß der unvollständigen syntaktischen Bedeutung von *der mann ist gekommen*$_f$, wie sie sich unabhängig vom Akzent ergeben würde, die beiden Paare $1(f_1)$ zugefügt werden:

(23) Es seien f, f_2, s, e und S wie in Bedeutungshypothese 2 (22) vorausgesetzt.
Es gibt eine unvollständige syntaktische Bedeutung von f_2 = *der mann ist gekommen*$_f$ bezüglich f, s, e und S, so daß $1(f_1)$ 'zu dieser Bedeutung gehört'.

$1(f_1)$ steht im negativen Satz als Komponente der unvollständigen syntaktischen Bedeutung von *der mann ist gekommen*$_f$ zur Verfügung. Zur Satzbedeutung des negativen Satzes selber gehört $2(f_1)$ und nicht $1(f_1)$. Nun geht $2(f_1)$ aus $1(f_1)$ dadurch hervor, daß man den Inhalt des ersten Einstellungs-Inhalts-Paares in $1(f_1)$ *teilweise* und den Inhalt des zweiten *als ganzen verneint*. Man sieht dies leicht, wenn man in den Bedeutungshypothesen 1 und 2 ((17) und (22)) die hervorgehobenen Textstellen miteinander vergleicht, die eben zum Zwecke des Vergleichs hervorgehoben wurden.

Offensichtlich sollte man es als semantischen Effekt von *nicht*$_f$ in dem negativen Satz betrachten, daß $1(f_1)$, eine Komponente der unvollständigen Bedeutung von *der mann ist gekommen*$_f$, durch $2(f_1)$, d.h. $1(f_1)$ mit verneinten Inhalten, ersetzt wird: *nicht*$_f$ operiert semantisch auf $1(f_1)$ und 'erzeugt' $2(f_1)$ als eine Komponente der Satzbedeutung von *nicht der mann ist gekommen*.

Hiermit sind die Wirkungen von Akzent und *nicht* auf eine Weise getrennt, die Verallgemeinerungen nahelegt.

3.4 Allgemeine Hypothesen

(24) Informelle Hypothesen über das Verhältnis von Akzent und *nicht*

a. Unabhängigkeit der Akzentwirkung von *nicht*. Der semantische Effekt von absteigend kontrastivem Akzent im Deutschen ist unabhängig davon, ob der Akzent auf einen Teil einer Konstituente fällt oder nicht fällt, die nach traditioneller Auffassung die Bezugskonstituente eines satzgliedverneinenden *nicht* bildet.

b. Semantische Wirkung von *nicht*. Fällt absteigend kontrastiver Akzent auf einen Teil einer Konstituente, die nach traditioneller Auffassung die Bezugskonstituente eines satzgliedverneinenden *nicht* bildet, und ist die Bereichskonstituente satzwertig, so gilt für jede unvollständige syntaktische Bedeutung der Bereichskonstituente: In jedem Einstellungs-Inhalts-Paar, das zu der Bedeutung gehört und eine Wirkung des Akzentvorkommens ist, wird der Inhalt (ganz oder teilweise) verneint.

c. Akzentbereich und *nicht*. Fällt absteigend kontrastiver Akzent auf einen Teil einer Konstituente, die nach traditioneller Auffassung die Bezugskonstituente eines satzgliedverneinenden *nicht* bildet, und ist die Bereichskonstituente satzwertig, so gilt: *nicht* gehört nicht zum semantischen Bereich des Akzents.

Erläuterungen

[1] Die wesentlichen Punkte des motivierenden Beispiels zu (a) seien nochmals genannt. Sowohl in f = *der mann ist gekommen* als auch in f = *nicht der mann ist gekommen* (mit der 'Bezugskonstituente' *der mann*$_f$ und dem Akzentträger *mann*$_f$) ist die Wirkung des Akzentvorkommens ein und dieselbe: Spezifizierung von $1(f_1)$. Daß im zweiten Fall schließlich $2(f_1)$ statt $1(f_1)$ zur Satzbedeutung gehört, liegt nicht am Akzent, sondern an der Negationspartikel, die auf $1(f_1)$ gemäß Hypothese (b) einwirkt.

[2] In (b) ist die Bereichskonstituente von der traditionellen Bezugskonstituente zu unterscheiden. In einfachen Sätzen wie *nicht der mann ist gekommen* ist die Bereichskonstituente die Konstituente, die dem *nicht*-Vorkommen in der Konstituentenstruktur nebengeordnet ist. Nach unserer syntaktischen Analyse handelt es sich dabei nicht um die traditionelle Bezugskonstituente, sondern um den gesamten Rest des Satzes.

[3] "Verneinung" in (b) meint *semantische Operationen*, die auf Verneinung in einem logischen Sinn beruhen und einer Relation u_1 (etwa einem propositionalen Inhalt) eine Relation u_2 (einen anderen propositionalen Inhalt) zuordnen. Es dürfte sich grade um die beiden Operationen handeln, welche die Inhalte u in $1(f_1)$ in die Inhalte u in $2(f_1)$ überführen.

[4] Wegen (b) kann man das Negationswort *nicht* einen *Akzentoperator* nennen: in gewissen Stellungen bewirkt ein Vorkommen dieses Wortes, daß der semantische Effekt eines nachfolgenden Akzentvorkommens modifiziert wird. (Die Einschränkung auf 'satzwertige' Bereichskonstituenten - die eine Prädikatskonstituente enthalten -, ist notwendig; vgl. Lieb (i.E. b: §7).) *Nicht* ist nicht das einzige Wort

diese Art; weitere Akzentoperatoren sind beispielsweise *nur* und *auch* (Lieb (i.E. b: §5)).

[5] Die Gültigkeit von (c) in unserem Beispiel ist offensichtlich: $1(f_1)$ ist die Wirkung des semantischen Akzents sowohl in *der mann ist gekommen* als auch in *nicht der mann ist gekommen*; in dem zweiten Satz kann *nicht* daher nicht zum semantischen Bereich des Akzents gehören. Ich lasse dahingestellt, ob sich bei genauerer Ausarbeitung (c) aus (b) ergeben würde. Folgt *nicht* auf den Akzentträger, so kann es durchaus zum Akzentbereich gehören; dies ist etwa bei dem Satz "Der Mànn ist nicht gekommen." intuitiv einleuchtend.

[6] aca ist nicht der einzige syntaktische Akzent, der bei satzgliedverneinendem *nicht* auf einem Teil der Bezugskonstituente auftreten kann. Die drei Hypothesen lassen sich für beliebige Akzente verallgemeinern.

[7] Offenbar kann *nicht* nur dann zu einer definiten Nominalgruppe treten, wenn in ihr ein syntaktischer Akzent vorkommt, vorausgesetzt, die Nominalgruppe ist der 'Negationsbezug'. Es ist deshalb besonders wichtig, daß die semantischen Wirkungen von *nicht* und Akzent trennbar sind und getrennt werden. Im übrigen ist die Bindung von 'satzgliedverneinendem' *nicht* an Akzente nicht allgemein; vgl. Lieb (i.E. b: §4.5).

[8] Die Hypothesen wurden durch die Erörterung von Sätzen motiviert, die nur ein Akzentvorkommen enthalten, sind jedoch nicht entsprechend eingeschränkt. Aufgrund informeller Untersuchungen von mehrakzentigen Sätzen halte ich die Verallgemeinerung bei (a) und (c) für unbedenklich; bei (b) mögen Modifikationen notwendig sein, sofern *verschiedene* Akzentvorkommen einen *gemeinsamen* semantischen Effekt haben können, worüber ich mir noch nicht klar geworden bin. ***

Wie ich in Lieb (i.E. b) zeige, lassen sich die Hypothesen (24) für beliebige Negationspartikeln des Deutschen verallgemeinern.

Literatur

A. Zum theoretischen Rahmen

Eisenberg, P. 1980. Integrative Syntax. In: Lieb (Hg.), 70-85.

Fischer, B.-J. 1981. Satzstruktur und Satzbedeutung. Plädoyer für eine semantikfundierende Oberflächengrammatik; am Beispiel der Bedingungssätze des Deutschen. Tübingen, Narr. (Ergebnisse und Methoden moderner Sprachwissenschaft 12.)

Lieb, H. 1977. Outline of integrational linguistics: Preliminary version. Berlin (West), Freie Universität Berlin, Fachbereich Germanistik. (Linguistische Arbeiten und Berichte Berlin (West) 9.)

\- 1980a. Segment und Intonation: Zur phonologischen Basis von Syntax und Morphologie. In: Lieb (Hg.), 134-150.

\- 1980b. Wortbedeutung: Argumente für eine psychologische Konzeption. Lingua 52. 1-32.

\- 1980c. Syntactic meanings. In: Speech act theory and pragmatics, hgg. v. J.R. Searle, F. Kiefer und M. Bierwisch. Dordrecht usw., Reidel, 121-153. (Synthese Language Library 10.)

\- i.E.a. A method for the semantic study of syntactic accents. In: Pattern, process and function in discourse phonology, hgg. v. D. Gibbon und H. Richter. Berlin (West), de Gruyter.

\- i.E. b. Akzent und Negation im Deutschen - Umrisse einer einheitlichen Konzeption. Linguistische Berichte [1983].

\- demn. Accent and meaning: A study of syntactic accents, stress, and rhythm, with special reference to German. (4 Bde.)

\- i.V. Integrational linguistics. Amsterdam, Benjamins. (6 Bde.)

\- (Hg.). 1980. Oberflächensyntax und Semantik. Symposium anläßlich der ersten Jahrestagung der Deutschen Gesellschaft für Sprachwissenschaft (Tübingen, 28.2. - 2.3.1979). Tübingen, Niemeyer. (Linguistische Arbeiten 93.)

B. Sonstige Hinweise

Bolinger, D.L. 1958. A theory of pitch accent in English. Word 14. 109-149.

Grebe, P. 1966. "Die Verneinung (Negation)." In: Duden: Grammatik der deutschen Gegenwartssprache, 2., verm. u. verb. Aufl. Mannheim, Bibliographisches Institut, 603-606. (Der Große Duden Bd. 4.)

Jacobs, J. i.E. Stellung und Bereich der Negationsträger des Deutschen. Eine Untersuchung im Rahmen der Montaguegrammatik. München, Fink. (Studien zur theoretischen Linguistik 1.)

Kürschner, W. i.E. Studien zur Negation im Deutschen. Tübingen, Narr. (Studien zur deutschen Grammatik 12.)

Stickel, G. 1970. Untersuchungen zur Negation im heutigen Deutsch. Braunschweig, Vieweg. (Schriften zur Linguistik 1.)

MARKIERTHEIT IN DER PHONOLOGIE

Willi Mayerthaler
Universität Klagenfurt

> "Jede kurzgefaßte Aussage über die Markiertheitstheorie ist irreführend (mit der möglichen Ausnahme dieser Aussage)" (nach Alfred Marshall: mit 'Markiertheitstheorie' statt 'Volkswirtschaft').

Wie die Vergangenheit zeigt, ist ein Reden über die Markiertheitstheorie (im folgenden MT) diversen Sorten von Mißverständnissen ausgesetzt.[1] Um die Anzahl möglicher Fehldeutungen gering zu halten, mag es dienlich sein, einleitend das Verhältnis von Universalgrammatik (UG) und MT zu skizzieren.

1. Universalgrammatik (UG)

Unter 'UG' verstehe ich die Theorie der biologisch notwendigen und der biologisch favorisierten Eigenschaften natürlicher Sprachen. Als solche ist die UG Teil der Theorie des humanen *Genotyps*, ergo auch eine *biologische Theorie*. (Ich halte es nur für eine Terminologiepräferenz, ob man anstelle von UG (mit Lenneberg 1967) von 'biological matrix/biologischer Matrix (natürlicher Sprachen)' oder mit Bickerton (1981) von 'bioprogram/Bioprogramm' spricht. Ich erlaube mir im folgenden 'UG' und 'Bioprogramm' nebeneinander und strikt synonym zu gebrauchen.)[2]

1.1. Die UG enthält a) eine finite Menge *geschlossener* und b) (auf-

---

1 Zur Diskussion der von Lass (1980) 'kodifizierten' Mißverständnisse vgl. z.B. Mayerthaler (1982a).

2 Laut Chomsky (1981a) wäre die UG leer, wenn sie keine spezifisch sprachlichen Prinzipien enthielte. Diese Deutung wird hier nicht vorausgesetzt. Ich gebrauche 'UG' vielmehr im Sinne von "Eigenschaften des (humanen) Genotyps (sprachlicher, nicht-sprachlicher oder vorsprachlicher Natur), welche bei der Kon-

grund intra- und interlingualer Variation) auch eine finite Menge *offener* Parameter. Geschlossene Parameter stehen für absolute Universalien, d.h. für Eigenschaften, die alle natürlichen Sprachen aufweisen (z.B. Konsonanten, Vokale, Satzintonation, Verben, Nomina, Deklarativsätze, Fragesätze, Imperativsätze, strukturabhängige Transformationen, syntaktische Kategorien wie NP, semantische Kategorien wie Agens/Patiens/Experiencer, Diskurskategorien wie Thema/Topic usw. zu haben).[3] Offene Parameter stehen für Eigenschaften, die natürliche Sprachen aufweisen können, aber nicht (biologisch) notwendig aufweisen müssen. Offene Parameter etablieren also einen nicht-deterministischen biologischen Ausprägungsraum, der (trotz Nicht-Transzendierbarkeit seiner durch die Humanbiologie vorgezeichneten Grenzen) offen ist für nicht-biologische, insbesondere soziopragmatische Einflußgrößen. Man mag sich vorstellen, daß die offenen Parameter im Laufe des Spracherwerbs festgelegt werden. Dieser Prozeß heiße *Parameterfixierung*.

Schematisch:

Erfahrung → [UG] → fixierte Parameter$_{1}$,...,$_{n}$ einer Grammatik G(L)

Bei G handelt es sich um eine L-spezifische Grammatik. Man könnte (mit Chomsky 1981) auch sagen, daß die UG/das Bioprogramm eine Funktion sei, die unter dem Einfluß der Erfahrung den Genotyp in den Phänotyp (=L-spezifische Grammatik G bzw. G(L)) abbildet. Insbesondere L-spezifische, soziopragmatische Datenkonstellationen sind für die ein-mehrdeutige Abbildung des Genotyps in den Phänotyp von Interesse. Nimmt man an, daß der Spracherwerbsmechanismus (LAD) Teil des Bioprogramms ist, so darf er analog gedeutet werden. Wie später zu zeigen sein wird, führen 'unmarkierte' Parameterfixierungen zu Implikationsuniversalien.

1.1.1. Beispiele für fixierte Parameter: L hat Nasalvokale, L hat links eingebettete Relativsätze, L hat Verb-Anfangsstellung, L hat

---

stitution natürlicher Sprachen eine Rolle spielen". Die UG kann also auch sog. 'schwache', d.h. allgemein-cognitiv fundierte Universalien enthalten.

3 Zur Universalität und markiertheitstheoretischen Deutung der Wortarten und syntaktischen Primitive namens 'Verb' und 'Nomen' vgl. Mayerthaler (1982b).

retroflexe Konsonanten, L hat Schnalzlaute/clicks, L kodiert Tempus am Nomen usw.

2. Funktionen der MT im Rahmen der UG

1) Die MT prägt allen offenen Parametern der UG eine asymmetrische *Präferenzstruktur* auf.

2) Die MT prägt der Parameterfixierung und damit dem L-Erwerb eine *relative Chronologie* auf.

2.1. Relativ unmarkierte Parameterfixierungen führen zur *Kerngrammatik*. (Mit der Übernahme dieser Redeweise wird keine REST-Deutung eingegangen: die Terminologie wird vielmehr nur deshalb übernommen, weil sie a) brauchbar erscheint und weil sie b) an die alte Prager Unterscheidung 'Zentrum vs. Peripherie' anknüpft. Im Gegensatz zur REST wendet die MT den Begriff 'Kerngrammatik' auf alle Komponenten der Grammatik an; da sie wenig geneigt ist 'Grammatik' mit 'Syntax' gleichzusetzen, spricht die MT z.B. auch von 'Kernmorphologie/Kernphonologie' etc. Überdies ist der MT-Begriff 'Kerngrammatik' an keinerlei Homogenitätsannahme gebunden.)[4]

2.1.1. Beispielsweise die Silbenstruktur CV oder ein Vokal als Nukleus einer Silbe gehörte zur Kernphonologie; beispielsweise gehörten *n/m* zum Kern der Nasalkonsonanten (nicht aber palatalisiertes oder velarisiertes *n*); beispielsweise gehörte *m* zum Kern silbenanlautender und *n* zum Kernsilbenauslautender Nasale; beispielsweise gehörten die Kardinalvokale *i/a/u* zum Kern des Vokalismus, nicht aber z.B. *ö* oder *ü* usw.

2.2. Relativ markierte Parameterfixierungen definieren die *Peripherie*.

---

4 Im Rahmen von REST (Revised Extended Standard Theory) scheint der Begriff 'core grammar' an die Homogenitätsannahme gebunden zu sein, vgl. z.B. Chomsky (1981b:39). Eine deutschsprachige Einführung in REST-Aspekte präsentiert Leuninger (1979).

2.2.1. Z.B. gehören zur Peripherie der dt. Phonologie Frikative als Nukleus einer Silbe (vgl. die Interjektion *pst!*). Ein Kernnukleus ist aber auch im Dt. ein Vokal (z.B. *Rad*); zwischen Kern und Peripherie stehen z.B. Nasale und Liquide (vgl. süddt. *Radl*, *Haydn* usw.). Generell gilt relativ zu einer Markiertheitsrelation $\overset{<}{m}$<a,b,c,d,e,...,z>, daß ein Argument desto eher zum Kern gehört, je weiter links es steht. Illustriert am Beispiel der Nukleusmarkiertheit $\overset{<}{m}$<V,G,r,l,n,m,Sibilanten, andere Frikative>/[$\overline{\text{+Nukleus}}$] ist also zu sagen, daß Vokale (V) maximal unmarkierte und Gleitlaute (G) nächst unmarkierte Nuklei sind, während das Frikativkomplement zu den Sibilanten zur maximal markierten Peripherie eines Silbennukleus zu rechnen ist.[5]

2.3. Allgemeine Maxime der Parameterfixierung:
"In the absence of evidence to the contrary, unmarked options are selected." (Chomsky 1981b:8)

2.3.1. Liegt keine gegenteilige Evidenz (in den Inputdaten) vor, so setzt eine markierte Parameterfixierung eine unmarkierte Parameterfixierung voraus bzw. (etwas verkürzt): 'Peripherie ⊃ Kern' und 'Die Peripherie wird nach dem Kern erworben'.

2.3.2. Beispiele: Retroflexe Konsonanten gehören zur Peripherie, nicht-retroflexe zum Zentrum. Die Existenz von Nasalvokalen in L setzt die Existenz von Oralvokalen in L voraus. Hat L Schnalzlaute, dann hat L auch Nicht-Schnalzlaute usw.

3. Allgemeine Form von Markiertheitsrelationen

Die MT spricht von *Markiertheitsrelationen*, nicht von 'Markiertheitswerten' (wie z.B. das Sound Pattern of English oder in Anschluß hieran die REST).[6]

---

5 Ergo ist z.B. die dt. Interjektion *pft!* markierter als *pst!*. Generell fällt auf, daß Interjektionen (aus Gründen des phonetischen Ikonismus) markierte Parameterfixierungen geradezu evozieren; sie gehören entsprechend auch zur Peripherie des phonologischen Systems von L.

6 Vgl. z.B. Belletti/Brandi/Nencioni/Rizzi (eds.,1980), wo in allen Beiträgen von "markedness values" und nicht von "markedness relations" die Rede ist. Ge-

Die allgemeine Form von Markiertheitsrelationen ist:[7]

$$\overset{<}{m}\langle P_i, P_j\rangle$$

wobei: '$\overset{<}{m}$' $=_{def}$ 'relativ weniger markiert als' und $P_{i,j}$ sind vergleichbare Parameterwerte.

Die Inverse $\overset{>}{m}\langle P_j, P_i\rangle$ wird, da selbstverständlich, im allgemeinen nicht notiert.

Da es einige Linguisten gibt, die sich hartnäckig weigern, einen Ausdruck wie $\overset{<}{m}\langle P_i, P_j\rangle$ zu 'verstehen', solange man ihnen nicht eine logische Trivialsyntax präsentiert, werde eine ebensolche angegeben:

a) Vokabular V:

Das Vokabular besteht aus

i) dem mindestens 2-stelligen asymmetrischen Ordnungsprädikat '$\overset{<}{m}$' ($\overset{<}{m} \in V$);

ii) einer finiten Menge $P = \{P_1, P_2, \ldots, P_n\}$ vergleichbarer phonologischer Parameter ($P_i \in V$);

iii) dem Klammerpaar '$\langle\rangle$' ($\langle\rangle \in V$).

b) Formationsregel:

Gilt $P_i \in V$ und $P_j \in V$, so ist $\overset{<}{m}\langle P_i, P_j\rangle$ eine phonologische Markiertheitsrelation.

Nichts sonst ist eine phonologische Markiertheitsrelation.

3.1. Gemäß 3. sind phonologische Markiertheitsrelationen kontextfrei. Diese Festlegung wird durch Markiertheitsrelationen der Art

$$\overset{<}{m}\langle P_i, P_j\rangle \;/\; [\overline{X}]$$

die im folgenden gelegentlich verwendet werden, nicht verletzt, da

---

wiß ist dieser Unterschied allein nicht signifikant, aber er sollte wohl auch nicht 'verschmiert' werden, wenn es um die Explizierung des Markiertheitsbegriffes geht. Bekanntlich plädiert Bailey seit Jahren für einen komparativen, gradienten Markiertheitsbegriff; meine Redeweise 'Markiertheitsrelation' schließt daran direkt an.

7 Selbstredend ließe sich auch $\overset{<}{m}(P_i, P_j)$ schreiben. Ich verwende nur deshalb Spitzklammern, um UG-bezogene Markiertheitsrelationen von einzelsprachlichen/systemabhängigen Normalitätsrelationen, die mittels runder Klammer notiert werden, graphisch zu unterscheiden. Zu Normalitätsrelationen vgl. man die Abschnitte 4. und 4.1.

'X' jeweils nur ein separat notiertes Bündel gemeinsamer Eigenschaften von P_i und P_j meint, also lediglich für die 'umständlichere' Notation

$$\overset{<}{m}<\begin{bmatrix}P_i\\X\end{bmatrix},\begin{bmatrix}P_j\\X\end{bmatrix}>$$

steht.

3.2. Es handelt sich bei '$\overset{<}{m}$' also um ein *gradientes asymmetrisches* Prädikat, das einen komparativen (topologischen) Ordnungsbegriff etabliert. Eine metrische Quantifikation wird nicht angestrebt, da das Gehirn (laut verfügbarem neurologischem Wissen) nicht metrisiert und weil sich die MT an der Zielutopie der *biologischen Realität* orientiert. Generell sieht es die MT als vernünftige Maxime an, in Grammatik- wie Sprachtheorie das gemeinsam zu behandeln, was vom menschlichen Gehirn gemeinsam behandelt wird, und das zu trennen, was das Gehirn separat behandelt.[8]

3.2.1. Antisymmetrie von Markiertheitsrelationen?

Man könnte a priori auch daran denken, den Markiertheitsbegriff als antisymmetrische Relation zu definieren. Obwohl jede antisymmetrische Relation auch eine asymmetrische ist (das Umgekehrte gilt nicht) bzw. obwohl aus

(1) $(xRy \wedge yRx) \supset x=y$ (Antisymmetrie)

---

8 Entgegen manchen Vermutungen, die üblicherweise (unter Berufung auf einen noch nicht-konklusiven Forschungsstand) dazu tendieren, die Neurolinguistik als irrelevant für Probleme der Grammatiktheorie zu deklarieren, ist trotz aller Nicht-Konklusivität der einschlägigen Forschung (Frage: Wo ist die Linguistik schon konklusiv?) angesichts des gegenwärtigen Wissens über Speicherung und Verarbeitung sprachlicher Daten festzuhalten, daß die Neurolinguistik eine restriktive Funktion auf die grammatiktheoretische Theoriebildung ausüben könnte. Beispiel: Wie die Lateralisierungsforschung zeigt, wird die Satzintonation (unabhängig von einer Einzelsprache L) dominant von der rechten Hemisphäre verarbeitet. (Zu Details vgl. Edmondson 1982/MS). Der Wortton (von Tonsprachen) scheint hingegen in die Verarbeitungsdomäne der linken Hemisphäre zu fallen. Mit anderen Worten: Grammatikmodelle, welche zur Syntax auch die Satzintonation rechnen, sind neurologisch unplausibel, da die Syntax im Gegensatz zur Satzintonation eine Angelegenheit der linken Hemisphäre ist. Desgleichen erscheint das Programm einer allgemeinen Intonatorik (vgl. z.B. Bartsch/Vennemann 1982: 46ff), wo Satzakzent und Satzintonation (zumindest taxonomisch) zur selben Rubrik geschlagen werden, neurobiologisch zweifelhaft. Ob L Wortton aufweist oder nicht, gehört (im Gegensatz

(2) $xRy \supset \neg yRx$ (Asymmetrie)

folgt, so ist es (aus wissenschaftstheoretischen Gründen) doch nicht gleichgültig, ob die asymmetrische Relation '$\overset{<}{m}$' (weniger markiert als) oder die antisymmetrische Relation '$\overset{\leq}{m}$' (weniger oder gleich markiert) als) gewählt wird. Wie wohl offensichtlich, ist die asymmetrische Deutung relativ zu den verfügbaren Daten restriktiver und damit auch leichter falsifizierbar. Solange also keine empirischen Gründe zugunsten der abgeschwächten antisymmetrischen Deutung vorgebracht werden, sollte die asymmetrische Deutung beibehalten werden.

Die verfügbare Literatur spricht für die Annahme, daß das menschliche Gehirn seine asymmetrischen Präferenzen hat. Man wäre Proponenten einer antisymmetrischen Deutung des Markiertheitsbegriffes dankbar, wenn es ihnen gelänge, irgendwelche nicht-a-priori-logische Evidenz zu Gunsten ebendieser Deutung anzuführen. Sollte dies gelingen, so wäre '$\overset{<}{m}$' zu '$\overset{\leq}{m}$' abzuschwächen: an der sonstigen Struktur der MT änderte sich nichts.

4. Deutung von Markiertheitsrelationen

Markiertheitsrelationen stehen für *cognitive Kostenrelationen* auf der (systemunabhängigen) Ebene der UG bzw. des arteigenen, d.h. des noch nicht L-spezifisch sozialisierten Gehirns. Sie versuchen also abzubilden, was dem 'Gehirn an sich' leichter oder schwerer fällt.

Entsprechend dieser Deutung sind Markiertheitsrelationen auch noch kaum oder jedenfalls nicht allein aussagekräftig für die Evaluation L-spezifischer Strukturen: die Evaluation dieser Strukturen und/oder Operationen fällt in den Bereich des L-spezifisch so-

---

zur Satzintonation, deren universelle Existenz lediglich L-spezifische Ausprägungen auf dem genotypisch vorgegebenen Grundmuster erlaubt) zu den offenen Parametern der UG. Wird der Parameter 'Wortton' jedoch L-spezifisch fixiert, so wird er analytisch fixiert, also - bildlich gesprochen - an die linke Hemisphäre überwiesen. Neurologisch gehören Wortton, Syntax und Morphologie zusammen, nicht aber Syntax und Satzintonation! Die Satzintonation wird nicht-analytisch 'ganzheitlich/holistisch', also (wie z.B. auch die bekanntlich nicht-Fregesche Konnotationssemantik) dominant von der rechten Hemisphäre abgearbeitet. Dieser Befund koinzidiert mit der (unabhängig von neuralen Verarbeitungsgesichtspunkten hergestellten) Intonationstheorie von Bailey.

zialisierten Gehirns. Es wird jedoch angenommen, daß die Evaluation auf der Ebene des (L-spezifisch) sozialisierten Gehirns nicht ohne Rekurs auf das biologisch vorgegebene Gehirn erfolgen kann. Deshalb fungiert die MT als *Basistheorie* für die systemabhängige Theorie der *Normalität*, die auszudrücken versucht, ob Phänomen X (in einer Sprache L) normaler ist als Phänomen Y. Die Theorie der L-spezifischen Normalität transzendiert den Bereich der Sprachbiologie und reichert ihn (idealiter allerdings auf der Grundlage der Sprachbiologie) um Sozialisierungsaspekte an: sie spricht im Gegensatz zur MT nicht über den Genotyp, sondern über den Phänotyp. Das Zusammenspiel bzw. die Explikation der Interaktion zwischen MT und der Theorie der Normalität, also die Theorie über die ein-mehrdeutige Abbildung des Genotyps in den Phänotyp heiße *Natürlichkeitstheorie* (im folgenden NT). Das Prädikat 'natürlich' bezieht sich eben hierauf. 'Natürlich' heißt: Evaluation auf der Ebene der UG und der Ebene der G(L) führt zum selben Ergebnis - nichts sonst.

4.1. Die NT weist folgende Grobstruktur auf:

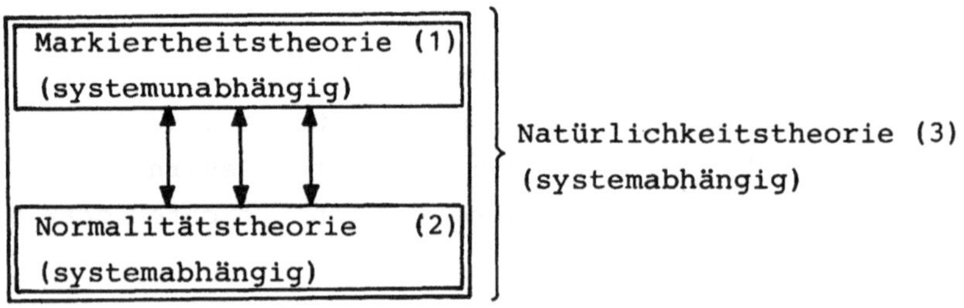

Die MT und die Normalitätstheorie sind evaluative Präferenztheorien, welche in der (gleichermaßen evaluativen) NT integriert werden. Da die NT nicht Thema dieses Aufsatzes ist, beschränke ich mich auf einige wenige Anmerkungen, die lediglich die Art der übergeordneten Theoriebildung skizzieren sollen. Über L-spezifische Normalität läßt sich nicht ohne Einbeziehung des Sprachtyps (von L) reden. Insofern hat die NT (im Gegensatz zur MT) auch für sprachtypologische Parameter sensitiv zu sein. Auf einige Details der NT gehe ich genauer ein, sobald die MT verdeutlicht ist. Es sei hier nur vorweggenommen, daß das NT-Prädikat 'natürlicher als' gleichfalls als asymmetrische Relation aufgefaßt wird. *Natürlichkeitsbewertungen werden in Abhängigkeit von Markiertheits- und von Normalitätsrelationen vorgenommen.* Notationeller Ausdruck antisymmetrischer (L-spezifischer) Normalitäts- oder Systemangemessenheitsrelationen[9] sei '$\overset{\geq}{\text{sys}}$' "gleich systemangemessen oder systemangemessener als". Die linken Relate asymmetrischer $\overset{>}{\text{sys}}$-Relationen (z.B. $\overset{>}{\text{sys}}$(*a*,*an*)/ $\overline{\text{[indef. engl. Art.]}}$ oder $\overset{>}{\text{sys}}$(*il*,*lo*)/ $\overline{\text{[def. it. Art.]}}$) definieren den epistemologisch primären Kern einer L-spezifischen Grammatik G und als solche auch die Zielrichtung potentieller Regelumkehrung.

4.2. Markiertheitsrelationen gehören (wie sys- und nat-Relationen) einer *evaluativen Metaebene* an. Objektsprachliche Deskriptionen enthalten also keine Markiertheitsrelationen. Damit entfällt auf phonologischem Gebiet z.B. die Notwendigkeit für 'linking', eo ipso z.B. auch die Notwendigkeit von Ausdrücken der Art

$$[\text{u back}] \rightarrow [\text{+back}] \;/\; \begin{bmatrix} \text{———} \\ \text{+low} \end{bmatrix}$$

oder der m/u-Spezifikation phonologischer Matrizen. (Man erinnere sich nebenbei, daß im vorliegenden Aufsatz 'markiert' als gradientes UG-Prädikat eingeführt wurde.)

4.3. Die MT betrachtet Parameterwerte $P_{i,j}$ bzw. verglichene Kategorien $K_{i,j}$ nicht als disjunkte Klassen, sondern als *fokal*. Diese Betrachtungsweise ist nicht auf die Phonologie eingeschränkt: *alle* grammatischen Kategorien sind fokal! Der Fokus ist unmarkiert, die Peripherie markiert. Der Fokus entspricht dem *Prototyp* einer Kate-

---

9 Den Ausdruck 'Systemangemessenheit' übernehme ich von Wurzel, der in verschiedenen Publikationen für die Notwendigkeit dieses Begriffes plädiert; vgl. insbesondere Wurzel (1982/MS). Eine weiterführende Analyse der Interaktion zwischen der MT und der Theorie der (L-spezifischen) Systemangemessenheit, als sie hier präsentiert werden kann, findet sich in Dressler/Mayerthaler/Panagl/Wurzel (1983).

gorie;[10] die Foci zweier Kategorien sind disjunkt (im klassischen 2-wertigen Sinn), nicht aber die jeweiligen Peripherien.

Das (an den Foci orientierte) Umschlagen einer Kategorie in eine andere wird als *Katastrophenpunkt* (im Sinne der Katastrophentheorie) gedeutet.[11] Irgendeine "fuzzy set theory" scheint in der Linguistik trotz vager Kategorien- bzw. Mengenextension nicht von Nöten zu sein. Überdies ist natürlich darauf hinzuweisen, daß ein 'verrückter' Mengenzugehörigkeitsindex I von z.B. I = 0.4237 trotz der Intervallbegrenzung $0 \leq I \leq 1$ im Sinne der für die MT verpflichtenden Zielvorstellung der biologischen Realität uninterpretierbar bliebe.

Schematisch:

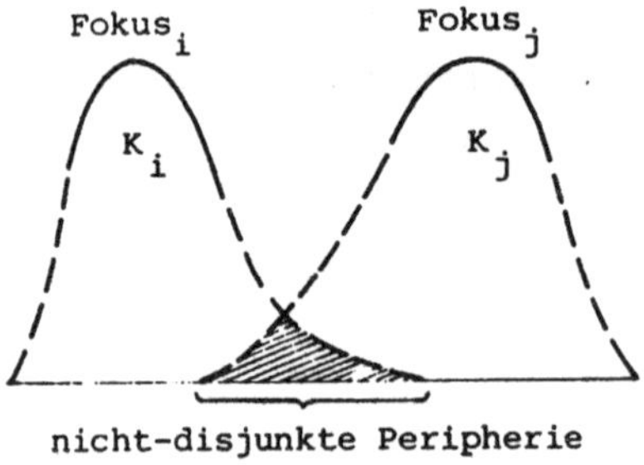

$$\text{Fokus}(K_i) \cap \text{Fokus}(K_j) = \emptyset$$
$$\text{Periph.}(K_i) \cap \text{Periph.}(K_j) \neq \emptyset$$

(Die nicht-disjunkte Peripherie möge nicht als 'klassische' Schnittmenge gedeutet werden! Vage Extensionen sind graphisch eben schwer zu Papier zu bringen: Symbol für 'vage Extension' sei die gestrichelte Linie.)

---

10 Eine m.E. überzeugende sprachphilosophische Interpretation der Prototypenforschung bietet Holenstein (1981).

11 Relativ zu linguistischen Zwecken erscheinen mir folgende katastrophentheoretische Publikationen ein Minimum zu sein: Thom (1970/1972), Zeeman (1976) und Saunders (1980). Die letztere Publikation erfordert ein 'bescheidenes', jedoch auch für Nicht-Formalisten durchaus erbringbares mathematisches 'Stehvermögen'. In Wildgen (1979a/b, 1980a/b, 1981 findet sich die bislang 'ausgefeilteste' Anwendung katastrophentheoretischer Vorstellungen auf linguistische Probleme.

4.3.1. Beispiele für kategoriale Katastrophenpunkte

Bekanntlich weisen 'richtige' Vögel mindestens 2 charakteristische Eigenschaften auf:

a) sie können fliegen und

b) sie haben Federn.

Pinguine und Fledermäuse liegen deshalb in der markierten Peripherie der semantischen Kategorie 'Vogel'.[12] Wie leicht gezeigt werden kann, kommt bei Erfüllung von a) und b) als drittes Kriterium das der Größe ins Spiel: ein 'richtiger' Vogel hat weder 10m Spannweite, noch ist er zu klein. Setzt man den gegenwärtigen Artenstand voraus, so ist nur über 'zu klein geratene Vögel' zu sprechen: immerhin gibt es 'Minikolibris', die bez. der Größe in der vagen und markierten Peripherie des Parameters 'präsupponierte Mindestgröße eines Vogels' liegen können. Faktisch zeigt sich, daß in Regionen, wo Minikolibris vorkommen und ergo auch sprachlich zu klassifizieren sind, ein *Schwellwert* für die Klassifikation 'Vogel' existiert: sinkt die Größe des Kolibris unter 2,5 cm, so wird er nicht mehr als Vogel, sondern als Insekt klassifiziert. Der Schwellwert von mindestens 2,5cm Größe ist also ein klassifikationstheoretischer Katastrophenpunkt für die Kategorie 'Vogel'. Daß ein Kolibri mit weniger als 2,5 cm Größe nicht nur in Amazonien, wo diese 'Insekten' tatsächlich umherfliegen, sondern auch in Europa oder in Nordamerika in die Kategorie der 'Hornissen/Hummeln/Insekten' gerät, läßt sich im Laborversuch leicht überprüfen. Hierzu genügt es, Bilder immer kleiner werdender Kolibris zu präsentieren, den Versuchspersonen zu sagen, daß die

---

12 Daß Fledermäuse im Sinne der biologischen Taxonomie keine Vögel sind, ist bekannt. Ich weise lediglich darauf hin, daß sie fliegen und ergo im Sinne der Klassifikation natürlicher Sprachen als Vögel klassifiziert werden können. Da Sprache mit jedem Sprecher stirbt und von jedem Sprecher neu erworben werden muß, und da Kleinkinder nicht mit der Ontologie eines Erkenntnistheoretikers oder eines Physikers auf die Welt kommen, sind Taxonomien irgendwelcher Wissenschaftssysteme für die Taxonomie natürlicher Sprachen von wenig Interesse. Ein Wal ist ein Fisch, weil er wie ein Fisch ausschaut, und ergo ist der vieldiskutierte Satz 'Walfische sind Fische' nicht kontradiktorisch, sondern analytisch. Die Ontologie natürlicher Sprachen hat dem Kriterium der Erlernbarkeit durch das Kind zu gehorchen: sie ist deshalb notwendig 'naiv' bzw. fällt in den Bereich der sog. 'folk taxonomy'. Ist diese erst einmal erworben, so läßt sie sich freilich von fachsprachlichen Taxonomien überdecken, - doch das ist ein anderes Problem, das die MT nichts angeht. Die (naive) Ontologie natürlicher Sprachen gehorcht dem Kriterium der perzeptiven Zugänglichkeit.

Bilder die reale Größe widerspiegeln und sie zu befragen, ob z.B. ein 2 cm großer Kolibri ein Vogel ist oder nicht: er ist ein Insekt!

Als phonologisches Beispiel katastrophentheoretisch interpretierbarer Schwellwerte denke man an den Bereich der kategorialen Wahrnehmung, z.B. an die 'voice onset time' (VOT). Bekanntlich weist das auditorische System hier eine angeborene Schranke auf, d.h. spricht kategorial auf ein 20msek-Intervall bezüglich verzögerter oder nicht verzögert VOT an.[13] Dieses 20msek-Intervall stellt also einen perzeptionstheoretischen Katastrophenpunkt dar und liegt der Wahrnehmung stimmhafter vs. stimmloser Verschlußlaute zugrunde.

4.4. Zur Heuristik von Markiertheitsrelationen

Die im folgenden aufgelisteten Evidenzsorten für Markiertheitsrelationen begründen diese nicht, sondern gehören zur Heuristik der MT. Wie noch darzulegen sein wird, werden als Begründungen phonologischer Markiertheitsrelationen ausschließlich *biologische* Parameter der UG/des Bioprogramms akzeptiert.

In der Heuristik der MT scheinen vor allem folgende Evidenzquellen brauchbar:

1) Spracherwerb/Kindersprache:
   $\overset{<}{m}$ wird normalerweise vor $\overset{>}{m}$ erworben.
2) Ammensprache/Mutterisch/Motherese:
   In der Interaktion mit dem Kind versucht man $\overset{>}{m}$ möglichst zu vermeiden.
3) Perzeption:
   $\overset{<}{m}$ wird normalerweise leichter perzipiert als $\overset{>}{m}$.

---

13 Vgl. hierzu insbesondere Edmondson (1982), wo ein viel differenzierteres Bild von Problemen der kategorialen Wahrnehmung geboten wird. Vielleicht am bemerkenswertesten ist, daß verschiedene neurale Detektormechanismen zwar angeboren, aber nur während einer recht kurzen Phase durch 'triggering experience' auslösbar sind. Es scheint beispielsweise zu gelten, daß "the neural detector for prevoicing will not survive until the thirtieth day of life, whereas the voiced-voiceless detector is more tenacious." (Edmondson, S. 21 des MS). Mit anderen Worten: Wird ein Kind nicht gleich in den Anfangswochen seines Lebens lautlicher Erfahrung ausgesetzt, die 'prevoiced consonants' enthält, dann tendiert es ab diesem Zeitraum zur Parameterfixierung: L weist keine prevoiced consonants auf. Kritische Phasen neuraler Detektoren spielen also eine Rolle bei der Parameterfixierung bzw. bei der Ausprägung des Phänotyps einer Sprache. Es ist wohl unnötig zu sagen, daß die MT prevoiced consonants für markiert hält.

4) Fehlerlinguistik:

$\overset{>}{m}$ evoziert normalerweise mehr Fehler als $\overset{<}{m}$.

5) Aphasie/Sprachabbau:

$\overset{>}{m}$ wird normalerweise vor $\overset{<}{m}$ affiziert bzw. verloren.

6) Sprachwandel:

Bei (nicht durch Sprachkontakt oder Hyperkorrektion verursachtem) Wandel setzt sich normalerweise $\overset{<}{m}$ durch.

7) Typologie:

$\overset{<}{m}$ ist weiter verbreitet.

8) Kreolisierung (Übergang 'Pidgin → Kreol'):

Wird ein Pidgin Muttersprache, so setzt strukturelle Expansion ein: hierbei entstehen neue Kategorien in der Reihenfolge $\overset{<}{m}$ vor $\overset{>}{m}$.

9) Frequenz:

$\overset{<}{m}$ ist normalerweise häufiger als $\overset{>}{m}$.

10) Analogie:[14]

Bei analogischem Wandel gewinnt normalerweise $\overset{<}{m}$.

11) Irregularität/Ausnahmen:

In $\overset{<}{m}$-Kategorien ist eher mit Irregularitäten als in $\overset{>}{m}$-Kategorien zu rechnen.

12) Neutralisation:

Beim Zusammenfall von $\overset{<}{m}$ und $\overset{>}{m}$ setzt sich normalerweise $\overset{<}{m}$ durch.

13) Kodierung:

Weniger merkmalhafte kodierte Formen stehen im allgemeinen für weniger markierte Kategorien.[15]

14) Zugangseigenschaften:

Je weniger markiert, desto transformationell zugänglicher![16]

---

14 Eine markiertheitstheoretische Deutung analogischen Wandels wird in Mayerthaler (1980a/1981) vorgeschlagen.

15 Vgl. hierzu Mayerthaler (1980b).

16 Hier nur ein Beispiel: Da die MT $\overset{<}{m}$<IBI,HIC> postuliert (zwecks Begründung vgl. Mayerthaler (1980b)), muß IBI transformationell zugänglicher sein als HIC. Vgl. z.B. das Engl., das zwar 'THERE-insertion', nicht aber 'HERE-insertion' aufweist: *There is a problem with* ḿ<IBI,HIC>. Objekte sind gemäß der nur für den Phänotyp 'subjektprominente Sprache' geltenden Relation $\overset{<}{m}$<SUBJEKT,OBJEKT> transformationell weniger zugänglich als Subjekte usw.

15) Distribution:

$\overset{<}{m}$ weist im allgemeinen eine weitere Distribution als $\overset{>}{m}$ auf.

16) Evolutionstheorie:

Je älter, desto unmarkierter!

Ich will hier nur Punkt 16) anhand eines Beispiels illustrieren, da sich Ausführungen zu 1) bis 15) in Mayerthaler (1981) finden.

Frage: Ist *a* unmarkierter als andere Vokale? Das heuristische Kriterium 16) legt die Antwort 'ja' nahe, weil sich zeigen läßt, daß bei der Artikulation von *a*-Lauten Pharynxmuskeln (constrictor superior, constrictor medialis, constrictor inferior) beteiligt sind, die man auch beim Schlucken benötigt, und weil das Schlucken als evolutionär älter als die Artikulation von *a* betrachtet werden darf. Mit anderen Worten: Von allen Vokalen schließt das *a* relativ am nahtlosesten an den evolutionären Unterbau an. Im Sinne von 16) ist es deshalb unmarkierter. Kriterium 16) ließe sich gleichermaßen verwenden, wenn es eine Aussage zur markiertheitstheoretischen Evaluation von z.B. Konnotation vs. Denotation zu machen gälte. Da die Konnotation Angelegenheit subkortikaler und evolutionär älterer Areale des limbischen Systems ist, ist im Sinne von 16) die Denotations-/Referenzsemantik markierter als die Konnotationssemantik. Da im Sinne von 16) Deixis älter ist als Referenz, kann Referenz nur auf Deixis gegründet werden usw. Man kann natürlich daran denken, noch andere Evidenzsorten zu bemühen. Die MT hat hiergegen keine Einwände vorzubringen, da sie generell eher zur Aussage "Evidence is evidence" als zum üblichen Gambit 'internal vs. external evidence' tendiert, ja die MT erwartet sogar, daß sich z.B. die Neurophonologie in naher Zukunft zu einer respektablen Evidenzquelle 'auswächst'.

4.4.1. In systematischer Perspektive kehrt sich das Verhältnis zwischen heuristischen Quellen und MT um: z.B. sind aspirierte Konsonanten nicht deshalb markiert, da selten, sondern selten, da markiert; z.B. sind Nasalvokale deshalb (sprachtypologisch) relativ seltener (und in einer Einzelsprache weniger) als die Oralvokale, da sie relativ markierter sind als die Oralvokale. Z.B. ist der syntaktische Typ VSO nicht deshalb markiert, da selten, sondern selten, da markiert. Er ist markiert, weil er (im Gegensatz zu SOV- oder SVO-Sprachen) nach einer nicht-adjazenten Rhemakodierung[17] verlangt und weil die UG aufgrund der neurobiologisch fundierten 'chunk'-Bildung[18] adjazente/kontinuierliche Konstituenten als unmarkierte Parameterfixierung auszeichnet. Ergo sind die Phänotypen SVO bzw. SOV relativ natürlicher als VSO: Geno- und Phänotyp koinzidieren. Der Wandel SOV/SVO → VSO stellte einen *unnatürlichen Wandel* dar - womit lediglich gesagt sein soll, daß er cognitiv 'kostspielig', nicht aber unmöglich ist. Stabile VSO-Sprachen (z.B. keltische) bedürfen spezieller, anderweitiger Optimierungsstrategien; Grundsätzliches hierzu im Abschnitt 'Markiertheitskompensation'.

Bei der Erörterung des Zusammenhangs zwischen heuristischen Quellen von Markiertheitsvermutungen und systematischer MT ist natürlich darauf hinzuweisen, daß die MT nur unter Zusatzberücksichtigung L-spezifischer/phänotypischer Randbedingungen in der Lage ist, zu begründen und zu prognostizieren, weshalb die Verhältnisse in einer Sprache L so sind, wie sie sind. Dies spricht aber weder gegen die MT, noch gegen die NT. Randbedingungen gehören wohl zum üblichen 'Inventar' von Erklärungen, und es ist kein Grund einzusehen, weshalb die (systemabhängige) NT nicht auch Randbedingungen in Betracht ziehen sollte: Tut sie dies, so erweisen sich die in den heuristischen Quellen angesprochenen Datenbereiche weitgehend als Epiphänomene der MT.[19] Da die UG-zentrierte MT nicht für L-spezifische Randbedingungen sensitiv ist, mußte in der Kriterienliste 1)-16) das Prädikat "im allgemeinen" verwendet werden: es möge dies jedoch nicht zum üblichen Mißverständnis verführen, daß 'weniger markiert als' mit 'normaler/häufiger/eher zu erwarten' oder dgl. gleichzusetzen sei. Der Ausdruck '$\overset{<}{m}$' bezieht sich (im Gegensatz zu den phänotypischen Ausdrücken 'normaler als/häufiger als' etc.) auf offene Parameter des Bioprogramms und auf nichts sonst. If it's that, it is that!

---

17 Hierauf hat insbesondere Bossong verschiedentlich hingewiesen; vgl. z.B. Bossong (1980).

18 Chunk-Bildung scheint vom Kurzzeitgedächtnis abhängig zu sein. Zur Abschätzung der Rolle des Kurzzeitgedächtnisses in der linguistischen Theoriebildung vgl. G. Fenk (1981).

19 Ich versuche dies anhand des Verhältnisses von Markiertheit und Frequenz in Mayerthaler (1982/MS) zu zeigen.

4.5. Der Markiertheitsbegriff wird pro Komponente der Grammatik verschieden gedeutet. Diese Unterschiede resultieren daraus, daß für verschiedene sprachliche Aufgaben teilverschiedene Areale des Zentralnervensystems zuständig sind. Gemeinsamer Nenner der differierenden Deutungen ist aber jeweils der Gesichtspunkt der cognitiven Kosten auf der Ebene der UG.[20] Für die Phonologie schlage ich gemäß den Ausführungen in 4. vor:

phon. Markiertheit = f(Artikulation, Perzeption)

Diese Deutung schließt eine phonetikferne Deutung der Phonologie aus. Eher anzustreben sind m.E. Phonologiekonzeptionen wie z.B. die von Bailey oder Ohala vertretenen. Stichwort: *Phonetologie/ phonetology*.

4.5.1. Wie Lieberman (1977:138ff) zeigt, ist die traditionelle artikulatorische Vokaltheorie falsch, da keine 1:1-deutige Zuordnung zwischen artikulatorischer Vokalgeste und auditivem Eindruck vorgenommen werden darf bzw. weil es verschiedene artikulatorische Gesten für einen Laut gibt. (Beispielsweise lassen sich Sprecher finden, deren Zungenrücken bei der Artikulation von [e] höher liegt als bei der Artikulation von [ɪ]!) Entsprechend dieser Modifizierung der Phonetiktheorie werden auch in Begründungen phonologietheoretischer Markiertheitsrelationen perzeptive Gesichtspunkte eine herausragende Rolle spielen. Wenn also Merkmale wie z.B. 'hoch/tief/vorne/hinten' usw. verwendet werden, so nur deshalb, weil diese artikulatorischen Merkmale (mittels Propriozeption) im allgemeinen leichter zugänglich als in Termen von Formantstrukturen formulierte auditive Merkmale sind: gemeint sind aber meist auditive und nicht artikulatorische Ereignisse - es sei denn, es wird explizit auf die Artikulation verwiesen.

---

20 Zur Deutung von Markiertheit in anderen Komponenten der Grammatik vgl. Mayerthaler (1982 MS/ erscheint 1983).

4.6. Zur Begründung von Markiertheitsrelationen

Es hat sich forschungsgeschichtlich als fruchtbar erwiesen, z.B. das Verdauungssystem relativ losgelöst von psychosomatischen Faktoren zu studieren, obwohl damit nicht ausgeblendet werden soll, daß sich Psychosomatisches "auf den Magen schlagen" kann. Ebenso wie die Vorstellung insgesamt angemessen erscheint, daß der Organismus ein offenes System relativ autonomer, jedoch interagierender organischer Module sei, so schwebt mir auch eine modulare Grammatiktheoriebildung vor. Eines dieser Module ist m.E. die Markiertheitstheorie, die sich als Teil der theoretischen Sprachbiologie versteht. Es wird damit keinem 'Biologismus' natürlicher Sprachen das Wort geredet, es werden damit keine soziokommunikativen oder gesellschaftlichen Faktoren vernachlässigt - allein sie gehören nicht dem biologietheoretischen Modul der MT an.

Die Natürlichkeitstheorie akzeptiert zwei Begründungssorten im Bereich der Grammatiktheorie:

a) soziokommunikative und

b) biologische.

Da die MT nur derjenige Teil der NT ist, der über das Bioprogramm spricht, akzeptiert sie auch nur biologische Begründungen. In den Begründungszusammenhang von Natürlichkeitsrelationen gehen hingegen auch soziokommunikative Parameter ein. Welcher Vorteil aus der (üblichen) Vernachlässigung biologischer Parameter oder der Vermengung von a) und b) resultieren soll, müßte erst einmal hinreichend klar formuliert werden, bevor sich darüber diskutieren ließe.

4.6.1. Beispiele für biologische Begründungen phonologischer Markiertheitsrelationen

Beispiel 1 (Akzentstruktur):
Aus dem Bereich der Akzenttheorie ist bekannt, daß zwei Hauptakzente niemals adjazent sind: *1 1 (im Sinne einer absoluten Zuweisung mittels des transformationellen Akzentzyklus) oder *s s (wobei: s = 'strong' im Sinne der metrischen Phonologie). Dieses 'negative' Universale bedarf einer Begründung, und die MT erblickt diese Begründung im neurobiologischen Mechanismus der lateralen Inhibition.[21]

21 Zum Thema 'laterale Hemmung' vgl. z.B. Schmidt (Hrsg. 1977, 114f).

Laterale Hemmung dient der Kontrastverschärfung und favorisiert deshalb auch Akzentabstufung. Ergo ist eine Akzentrelation der Art R(g,g) 'gleichstark wie', die von manchen Theoretikern (vgl. z.B. Jacobs: im vorliegenden Band) vorgeschlagen wird, relativ markierter als die stärker-schwächer-Relation.

$\overset{<}{m}$<R(s,w) bzw. (w,s), R(g,g)>

Die Parameterfixierung 'gleichstark wie' wird erwartbar selten gewählt bzw. Frequenz stellt sich weitgehend als Epiphänomen von Parameterfixierungen jeweils einschlägiger Markiertheitsrelationen dar. Entsprechend kommen in markiertheitstheoretischen Begründungszusammenhängen keine Frequenzgesichtspunkte vor. Auf der Ebene der Normalitätstheorie können Frequenzargumente jedoch eine Rolle spielen: sie gehen ein in die Explikation der phänotypischen/L-spezifischen Normalität.[22]

Beispiel 2 (Phonation):
Gegeben seien die folgenden Relationen:

1) $\overset{<}{m}$<egressiv,ingressiv>
2) $\overset{<}{m}$<Brustregister,Falsettregister>
3) $\overset{<}{m}$<-breathy phonation, +breathy phonation>

Alle Säuger (man denke z.B. an Wolfsgeheul) phonieren während der expiratorischen Phase. Dies geht auf die evolutionäre Übergeordnetheit der Physiologie des Atmungssystems zurück, dessen Details hier nicht interessieren. Für linguistische Zwecke ist hinreichend, daß aus physiologischen Gründen der Luftstrom beim Ausatmen leichter kontrolliert und moduliert werden kann als beim Einatmen. Dies wiederum bedingt die segmentale Markiertheit aller Ingressiva/Injektiva (darunter Schnalzlaute/Clicks).[23]

Grundsätzlich unterscheidet man (seit Müller 1848) zwei Phonationsregister, das Brust- und das Falsettregister. Das Falsettregister ist artikulatorisch viel aufwendiger als das Brustregister. Details hierzu in Lieberman (1977:89ff). Sog. breathy phonation

---

22 'L-spezifische Normalität' bzw. 'Systemangemessenheit' wird insbesondere von Wurzel (1982) thematisiert.

23 Clicks are highly marked and not just that beast! Vgl. hierzu Mayerthaler (1982a), wo sich anhand der Schnalzlautproblematik eine Auseinandersetzung mit der Lass'schen Deutung der Markiertheitstheorie findet.

(Details in Lieberman (1977:91f), wie sie z.B. beim Flüstern verwendet wird, ist sicherlich markiert: sie erfordert spezielle artikulatorische Manöver zur Offenhaltung der Glottis, die bei unmarkierter Phonation geschlossen ist.
Zusammengefaßt:

$$\text{unmarkierte Phonation} =_{def} \{X \mid X \in \text{egressiv} \wedge X \in \text{Brustregister} \wedge X \in \text{geschlossene Glottis}\}$$

Der eben definierte Fall der unmarkierten Phonation illustriert, stellvertretend für andere Fälle, was gemeint ist, wenn die MT von unmarkierter Parameterfixierung spricht. Ist in einer Sprache L ein Parameterwert P_i unmarkiert fixiert worden, so kann der markierte Parameterwert P_j in L nur mehr für spezielle, 'semiotisch markierte' Fälle verwendet werden.

Beispiel 3 (Satzintonation):
Gegeben sei:

1) $\overset{<}{m}$<fallende, andere Konturen/Tangenten> / [$\overline{\text{Deklarativsatz}}$]

2) $\overset{<}{m}$<steigende, andere Konturen/Tangenten> / [$\overline{\text{Fragesatz}}$]

Die UG stellt die Kategorien Frage- und Deklarativsatz zur Verfügung; sie betrachtet hierbei den Fragesatz als markierte Kategorie. 1) ist sprecherorientiert und 2) die hörerorientierte Umkehrung von 1). Diese 'Inverse' wird mittels *Markiertheitsumkehrung* aus 1) gewonnen. Da in neuraler Hinsicht Sprechen/Enkodieren und Hören/Dekodieren nicht gleichgesetzt werden dürfen, hat die MT sensitiv zu sein für eine Gerichtetheit der Abbildung/directionality of mapping: im Komplement zu sprecherbezogenen Markiertheitsrelationen kehren sich semantaktische Markiertheitsrelationen um.[24] Der Ausdruck 'steigend' in 2) bedeutet 'mindestens ein Anstieg der Grundfrequenz f_0', umfaßt also auch steigend-fallende Intonationsverläufe, wie sie z.B. in finnischen und ungarischen Fragesätzen zu beobachten sind.
Die Relation 1) wird wie folgt begründet:
Bei minimaler artikulatorischer Kontrolle einer Atemgruppe ergibt sich eine final-fallende f_0-Kontur, es sei denn, der Sprecher führt kompensatorische Manöver mittels seiner laryngalen Muskulatur durch.

---

24 Vgl. hierzu Mayerthaler (1980b).

Falls der Sprecher seine supralaryngale Geometrie und seine Larynx jedoch konstant hält, so wird f_0 ausschließlich vom pulmonaren Luftdruck bestimmt, d.h. fällt mit abnehmendem pulmonarem Luftdruck. Die skizzierte Konstanthaltung erfordert eine minimale neuromotorische Steuerung: sie definiert die *unmarkierte Atemgruppe* (im folgenden '-Atemgruppe' genannt) und liegt z.B. beim Schreien von Säuglingen vor. Wir wollen sagen:

$\overset{<}{m}$<-Atemgruppe, +Atemgruppe>

wobei: '+Atemgruppe' jede Sorte von Abweichungen vom Zustand minimaler Artikulationskontrolle umfaßt.
Das Vorliegen von '-Atemgruppe' impliziert eine finale Senkung von f_0, weil der pulmonare Luftdruck abnimmt und weil f_0 in diesem Fall ausschließlich vom pulmonaren Luftdruck abhängt. Deshalb die Markiertheitsrelation 1).

Beispiel 4 (segmentale Markiertheit):
Gegeben seien die Relationen:

1) $\overset{<}{m}$<b,g>
2) $\overset{<}{m}$<C[+dau -nas], C[+dau +nas]>
3) $\overset{<}{m}$<C[+glottalisiert -sth], C[+glottalisiert +sth]>

Ad 1:
Diese Relation spielt bekanntlich eine Rolle bei der Kritik Gamkrelidzes am rekonstruierten indogerm. Konsonantensystem, das kein *b*, wohl aber ein *g* aufweisen soll. Ich halte die Kritik Gamkrelidzes für angemessen und meine, daß sie bislang nur deshalb nicht weiter akzeptiert wurde, weil man einer Relation wie 1) gern einen 'metaphysischen' Charakter unterschiebt oder den Ausdruck 'markiert' mit 'normal' verwechselt. 1) wird wie folgt begründet: Je länger das Ansatzrohr/der Vokaltrakt, desto leichter ist Stimmbandschwingung. Da beim bilabialen Verschluß von *b* das Ansatzrohr länger als bei der Artikulation von *g* ist, ist *b* unmarkierter als *g*. Alle untersuchten natürlichen Sprachen weisen Implikationsuniversalien der Art $\overset{>}{m} \supset \overset{<}{m}$ 'Die Existenz von Markierterem setzt die Existenz von weniger Markiertem voraus' auf, ergo auch $g \supset b$, falls es in L überhaupt stimmhafte Konsonanten gibt. (Man wäre Kritikern der MT um Gegenbeispiele dankbar!) Da das 'klassische' idg. System

aber eine *b*-Lücke aufweist, ist es markiertheitstheoretisch suspekt. Es gehört nicht zu den *möglichen stabilen Systemen*!

Ad 2:

Nasalierung setzt Senkung des Velums voraus. Bei Senkung des Velums entweicht die Luft durch den Nasenraum. Dies bewirkt einen Abfall des Luftdrucks im Mundraum. Fällt der Luftdruck unter einen kritischen Wert, dann wird die (für Frikativbildung notwendige) Turbulenzbildung erschwert bzw. sogar verunmöglicht. Ergo sind nasalierte Frikative markierter als andere Frikative.

Epiphänomene:

a) Nasalierte Frikative sind selten;
b) Systeme mit nur nasalierten Frikativen können nicht stabil sein;
c) Nasalierte Frikative werden spät erworben usw. (vgl. die heuristischen Quellen der MT).

Ad 3:

Glottalisierung impliziert eine Kompression oder einen vollständigen Verschluß der Glottis. Dies erschwert oder verhindert Stimmbandschwingung. Ergo sind stimmhafte glottalisierte Konsonanten markierter als andere glottalisierte Konsonanten.

Wie wohl offensichtlich, ist die Begründung phonologischer Markiertheitsrelationen wenig metaphysisch, sondern eher ein Reflex dessen, was man 'Lautphysiologie mit heutigen Mitteln' nennen könnte. Diese Mittel umfassen in diversen (hier nicht demonstrierten) Fällen eben das gesamte Instrumentarium der Phonetik bzw. der Disziplinen, die sich mit neuraler Steuerung der Artikulationsmotorik und neuralen Grundlagen der Lautperzeption befassen.[25] Die Begründung von Markiertheitsrelationen fällt in den Bereich der Biologie, soweit man annimmt, daß das Zentralnervensystem sowie Artikulatoren, Resonanzräume usw. Entitäten sind, denen eine eher biologische als gesellschaftliche Existenz zukommt.

25 Eine Zusammenfassung des gegenwärtigen Wissens über neurale phonologische Detektormechanismen findet sich in Edmondson (1982).

5. Kontextfreie segmentale Markiertheitsrelationen

Ich gebe im folgenden aus illustrativen Gründen eine (unvollständige) Liste segmentaler Markiertheitsrelationen an. Die Begründung der jeweiligen Relationen wird aus Darstellungsgründen nur kurz angetippt oder bleibt ganz ausgespart. Zugleich erkläre ich jedoch meine Bereitschaft, auf Befragung hin zu jeder einzelnen Relation eine detaillierte Begründung zu liefern. Das Zeichen '⊩' steht für 'folgt logisch'; es steht meist vor Spezialisierungen.

I) Konsonanten

1) $\overset{<}{m}$<C,V> Der konsonantische Wahrnehmungsraum ist feiner als der für Vokale.[26]
2) $\overset{<}{m}$<C -aspiriert, C +aspiriert>
3) $\overset{<}{m}$<C -glottalisiert, C +glottalisiert>
4) $\overset{<}{m}$<C +aspiriert, C +glottalisiert>

---

5) $\overset{<}{m}$<C -aspiriert, C +aspiriert, C +glottalisiert>
   5⊩ 5.1 $\overset{<}{m}$ <k,k^h,k'> (k' = glottal. *k*)
6) $\overset{>}{m}$<p', andere glottalisierte C> bzw.
   $\overset{>}{m}$<+glottalisiert, -glottalisiert> / $[\overline{C\ +labial}]$
   6⊩ 6.1 $\overset{<}{m}$<t',k',p'>

Glottalisierung ist am markiertesten bei labialen Konsonanten. Dies hat wahrnehmungstheoretische Gründe. Z.B. fehlt p' in verschiedenen kaukasischen, afrikanischen und nordamerikanischen Indianersprachen, die t' oder t' und k' aufweisen.

7) $\overset{<}{m}$<C -pharyngalisiert, C +pharyngalisiert>
8) $\overset{>}{m}$<ṗ, andere pharyngalisierte C> bzw.
   $\overset{>}{m}$<+pharyngalisiert, -pharyngalisiert> / $[\overline{C\ +labial}]$
   8⊩ 8.1 $\overset{<}{m}$<ṫ,k̇,ṗ> (ṗ = pharyngalisiertes *p* usw.)
9) $\overset{<}{m}$<+sth, -sth> / $[\overline{C\ +resonant}]$
   $\overset{<}{m}$<-sth, +sth> / $[\overline{C\ -resonant}]$

---

26 'Speech es premerele perceved be the kensenents, es ken be seen be the perfect enderstendebelete ef thes etterence!' Man denke auch daran, daß es Verschriftungssysteme gibt, die allein Konsonanten repräsentieren, während das Umgekehrte Verfahren nicht bekannt ist.

9 ⊩ 9.1 $\overset{<}{m}$<s,z>

⊩ 9.2 $\overset{<}{m}$<l +sth, l -sth>

⊩ 9.3 $\overset{<}{m}$<n +sth, n -sth> etc.

10) $\overset{<}{m}$<+labial, -labial>/ [$\overline{\text{+sth}}$]

11) $\overset{<}{m}$<-velar, +velar>/ [$\overline{\text{+sth}}$]

12) $\overset{<}{m}$<C -silb, C +silb>

12 ⊩ 12.1 $\overset{<}{m}$<N -silb, N +silb> (N = Nasal)

⊩ 12.2 $\overset{<}{m}$<L -silb, L +silb> (L = Liquid)

⊩ 12.3 $\overset{<}{m}$<F -silb, F +silb> (F = Frikativ)

13) $\overset{<}{m}$<-sth, +sth>/ [$\overline{\text{+hinten -reson. C}}$]

13 ⊩ 13.1 $\overset{<}{m}$<k,g>

14) $\overset{<}{m}$<+sth, -sth>/ [$\overline{\text{+labial -reson. C}}$]

14 ⊩ 14.1 $\overset{<}{m}$<b,p>

15) $\overset{<}{m}$<C -retroflex, C +retroflex> (perzeptiv begründet)

16) $\overset{<}{m}$<j,w,andere G> (G = Gleitlaut/Halbkonsonant)

17) $\overset{<}{m}$<s,š>, $\overset{<}{m}$<l,r>, $\overset{<}{m}$<k,p>, $\overset{<}{m}$<k',p'>, $\overset{<}{m}$<k^h,p^h>

usw.

II) Vokale

1) $\overset{<}{m}$<quantale V, andere V>[27] (perzeptiv begründet)

1 ⊩ 1.1 $\overset{<}{m}$<a/i/u, andere V>

⊩ 1.2 $\overset{<}{m}$<a/i/u, andere Vokale>/ [$\overline{\text{Nebenton}}$][28] (perzeptiv begründet)

2) $\overset{<}{m}$<V -nas, V +nas> (perzeptiv begründet)

3) $\overset{<}{m}$<V +sth, V -sth> (z.B. das Cheyenne hat stimmlose Vokale!)

4) $\overset{<}{m}$<V +nas +tief, V +nas +hoch> (perzeptiv begründet)

5) $\overset{<}{m}$<V +rund, V -rund>/ [$\overline{\text{+hinten}}$] (perzeptiv begründet)

6) $\overset{<}{m}$<V -retroflex, V +retroflex> (perzeptiv begründet)

usw.

Die linken Relate segmentaler phonologischer $\overset{<}{m}$-Relationen sind jeweils unmarkierter als die rechten Relate. Wie im folgenden zu zeigen sein wird, ist mit der Angabe von Markiertheitsrelationen

---

27 Vgl. hierzu die in Lieberman (1977:146f/184f) angegebene Literatur.

28 Viel differenziertere Markiertheitsrelationen für den Nebentonvokalismus finden sich in Eva Mayerthaler (1982).

die Evaluation noch nicht beendet. Kontextfreie segmentale Markiertheit stellt lediglich einen ersten Input für die Evaluation bereit. Auf einer zweiten, übergeordneten Evaluationsstufe ist die Evaluation segmentaler Markiertheit in Abhängigkeit von der Position in der Silbe zu iterieren, da die Silbe eine grundlegende neurale Kondierungseinheit darstellt.

6. Hierarchien der Evaluation im Rahmen der MT

Mindestens folgende Ebenen sind anzusetzen:

i) kontextfreie segmentale Markiertheit;
ii) segmentale Markiertheit in Abhängigkeit von der Position in der Silbe;
iii) Prozeßnatürlichkeit.

Die Reihenfolge i)-iii) drückt hierbei eine Hierarchie aus; ii) steht über i), aber unter iii). Diese UG-Hierarchie bleibt auch auf der Ebene der L-spezifischen Evaluation im Rahmen der Natürlichkeitstheorie erhalten. Die Begründung der Ordnung 'iii) über ii)' erfolgt später.

6.1. Segmentale Markiertheit in Abhängigkeit von der Position in der Silbe

Einleitend zwei Beispiele, welche die Notwendigkeit dieser Evaluationsebene demonstrieren.

Beispiel 1:
Bei einem rückwärts abgespielten Sonagramm von *Hanna*, also (in phonetischer Umschrift) [an̄ah] wird bekanntlich das finale *h* nicht perzipiert, obwohl seine physikalische Realität eindeutig ist und im Anlaut auch zu keinen Perzeptionsschwierigkeiten Anlaß gibt. Diese perzeptive Asymmetrie liegt der Aussage zugrunde, daß silbenfinales *h* markierter ist als silbeninitiales.[29]

29 Sprachhistorisch hat silbenfinales *h* nur zwei Entwicklungsmöglichkeiten: a) es wird zu Ø oder b) es wird zu [ç] bzw. zu [x]. Man vgl. z.B. den span. Fall. Wenn für das Protoalgonkinische ein silbenfinales *h* rekonstruiert wird, so ist dies m.E. wenig überzeugend. Zwecks terminologischer Verdeutlichung füge ich hinzu, daß ich unter [h] denjenigen Frikativ verstehe, der bei Nullkontrolle des Vokaltraktes (also z.B. beim Ausatmen) vorliegt.

Beispiel 2:

Generell gilt:

$\overset{>}{m} \supset \overset{<}{m}$ bzw. (mittels Spezialisierung) auch

$[m] \supset [n]$

Dennoch tolerieren einige Sprachen im Endrand[30] nur *n*. Desgleichen läßt sich oft beobachten, daß finales *m* zu *n* wird (vgl. z.B. lt. *rem* → frz. *rien* oder lt. *sum* → it. *son+o*), während das Umgekehrte - außer in Nexus - nicht bekannt ist. Man darf deshalb vermuten, daß im Endrand *n* trotz $\overset{<}{m}$<m,n,ŋ> unmarkierter als *m* ist.

$\overset{<}{m}$<n,m>/ [$\overline{\text{Endrand}}$]

$\overset{<}{m}$<m,n>/ [$\overline{\text{Anfangsrand}}$]

Aufgabe der MT-Evaluation in Abhängigkeit von der Position in der Silbe ist auch die Bestimmung der phonotaktischen Markiertheit. Die MT wird hierbei z.B. homorgane Nexus als unmarkiert auszeichnen. Sogenannte *Stärkehierarchien/strength hierarchies* fallen ebenfalls in den Bereich der Evaluation auf Ebene 2. Da a priori nicht zu erwarten ist, daß sich der Genotyp 1:1-deutig in den Phänotyp abbildet, sind L-spezifische Stärkeverschiebungen kein Einwand gegen das Konzept 'Stärkehierarchie', obwohl zuzugeben ist, daß phänotypische Stärkefixierungen phonologischer Segmente bislang nicht hinreichend geklärt sind.

Grundlegende Arbeiten zur phonologischen Markiertheit in Abhängigkeit von der Position in der Silbe stammen von Bailey (1973, 1977, 1979).[31] Seine Ergebnisse werden von Eva Mayerthaler (1982) teils weitergeführt, teils modifiziert. Aus diesen Gründen gehe ich hier nicht weiter auf die Problematik von Markiertheitsrelationen auf Ebene 2 ein, sondern wende mich der Frage der phon(et)ologischen Regel- oder Prozeßnatürlichkeit zu.

---

30 Generell gilt, daß Sprachen im Silbenendrand andere Segmente als im Anfangsrand favorisieren.

31 Seit nunmehr fast 10 Jahren postuliert die MT also die Abhängigkeit segmentaler Markiertheit von der Position in der Silbe. Würde endlich zur Kenntnis genommen, daß die MT nicht mit dem 'Chapter Nine' des SPE identisch ist, so ließen sich Pseudoauseinandersetzungen zwischen Proponenten und Opponenten der Markiertheitstheorie wohl drastisch reduzieren.

6.2. Regelnatürlichkeit

Eine phon(et)ologische Regel R ist unmarkiert/natürlich, wenn R artikulatorisch und/oder perzeptiv begründet werden kann. Jede Regelmorphologisierung führt zum Abbau an Natürlichkeit. Da die MT jedoch eine Unterscheidung zwischen Phonologie und Morphonologie trifft bzw. die Morphonologie zur Morphologie rechnet, hat die phonologische MT nichts weiter zum Komplex 'Regelmorphologisierung' zu sagen. Überdies gehören morphologisierte Regeln jeweils einer L-spezifischen Grammatik und nicht der UG an.

Die phonologische MT evaluiert also lediglich Regelschemata ($\in$ UG, z.B. für Nasalierung, Palatalisierung, Gleitlautbildung usw.)[32] sowie die Natürlichkeit ihrer Abbildung auf den Phänotyp.

Gegeben seien zur Illustration folgende Regelpaare:

R1) V → [+nasal] / ___[C +nasal]
R2) V → [+nasal] / ___#
R3) C → Ø / ___C
R4) C → Ø / ___V
R5) [V +hoch] → G / ___V
R6) V → G / ___V
R7) Ø → ə / [+obstr]L___#
R8) Ø → C / [+obstr]L___#
R9) [+obstr] → [-sth] / ___$\$$ ('$\$$' = Silbengrenze)
R10) [+obstr] → [-sth] / ___V

Da markiertheitstheoretische Ausdrücke bez. der Regelevaluation die Form $\overset{<}{m}\langle R_i, R_j\rangle$ haben, darf also auch $\overset{<}{m}\langle R_1, R_2\rangle$ bis $\overset{<}{m}\langle R_9, R_{10}\rangle$ festgehalten werden.

In Einzelfällen ist die Evaluation oft komplexer, und zwar deshalb, weil sie auf der (die MT transzendierenden) Ebene der NT von verschiedenen phänotypischen Parameterfixierungen abhängt.

Einige Beispiele:

Man denke sich, daß in den nachstehend aufgelisteten Ausdrücken die Argumente der Relation jeweils für die Regel oder den Prozeß stehen,

---

32 Man vgl. hierzu insbesondere die verschiedenen phonologischen Arbeiten des 'Stanford Universals Project'.

die bzw. der durch den Argumentnamen bezeichnet wird. Phänotypische Parameterfixierungen werden durch die jeweilige Kontextangabe repräsentiert. Zugleich werde vorausgesetzt, daß mindestens zwischen zwei phonologischen Sprachtypen zu unterscheiden ist:

a) Sprachen mit *Silbenrhythmus*/syllable timed languages

b) Sprachen mit *Akzentrhythmus*/stress timed languages.[33]

In diesem Fall gilt für den Phänotyp [+Silbenrhythmus]:

1) $\overset{<}{m}$<offene Silbe,geschlossene Silbe>/[$\overline{\text{+Silbenrhythmus}}$]

2) $\overset{<}{m}$<steigender Diphthong,fallender Diphthong>/[$\overline{\text{+Silbenrhythmus}}$]

3) $\overset{<}{m}$<-V-Abschwächung,+V-Abschwächung>/[$\overline{\text{+Silbenrhythmus}}$]

4) $\overset{<}{m}$<-Synkope,+Synkope>/[$\overline{\text{+Silbenrhythmus}}$]

5) $\overset{<}{m}$<konst. Silbengrenze,variable Silbengrenze>/[$\overline{\text{+Silbenrhythmus}}$]

und für den Phänotyp [-Silben- bzw. Akzentrhythmus]:

1) $\overset{<}{m}$<geschl. Silbe,offene Silbe>/[$\overline{\text{+Akzentrhythmus +Einsilber}}$][34]

2) $\overset{<}{m}$<fallender Diphthong,steigender Diphthong>/[$\overline{\text{+Akzentrhythmus}}$]

3) $\overset{<}{m}$<+V-Abschwächung,-V-Abschwächung>/[$\overline{\text{+Akzentrhythmus}}$]

4) $\overset{<}{m}$<+Synkope,-Synkope>/[$\overline{\text{+Akzentrhythmus}}$]

5) $\overset{<}{m}$<variable Silbengrenze,konst. Silbengrenze>/[$\overline{\text{+Akzentrhythmus}}$]

---

33 Z.B. das Engl. weist überwiegend Eigenschaften einer 'stress timed language' auf, das Span. hingegen solche einer 'syllable timed language'. In Sprachen mit Akzentrhythmus zieht der Silbennukleus bei zunehmendem Sprechtempo Konsonanten an: vgl. engl.

é\$xtra Lentoform
ék\$stra ↓
éks\$tra
ékst\$ra Allegroform

Die C-Attraktion schafft also geschlossene Silben. Zugleich tendiert die Nachtonsilbe zur Abschwächung bzw. sogar zur Tilgung: vgl. *líb(ra)ry* usw. Die engl. Diphthonge sind fallend; fallende Diphthonge können die Silbe ebenfalls schließen. Akzentrhythmus-Sprachen weisen eine variable, vom Sprechtempo abhängige Syllabierung auf. In einer Sprache mit Silbenrhythmus verändert sich die Syllabierung mit steigendem Sprechtempo nicht. Z.B. im Span. gibt es auch keine V-Abschwächung oder Synkopierung. Die Diphthonge einer Sprache mit Silbenrhythmus sind im allgemeinen steigend, vgl. it. *buóno* oder span. *buéno*. Ich nehme an, daß [α syllable timed] ein offener Parameter der UG ist. In einem gradienten Beschreibungsrahmen gilt wohl: Akzentrhythmus ⊃ $\overset{<}{m}$<geschlossene Silbe, offene Silbe> 'Je mehr Akzentrhythmus, desto unmarkierter ist die geschlossene Silbe'. Terminologisch empfiehlt es sich (nach Bailey 1978) zwischen leicht geschlossenen/loosely closed und eng geschlossenen/tightly closed Silben zu unterscheiden. Z.B. *deep* ist leicht geschlossen, *depth* aber eng.

34 Einsilbler spielen in verschiedener Hinsicht eine Sonderrolle. Unmarkierte Struktur autosemantischer Einsilber ist in Sprachen mit dominantem Akzentrhythmus CVC. Zur Begründung dieser Annahme vgl. Mayerthaler (1983).

Ich belasse es bei diesem kurzen Exkurs zur Regelevaluation auf der Ebene des Phänotyps und kehre zum Genotyp bzw. zur UG zurück. Zu begründen bleibt die MT-Annahme, daß die Evaluationsebene iii) 'Prozeßnatürlichkeit' hierarchisch über den Evaluationsebenen i) und ii) 'segmentale Markiertheit' (ohne bzw. in Abhängigkeit von der Position in der Silbe) steht.

6.3. Verarbeitungs- vor Speicheroptimierung

Ohne hier in Details gehen zu können, erscheint die Hypothese neurologisch gut vertretbar, daß das menschliche Gehirn eine faszinierend große Speicherungsfähigkeit bezüglich des Langzeitgedächtnisses aufweist. Desgleichen darf wohl angenommen werden, daß phonologische Inventare im LZG gespeichert sind. Die Prozessorkomponenten des Gehirns arbeiten im Rahmen der engen Kapazitätslimits des Kurzzeitgedächtnisses (KZG). Infolgedessen muß das Gehirn insbesondere Prozeßkomponenten optimieren. Dieser unterschiedliche Optimierungsdruck begründet die Annahme, daß Verarbeitungsoptimierung wichtiger ist als Speicheroptimierung. Unmittelbarer Reflex hiervon ist die MT-Annahme, daß phonologische Prozeßnatürlichkeit hierarchisch über segmentaler phonologischer Unmarkiertheit steht.

6.3.1. Markiertheitsabbau auf höherer Ebene/higher level unmarking

Die Begrifflichkeit 'higher level unmarking' geht auf Bailey (1973:37) zurück, der geschrieben hatte:

"(1a) The directionality of natural change is from what is more marked to what is less marked;

(1b) when two changes conflict, unmarking on a higher hierarchical level may overrule a lower-level feature-marking produced by the higher level unmarking."

Die Prinzipien (1a,b) haben der MT viel Kritik eingetragen, und zwar wohl deshalb, weil sie nicht verstanden wurden.[35] Aus diesem Grund ein erneuter Paraphrasierungsversuch:

Was Bailey sagt, ist zuerst einmal, daß es zu Natürlichkeitskonflik-

35 Beispielsweise schreibt Muhr (1981:27) zu (1b): "Um ehrlich zu sein, kann ich dem nicht mehr ganz folgen und nicht an eine Analysemethode denken, die derartig komplizierte Querverbindungen bewältigen kann. Der zweite Grundsatz ist anscheinend als Einschränkung des ersten zu sehen, da dieser - in logischer Konsequenz zu Ende gedacht - zur Aufgabe aller markierten Laute führen müßte,

ten zwischen segmentaler und prozessualer Markiertheit kommen kann. Wie jedermann weiß, entstehen z.B. durch Assimilation (etwa durch Nasalierung von Vokalen oder durch Sonorisierung bzw. Frikativisierung zwischenvokalischer Konsonanten) segmental markierte Segmente. Wäre nur Prinzip (1a) verfügbar, so müßte z.B. zwischenvokalische Sonorisierung insgesamt als Entwicklung des Typs '$\overset{<}{m} \rightarrow \overset{>}{m}$', d.h. als unnatürlicher Wandel klassifiziert werden - und tatsächlich ist diese Deutung auf segmental-markiertheitstheoretischer Ebene auch angemessen. Da die Phon(et)ologie einer Sprache jedoch nicht nur aus dem segmentalen Inventar, sondern auch aus Prozessen besteht, ist es wohl legitim, neben (1a) zugleich (1b) zu bemühen. Da (1b) hierarchisch über (1a) steht, ist das Eintreten von zwischenvokalischer Sonorisierung insgesamt natürlich, also ein natürlicher Wandel des Typs '$\overset{>}{m} \rightarrow \overset{<}{m}$' obwohl er segmental zu Markiertheitszunahme führt. Für Natürlichkeitskonflikte dieser Art wurde die Redeweise 'higher level unmarking' vorgeschlagen.

Wie noch gezeigt werden wird, prognostiziert das Prinzip (1a) nicht, daß natürliche Sprachen phonologisch immer unmarkierter werden. Überdies ist es schwer, sich eine Phonologietheorie vorzustellen, die zur Problematik der Interaktion zwischen segmentaler und Prozeßnatürlichkeit nichts sagen müßte. Wenn sich konkurrierende Phonologietheorien hierzu bislang noch nicht oder jedenfalls nicht in expliziter Weise geäußert haben, so ist dies ihre Sache, nicht aber ein Einwand gegen die MT!

Wie auch bekannt, unterdrücken Kreolsprachen in den Anfangsphasen ihres Entwicklungszyklus natürliche phonologische Prozesse weitgehend oder sogar in Gänze: sie favorisieren allomorphiefreie,

---

was intuitiv ziemlich unwahrscheinlich erscheint. Das Konzept ist nur als Vorschlag gedacht und stellt eine Art Summierung von Ansätzen der "natürlichen Phonologie" dar, die noch der empirischen Verifizierung bedürfen".
Wie wohl offensichtlich, geht in diesem Zitat Einiges durcheinander. Auch wenn der "Schluß", daß die MT bzw. ihr Prinzip des natürlichen Wandels den Abbau aller markierten Laute prognostiziert, bereits von vielen vertreten wird, so bleibt er doch ein Fehlschluß; vgl. hierzu Mayerthaler (1982a), wo gezeigt wird, daß diese (leider 'literaturübliche') Deutung eher zum Kraut-und-Rüben-Verständnis der MT als zu den Theoremen der MT gehört. Zum zweiten ist darauf hinzuweisen, daß verschiedene natürliche Phonologen recht erstaunt wären, wenn man ihnen Prinzipien (1a/b) unterschöbe, und drittens geht es nicht um "derartig komplizierte Querverbindungen", sondern einfach darum, daß die Anwendung natürlicher phonologischer Prozesse zu einer Zunahme an segmentaler Markiertheit führen kann.

invariante Wörter. Dieser Hinweis auf den Phänotyp 'Kreolsprache in Anfangsphasen' stellt keinen Einwand gegen die Hierarchie iii) über ii) bzw. i) dar, da das Prinzip 'Markiertheitsabbau auf höherer Ebene' der UG/dem Genotyp angehört und weil das skizzierte Verhalten von Kreolsprachen eine anderweitige Erklärung findet. Beim Übergang 'Pidgin → Kreol' handelt es sich um den Erwerb einer Muttersprache. (Pidgins haben keine 'native speakers'.) Hierbei tritt regelmäßig strukturelle Expansion (Aufbau neuer Referenzkodierungsmittel, Entstehung einer Wortstellungssyntax, Entwicklung von Wortbildungsmorphologie usw.) auf. Strukturelle Expansion zielt auf kommunikative Adäquatheit einer Sprache L, die im Pidginstadium noch nicht gegeben ist: Pidgins sind wie (gleichermaßen monostilistische und monolektale) Idiolekte keine natürlichen Sprachen.

Die Entwicklung einer kommunikativ adäquaten Sprache L ist eine herausfordernde konzeptuelle Aufgabe für das Kind, weil - wie Bickerton 1981 exemplarisch anhand des Hawaiian Creole English zeigt - die neue Kreolsprache diverse Eigenschaften aufweist, die kein Vorbild in den (Pidgin-)Inputsprachen haben. Mit anderen Worten: Das Konzeptuelle steht solange im Vordergrund, bis es erworben ist. Ist es aber einmal in der Grammatik einer Kreolsprache L internalisiert, so erlaubt sich L regelmäßig auch wieder allomorphische 'Scherze': darauf kommt es (etwas lax gesprochen) jetzt auch nicht mehr an. In der weiteren Entwicklung von L wird sogar (mittels Morphologisierung) die Prozeßnatürlichkeit wieder eingeschränkt.

6.4. Natürlichkeitskonflikte

Konfligieren Markiertheitsrelationen verschiedener Ebenen oder innerhalb einer Ebene, so spricht die MT von *Natürlichkeitskonflikten*. Natürlichkeitskonflikte entstehen notwendig da und dort, weil in einem *vernetzten System* (also einem System mit Rückkoppelungen) nicht durchgängig unmarkierte Parameterfixierungen möglich sind. Man kann z.B. nicht zugleich die Diminution phonetisch ikonisch kodieren (= unmarkierte Parameterfixierung 1) und eine durchgängige Vokalharmonie (= unmarkierte Parameterfixierung 2) in L haben. Analog gibt es Natürlichkeitskonflikte zwischen den verschiedenen Komponenten der Grammatik. Z.B. führt die Applikation natürlicher phonologischer Regeln zu Allomorphie oder Flexivabbau, steht den unmarkierten Zielwerten morphologischer Kodierung also im Wege usw.[36]

6.5. Markiertheitskompensation

Die bezüglich der UG notwendig (da und dort) suboptimale/relativ markiertere Parameterfixierung eröffnet einen phänotypischen Ausprägungsraum für L-spezifische Systemangemessenheit. Hierbei scheinen aber markiertheitstheoretische Tauschgeschäfte die Regel zu sein. Für diese Tauschgeschäfte werde der Begriff *Markiertheitskompensation* vorgeschlagen:

> Die suboptimale L-spezifische Parameterfixierung bezüglich der universellen Markiertheitsskalen$_{i,j}$ impliziert eine relativ optimalere/unmarkiertere (L-spezifisch) Parameterfixierung bez. der universellen Markiertheitsskalen$_{k,l}$ (für $i/j \neq k/l$).

Das Konstrukt 'Markiertheitskompensation' ist die MT-Entsprechung dessen, was theoretische Biologen 'evolutionsstabile (Misch-)Strategie' nennen.[37]

Ich will dieses Konstrukt nun anhand eines Beispiels, das in der Sichtweise naiver Falsifikationisten die MT zu widerlegen scheint, erläutern, und zwar anhand der Flexion semitischer Sprachen. Die dominante Binnenflexion semitischer Sprachen verletzt (zugegebenermaßen) die (aus perzeptiven Gründen formulierte) Relation der morphologischen MT

$$\overset{<}{m}\langle \text{externe Flexion, interne Flexion} \rangle .$$

Wie Dressler zeigt, werden z.B. im Hebräischen sogar Lehnwörter in das Schema der internen Flexion eingepaßt, und wie man aus der Sprachgeschichte weiß, ist die interne Flexion in semitischen Sprachen auch historisch in dem Sinne stabil, daß kaum ein Wandel zu externer Flexion zu beobachten ist. Offensichtlich ist die interne Flexion in semitischen Sprachen systemangemessen, relativ zur UG stellt sie aber eine markierte Parameterfixierung dar. Soweit die

---

36 Ausführungen zur morphologischen MT in Mayerthaler (1981a).

37 Vgl. hierzu z.B. Wickler/Seibt (1977).

Datengrobstruktur und nun zur MT-Deutung! Da semitische Sprachen eine markiertere Parameterfixierung bez. ihrer morphologischen Organisation aufweisen, *prognostiziert* die MT (unter Rekurs auf das Konstrukt 'Markiertheitskompensation), daß semitische Sprachen relativ zu anderen Markiertheitsskalen unmarkiertere Parameterfixierungen als Sprachen mit dominant externer Morphologie (z.B. indogerm.) aufweisen. Diese sind:

i) Lexikalische Formative bestehen nur aus Konsonanten;[38]
ii) Als Silbennukleus kommen nur Vokale in Frage;
iii) Simplicia sind 2-3-Silbler.[39]

Die Parameterfixierungen i)-iii) sind unmarkierter als vergleichbare Fixierungen in Sprachen mit dominant externer Morphologie.

Wie wohl offensichtlich, restringiert das Konzept 'Markiertheitskompensation' zugleich die Theorie der Abbildung des Genotyps auf den Phänotyp. Vorerst aber wende ich mich zur Problematik der Evaluation in Abhängigkeit von der Position in der Silbe zurück.

7. Einige Redeweisen und theoretische Konstrukte der MT

Eine Entwicklung (syn- oder diachroner Natur) der Art $\overset{>}{m} \rightarrow \overset{<}{m}$ 'Markierteres wird zu weniger Markiertem' heißt *Markiertheitsabbau* bzw. *natürlicher Wandel*, die Inverse $\overset{<}{m} \rightarrow \overset{>}{m}$ *Markiertheitszunahme* bzw. *unnatürlicher Wandel*. Die MT spricht von natürlichem Wandel, g.d.w. insgesamt eine Entwicklung '$\overset{>}{m} \rightarrow \overset{<}{m}$' zu beobachten ist. Dazu zählen auch Fälle von Markiertheitsabbau auf höherer Ebene. Eine der Quellen natürlichen Wandels ist der Spracherwerb, während

---

38 Der Wahrnehmungsraum für Konsonanten ist (aufgrund der Propriozeption) viel feiner und differenzierter als der für Vokale. Deshalb sind Konsonanten unmarkierter als Vokale. Epiphänomen hiervon ist, daß alle Sprachen mehr Konsonanten als Vokale aufweisen. Durch die Relation $\overset{<}{m}<C,V>$ wird nicht ausgedrückt, daß jeder mögliche Konsonant (z.B. ein stimmhafter, retroflexer Pharyngal) unmarkierter ist als ein maximal unmarkierter Vokal: gemeint ist vielmehr, daß unmarkierte C unmarkierter sind als unmarkierte V.

39 Zur Begründung, weshalb autosemantische Wörter im unmarkierten Fall 2-Silber sind, vgl. Mayerthaler (1983).

Sprachkontakt oft, jedoch nicht grundsätzlich, als unnatürlicher Wandel zu werten ist. Dies ist kein Plädoyer für 'reine' Sprachen, sondern eine Terminologiefestlegung. Wer die Literatur verfolgt, weiß, daß Natürlichkeitstheoretiker das Phänomen 'Sprachkontakt' nicht nur nicht ausblenden, sondern sogar thematisieren[40], da die NT (im Gegensatz zur MT) den Kontakt zwischen Phänotypen zu berücksichtigen hat. Scherz für 'logically minded linguists': Die Relation 'Sprachkontakt' ist für die UG und damit auch für die MT totalreflexiv.

7.1. Das MT-Prinzip $\overset{>}{m} \rightarrow \overset{<}{m}$ prognostiziert - entgegen einem weitverbreiteten Mißverständnis - keinen Rückfall in die Lallphase! Markiertheitsabbau ist *lokal*. In einem System vernetzter Natur besteht bei lokaler Optimierung keine Gewähr auf Gesamtoptimierung. Der Spracherwerb zielt auf kommunikationsadäquate Strukturen S; nur relativ hierzu sind lokale Verarbeitungsoptimierungen zu sehen:

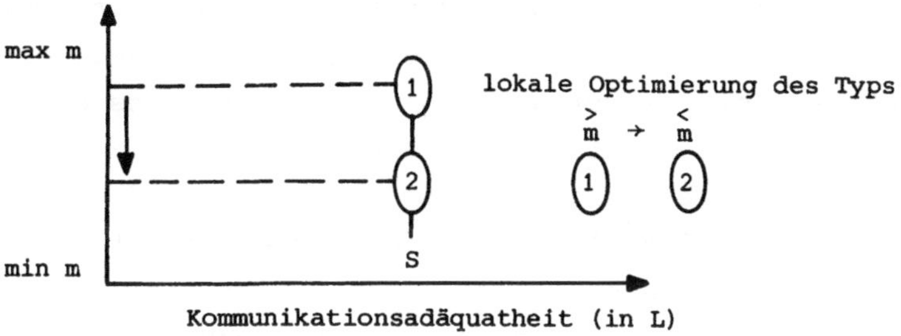

Lokale Optimierungen verlaufen in Richtung auf mentale Module, die von S weniger beansprucht werden. Deshalb ist natürlicher Wandel gerichtet (und mittels Inversenbildung auch unnatürlicher).

7.2. Interaktion von MT-Prinzipien

'$\overset{>}{m} \rightarrow \overset{<}{m}$' heißt auch *dynamisches Pattern*. Das dynamische Pattern interagiert mit dem (Implikationsuniversalien spiegelnden) *typologischen Pattern*:

$$\overset{>}{m} \supset \overset{<}{m}$$

Die Erfüllung des typologischen Pattern werde 'natürlich' und die

---

40 Man konsultiere z.B. Bailey (1973), Markey (1981) und Bickerton (1981).

Nichterfüllung 'unnatürlich' genannt. Die Erfüllung stellt einen natürlichen *Sollwert* dar. Nicht-Erfüllung eines Sollwertes ist von Falsifikation zu unterscheiden. In einem vernetzten System löst Nicht-Erfüllung Maßnahmen zur Adjustierung des Systems in Richtung auf die Erfüllung des Sollwerts aus. Diese Rolle spielt das dynamische Pattern: es baut Sollwertverletzungen ab.
Schematisch:

Verletzung von $(\overset{>}{m} \supset \overset{<}{m})$ impliziert $(\overset{>}{m} \rightarrow \overset{<}{m})$

7.2.1. Der naive Falsifikationismus meint kraft seines statischen Systemverständnisses, daß ein verletztes Implikationsuniversale ein falsifiziertes Universale sei. Die MT ist nicht dieser Meinung. Sie konstatiert eine Sollwertabweichung und *prognostiziert*, daß es in einer Sprache L (mit Verletzung des typologischen Pattern) in mindestens einem *Lekt* Tendenzen der Art '$\overset{>}{m} \rightarrow \overset{<}{m}$' gibt, welche die Sollwertabweichung tendentiell bereinigen. Als 'Halbwertszeit' für die Korrektur der Sollwertabweichung in mindestens einem Lekt nimmt die MT eine Generation an. Die MT prognostiziert überdies, daß die Sollwertabweichung im Laufe der Zeit *polylektal* abgebaut wird und daß der Anfangslekt mit beseitigter Verletzung zum Bereich '*unmonitored style*' gehört. Ich weise darauf hin, daß diese Prognosen durchaus falsifizierbaren Charakter haben. Zur NT-Deutung der Ausbreitung eines Wandels in Raum, Zeit und Sozietät vgl. Bailey (1973), der eine wesentlich verfeinerte Fassung des Wellenmodells vorschlägt.

7.2.2. Phonologische Systemtypen

Unmögliche Systeme sind solche, die durch die festen Parameter des Bioprogrammes/der UG ausgeschlossen werden. *Mögliche Systeme* verletzen die festen Parameter nicht. Mögliche Systeme können markierte wie unmarkierte Fixierungen der offenen Parameter der UG aufweisen.

Mögliche stabile Systeme sind solche, deren Parameterfixierungen das typologische Pattern erfüllen, während *mögliche instabile Systeme* das typologische Pattern verletzen: die Instabilität ist der Preis der Verletzung.

Führt die interne Rekonstruktion zu einem instabilen System (wie z.B. im Falle der 'klassischen' Rekonstruktion des Idg.), so scheint die Rekonstruktion zweifelhaft. Ziel der Rekonstruktion sollte ein mögliches stabiles System sein, es sei denn, man ist darauf aus, dem rekonstruierten System eine nur bescheidene 'Halbwertszeit' zuzuschreiben. Ich erinnere daran, daß auch Archäologen im allgemeinen nicht daran interessiert sind, den Zustand eines antiken oder vorgeschichtlichen Gebäudes zu rekonstruieren, in dem es gerade zusammenfällt. Es wird damit nicht ausgedrückt, daß die historische Rekonstruktion nicht auch über Katastrophenpunkte reden dürfe.

Eine *mögliche stabile Lücke* eines Systems ist eine Lücke, die dem unmarkierten Implikat des typologischen Pattern $\overset{>}{m} \supset \overset{<}{m}$ entspricht. Eine *instabile Lücke* entspricht dem markierten Implikans des typologischen Pattern. Man beachte, daß die MT mögliche (stabile und instabile) Lücken eines phonologischen Systems nicht auf der Grundlage des 'esprit de gêometrie' oder dgl., sondern auf der Grundlage phonologischer Implikationsuniversalien definiert. Aus der Beseitigung einer instabilen Lücke mittels des dynamischen Pattern resultiert eine *Zugkette/drag chain*. Die MT sieht sich (im Gegensatz zur strukturalistischen Phonologie) nicht in der Lage, das Konstrukt 'Schubkette/push chain' anzuerkennen.

8. Wichtigere symbolische Verallgemeinerungen der MT

a) Form von Markiertheitsrelationen: $\overset{<}{m}\langle P_i, P_j\rangle$

b) typologisches Pattern: $\overset{>}{m} \supset \overset{<}{m}$

c) dynamisches Pattern/natürlicher Wandel: $\overset{>}{m} \rightarrow \overset{<}{m}$

d) Neutralisation (Unterfall von c)): $\overset{>}{m}:\overset{<}{m} \rightarrow \overset{<}{m}$

'Im Falle einer Neutralisation zwischen markierteren und weniger markierten Segmenten setzen sich die weniger markierten durch'.

Auf morphologischem Gebiet prognostiziert d) die Richtung (nicht-phonologisch verursachten) Synkretismus sowie die Richtung paradigmatischen Ausgleichs.

e) Konstruktioneller Ikonismus: $\overset{<}{m}\langle K_i, K_j\rangle \mapsto K_j$ merkmalhafter als K_i; 'Eine markiertere Kategorie K_j wird (im allgemeinen) merkmalhafter kodiert ('$\mapsto$' = Kodierung) als eine weniger markierte Kategorie K_i'.

f) Strukturelle Expansion:
Expansion in $\overset{<}{m}(K_i)$ vor Expansion in $\overset{>}{m}(K_j)$
'Strukturelle Expansion in einer weniger markierten Kategorie K_i geht Expansion in einer markierteren Kategorie K_j voraus'.[41]

g) Relative Chronologie (allgemein):
$(\overset{>}{m} \rightarrow \overset{<}{m})$ in K_j vor $(\overset{>}{m} \rightarrow \overset{<}{m})$ in K_i
'Markiertheitsabbau in markierteren Kategorien geht Markiertheitsabbau in weniger markierten Kategorien voraus'.

Ich belasse es aus Zeitgründen bei diesen Postulaten. Eine Illustration anhand empirischen Materials findet sich in Mayerthaler (1982/Ms.).

8.1. Fragmente der disziplinären Matrix der MT und der NT

Es scheint mir sinnvoll, abschließend noch die disziplinäre Matrix der MT und der NT zu skizzieren. Es mag auch dies dazu beitragen, künftig Mißverständnisse zu vermeiden. Die einzelnen Fragmente der Matrix werden hier nur in stichwortartiger Form angegeben:

1) *Beobachtungsadäquatheit*
Mono- bzw. minilektale Beobachtungsadäquatheit genügt nicht. Stattdessen wird *starke Beobachtungsadäquatheit*, d.h. Beobachtungsadäquatheit auf polylektaler Grundlage gefordert.

2) *Idiolekt*
Keine geeignete Beschreibungsgrundlage, Vermeidung des 'my dialect/your dialect'-Gambits. Vorzuziehen sind polylektale Analysen.

---

41 Nimmt man z.B. an, daß intransitive Verben weniger markiert sind als transitive und daß dynamische Verben weniger markiert als statische sind, so ist laut MT zu erwarten, daß sich das Aufkommen einer morphologischen Kausativkodierung (= strukturelle Expansion) zuerst bei intransitiven dynamischen Verben manifestiert. Diese Erwartung wird durch die verfügbaren Daten bestätigt. Vgl. hierzu Mühlhäusler (1980).

3) *Biologische Realität*

Gilt als Zielutopie markiertheitstheoretischer Analysen.

4) *Psychologische Realität*

Gleichbedeutend mit 'mentaler Realität'; fungiert als Zielutopie der NT und umfasst biologische Realität.

5) *Erklärungsadäquatheit*

Eine MT-Analyse A ist erklärungsadäquat genau dann, wenn es Gründe gibt, A als biologisch real anzusehen. Eine NT-Analyse A' ist erklärungsadäquat genau dann, wenn es Gründe gibt A' als psychisch real anzusehen.

6) *Teleonomische/teleologische Erklärungen*

Teleonomische Erklärungen sind wissenschaftstheoretisch einwandfrei und oft 'the best thing you can have in linguistics'.

7) *Theoriebegriff*

T ist keine Theorie, wenn T keine über den minilektalen Bereich hinausgehenden Prognosen macht, sondern ein *Eiroeht*, d.h. ein theoretisches Konstrukt im Rückwärtsbetrieb. Es wird zugleich angenommen, daß linguistische Theorien durch die Daten unterdeterminiert sind.

8) *Synchronie vs. Diachronie*

Keine solche Dichotomie: stattdessen *inhärent dynamische Modelle*, die auf dem teils gradienten, teils diskreten, insgesamt also auf dem katastrophentheoretischen Charakter sprachlicher Erscheinungen insistieren.

9) *Grammatik*

MT wie NT haben hiervon ein *modulares* Verständnis. Ergo kann pro Komponente auch der Begriff einer partiellen Autonomie akzeptiert werden.

10) *Grammatiktheorie*

Wird von der Sprachtheorie unterschieden und als Teil hiervon betrachtet.

11) *Universalgrammatik/Bioprogramm*

Teil des menschlichen Genotyps. Umfaßt spezifisch-sprachliche und (im Gegensatz zur Chomsky-Linguistik) auch allgemeine kognitive Prinzipien, soweit diese für die Konstitution natürlicher Sprachen eine Rolle spielen.

12) *Universaliendeutung*

Universalien sind Universalien aus biologischer Notwendigkeit. Implikationsuniversalien spielen eine gewichtige Rolle.

13) *Angeborene Ideen*

Warum nicht? Schließlich sind wir keine Amöben und Anagenese/Höherentwicklung involviert eo ipso die Zunahme angeborener Komponenten. (Die MT hat auch nichts gegen die Redeweise 'biologische (Prä)Disposition' - allein, sie weiß nicht, was durch diesen Akt des Umtaufens gewonnen wird.)

14) *Chomsky-Idealisierung*

Wird in verschiedener Hinsicht als überholt betrachtet.

15) *Systemverständnis*

Deutlicher Kontrast zu Chomsky, Vennemann, Lieb und anderen statischen Minilektalisten. Das grammatische System ist - wie alle realen Systeme - *offen*, *vernetzt*, *dynamisch* und enthält *Instabilitätsvektoren*. Allein schon hieraus resultiert, daß es keine sog. synchrone Linguistik, also eine Linguistik unter Ausblendung der Zeitdimension geben kann.

16) *Erkenntnistheoretischer Überbau*

Als erkenntnistheoretischer Überbau fungiert die *evolutionäre Erkenntnistheorie*. Auch die spezifisch-sprachliche UG ist Teil des sog. ratiomorphen Apparates.

Raum- und Zeitgründe verbieten es, hier detaillierter auf die disziplinäre Matrix der MT einzugehen. Zusätzliche Aspekte finden sich in Bailey (1982).

9. Man mag dem vorliegenden Aufsatz vorwerfen, daß er die Anwendung des markiertheitstheoretischen Instrumentariums auf empirisches Material nicht thematisiert. Dieser Vorwurf ist begründet, aber ich füge ergänzend hinzu, daß bereits seit Jahren diverse publizierte Anwendungsbeispiele vorliegen. Wenn ich mich hier eher auf die Erläuterung dessen beschränkt habe, was Markiertheitstheoretiker meinen, wenn sie Prädikate wie 'markiert/natürlich' usw. ver-

wenden, so deshalb, weil die MT bislang oft in grotesker Weise mißverstanden wird und weil keine noch so datenreiche Anwendung um Sympathie für die MT werben kann, solange ihre biologietheoretische Grundstruktur unverstanden bleibt. Sollte es mir gelungen sein, zur Verdeutlichung dieser Grundstruktur einen Beitrag geleistet zu haben, so freute ich mich.

Literatur

Bailey, C.-J. 1973. Variation and linguistic theory. Arlington: Center for Applied Linguistics.

- 1977a. Linguistic change, naturalness, mixture, and structural principles. In: Papiere zur Linguistik 16, 6-64.

- 1977b. Converging criteria for establishing consonantal marking values in different positions in the syllable. In: Salzburger Beiträge zur Linguistik III, hg. von G. Drachman. Tübingen: Narr.

- 1978. Gradience in English syllabization and a revised concept of marked syllabization. Bloomington, Indiana: Indiana University Linguistics Club.

- 1982/MS. Yin and Yang in linguistics. Erscheint in: Bailey (ed.).

- 1982 (Ed.). Models tested and detested. Ann Arbor: Karoma Publ.

Bartsch, R./Vennemann, Th. 1982. Grundzüge der Sprachtheorie: Eine linguistische Einführung. Tübingen: Niemeyer.

Belletti, A./Brandi, L./Rizzi, L. (eds.). 1980. Theory of markedness in generative grammar. Proceedings of the GLOW conference, MIT und Scuola Normale Superiore (Pisa).

Bickerton, D. 1981. The roots of language. Ann Arbor: Karoma Publ.

Bossong, G. 1980. Variabilité positionelle et universaux pragmatiques. In: Bulletin de la societé linguistique de Paris 75, 39-67.

Chomsky, N. 1981a. Regeln und Repräsentationen. Frankfurt/M.: Suhrkamp. Ubers. von H. Leuninger.

- 1981b. Lectures on government and binding. Dordrecht: Foris Publ.

Dressler, W. U. 1980a. Naturalness as a principle in genetic and typological linguistics. In: TCLC 20, 75-91.

- 1980b. A semiotic model of diachronic process phonology. In: Wiener linguistische Gazette 22/23, 31-94.

- 1982. Zur semiotischen Begründung einer natürlichen Wortbildungslehre. In: Klagenfurter Beiträge zur Sprachwissenschaft 8, 1982.

Dressler, W./Mayerthaler, W./Panagl, O./Wurzel, W. U. (im Druck, erscheint 1983). Leitmotivs in natural morphology. Benjamin.

Edmondson, J. 1982. Biological foundations of language universals. Ersch. in: Bailey (ed.), Models tested and detested. Ann Arbor: Karoma Publ.

Fenk, G. 1981. Bedeutungseinheiten und sprachliche Segmentierung: Eine Untersuchung über kognitive Determinanten der Kernsatzlänge. Dissertation an der UBW Klagenfurt. (Erscheint 1982 bei Narr, Tübingen.)

Gamkrelidze, Th. V. 1978. Stops and fricatives. In: J. H. Greenberg (ed.), Universals of Human Language 2, Phonology. Stanford Calif.: Stanford University Press.

Holenstein, E. 1981. Von der Hintergehbarkeit der Sprache. Frankfurt/M.: Suhrkamp.

Jacobs, J. 1982. Neutraler und nicht-neutraler Satzakzent im Deutschen. (In diesem Band)

Lass, R. 1980. On explaining language change. Cambridge University Press.

Lenneberg, E. H. 1967. Biological foundations of language. New York: Wiley & Sons.

Leuninger, H. 1979. Reflexionen über die Universalgrammatik. Frankfurt/M.: Suhrkamp.

Lieb, H.-H. 1980 (Hrsg.). Oberflächensyntax und Semantik. Tübingen: Niemeyer.

Lieberman, Ph. 1977. Speech physiology and acoustic phonetics. London/New York: Macmillan Publ. Co.

Mayerthaler, E. 1982. Unbetonter Vokalismus und Silbenstruktur im Romanischen. Tübingen: Niemeyer.

Mayerthaler, W. 1980a. Aspekte der Analogietheorie. In: Lüdtke (Hrsg.), Kommunikationstheoretische Grundlagen des Sprachwandels. Berlin: De Gruyter.

- 1980b. Ikonismus in der Morphologie. In: Zeitschrift für Semiotik 2, 19-37.

- 1981a. Morphologische Natürlichkeit. Frankfurt/M.: Athenaion.

- 1981b. United Squibs. In: Festschrift J. Bechert, Bremen.

- 1982a. Roger Lass, Schnalze und Verwandtes. In: Klagenfurter Beiträge zur Sprachwissenschaft 8.

- 1982b. Das Hohe Lied des Ding- und Tunwortes bzw. Endstation 'Aktionsding'. MS 1980, erscheint in PzL.

- 1982MS. Markedness and Historical Linguistics. Ersch. in den Akten des 'Second Annual Symposium on Historical Linguistics and Philology, Michigan, April 15-17, 1982. Ann Arbor: Karoma Publ.

- 1982MS in Vorber. Markiertheit und Frequenz.

- 1983. Zur Theorie des Einsilbers: eine markiertheitstheoretische Studie. Ersch. in: Papiere zur Linguistik 28.1.

Markey, T. L. 1981. Diffusion, fusion and creolization: a field guide to developmental linguistics. In: Papiere zur Linguistik 24.1.

Muhr, R. 1981. Sprachwandel als soziales Phänomen. In: Schriften zur deutschen Sprache in Österreich 7. Wien: Braunmüller.

Mühlhäusler, P. 1980. Structural expansion and the concept of creolization. In: Valdman, A./Highfield, A. (eds.), Theoretical Orientations in Creole Studies. London: Academic Press, 19-56.

- 1981. Rezension von Lass 1980. In: Review of English Studies 33, 131.

- 1982a. Patterns of contact, mixture, creation and nativaization: their contribution to a general theory of language. In: Bailey 1982 (ed.), Models tested and detested. Ann Arbor: Karoma Publ.

- 1982b. Kritische Bemerkungen zu Sprachmischungsuniversalien. In: P. St. Ureland (Hrsg.), Die Leistung der Strataforschung und der Kreolistik: Typologische Aspekte der Sprachkontakte. Tübingen: Niemeyer.

Müller, J. 1948. The physiology of the senses, voice and muscular motion with the mental faculties. London: Walton & Maberly.

Saunders, P. T. 1980. An introduction to catastrophe theory. Cambridge University Press.

Schmidt, R. F. 1977 (Hrsg.). Grundriß der Neurophysiologie. Berlin/Heidelberg/New York: Springer.

Thom, R. 1970. Topological models in biology. In: Towards a Theoretical Biology 3. Drafts, ed. C. H. Waddington, pp. 89-116. Edinburgh University Press.

- 1972. Stabilité structurelle et morphogénèse. Reading, Mass.: Benjamin.

Vennemann, Th. 1980. Universalphonologie als partielle Sprachtheorie. In: Lieb (Hrsg.), Oberflächensyntax und Semantik. Tübingen: Niemeyer.

Wickler, W./Seibt, U. 1977. Das Prinzip Eigennutz: Ursachen und Konsequenzen sozialen Verhaltens. dtv Sachbuch 1697.

Wildgen, W. 1979a. Verständigungsdynamik: Bausteine für ein dynamisches Sprachmodell. Habilitation, Regensburg.

- 1979b. Die Ableitung einfacher propositionaler Gestalten aus den Bifurkationsmengen elementarer Entfaltungen. Vortrag auf dem 2nd. Int. Congress of Semiotics. Erschienen in: Borbé, T. (Hg.), 1981: Proceedings of the 2nd IASS Congress (Vienna), Mouton, Den Haag.

- 1980a. Semantic Description in the Framework of Catastrophe Theory. In: Rieger, B. (Hg.), 1981. Empirical Semantics, Bouvier, Bochum.

- 1980b. Modelling Vagueness in Catastrophe-theoretical Semantics. In: Balmmer, Th./Pinkal, M. (Hg.), 1981. Approaching Vagueness, Synthese Library, Reidel, Amsterdam.

- 1981. Words, Worlds, and Contexts. In: Eikmeyer, H.-J./Rieser, H. (Hg.), 1981. New Approaches in Word Semantics, de Gruyter, Berlin.

Wurzel, W.U. 1983 (im Druck). Flexionsmorphologie und Natürlichkeit: Ein Beitrag zur morphologischen Theoriebildung. Studia Grammatica.

- 1983 (im Druck). Thesen zur morphologischen Natürlichkeit. In: Zeitschrift für Germanistik.

Zeemann, E.C. 1976. Catastrophe theory. In: Scientific American 234 (part 4), 65-83.

EINE SELBSTLERNENDE GRAMMATIK

Jürgen Rolshoven
Universität zu Köln

1. Einleitung

Dieses Referat beschreibt informell einen Algorithmus zur Erzeugung generativ-phonologischer Grammatiken. Der erste Abschnitt des Referats definiert das Ziel und beschreibt den Zweck des Vorhabens. Der zweite Abschnitt sucht selbstlernende Grammatiken innerhalb einer allgemeinen Sprachtheorie zu situieren. Der dritte Abschnitt zeigt eine selbstlernende Grammatik zur Erzeugung generativer Phonologien in Aktion und erläutert ihr Vorgehen an Beispielen. Der abschließende vierte Abschnitt sucht, anknüpfend an allgemeinere Betrachtungen des zweiten Abschnitts, Prinzipien selbstlernender Grammatiken über den phonologischen Bereich hinaus anzuwenden und somit in den Rahmen einer allgemeinen Sprachtheorie zu stellen.

Der Algorithmus zur Erzeugnung generativ-phonologischer Grammatiken ist selbstlernend. Lernen wird als Fähigkeit interpretiert, Umweltsituationen derart intern abzubilden, daß die Mächtigkeit der internen Abbildung geringer ist als die Mächtigkeit der Umweltsituationen. Durch die Abbildung wird die in den Umweltsituationen enthaltene Information abgebaut (vgl. dazu Cube 1971 in statistischer und Menzel 1970 in algebraischer Sicht). Selbstlernen bedingt, daß die Kontrolle über den Lernerfolg beim lernenden System selbst liegt. Ein System handelt in bezug auf eine Umweltsituation erfolgreich, wenn es sie dergestalt abbildet, daß die Abbildung für eine möglichst große Zahl anderer Umweltsituationen gültig bleibt und dem System ein erfolgreiches Handeln ermöglicht. Unter mehreren hypothetischen Abbildungen ist die mit der größten Gültigkeit und dem geringsten notationellen Aufwand am erfolgreichsten.

Selbstlernende Systeme sind offen, da sie mit einer unendlichen Zahl von Umweltsituationen konfrontiert werden können und da zur Optimierung des Abbildungsverhaltens jede Umweltsituation u.U. eine

Veränderung der internen Struktur des Systems bewirken kann. Damit sind die internen Strukturen Hypothesen, die in der Konfrontation mit Umweltsituationen verifiziert oder falsifiziert und somit modifiziert werden. Das Spiel von Hypothesenerzeugung, -bewährung und -veränderung wird vom selbstlernenden System gesteuert. Ich nenne ein selbstlernendes System zur Beschreibung natürlicher Sprachen selbstlernende Grammatik. Mit der Konstruktion einer selbstlernenden Grammatik zur Erzeugung generativer Phonologien verfolge ich ein romanistisches, ein sprachwissenschaftliches und ein kybernetisches Ziel. Das romanistische Ziel ist eher praktischer Natur: Die Leistungsfähigkeit der selbstlernenden Grammatik wird am Surselvischen, am Meglenorumänischen und an drei aromunischen Dialekten demonstriert. Ergebnis der Demonstration sind generativ-phonologische Beschreibungen von Sprachen, die bislang m.W. noch generativer Phonologien entbehren, wiewohl ihr morphophonologischer Reichtum Beschreibungen dieser Art verdienen würde.

Sprachwissenschaftlich müssen für die Konstruktion selbstlernender Grammatiken sowohl grammatiktheoretische als auch sprachtheoretische Überlegungen eingebracht werden. Selbstlernende Grammatiken sind jedoch nicht lediglich in dieser Sicht *integrativ*, sondern darüber hinaus auch in der Möglichkeit der Anwendung ihrer Konstruktionsprinzipien über sprachwissenschaftliche Einzeldisziplinen (hier: Phonologie) hinaus auf Beschreibung von Sprachen und Sprache schlechthin (vgl. Abschnitte 2 und 4). In die Konstruktionsprinzipien selbstlernender Grammatiken fließen somit die universalen Bedingungen ein, die Sprachen vorausgehen.

Selbstlernende Grammatiken sind für praktische sprachwissenschaftliche Zwecke interessant, da sie es erlauben, sprachliche Daten rasch und nach einheitlichen, wohldefinierten Kriterien in Form von Grammatiken zu klassifizieren.

In kybernetischer Sicht verdienen selbstlernende Grammatiken aus zwei Gründen Interesse, zum einen, da Sprache als Kommunikationssystem stets Objekt kybernetischer Betrachtung war, zum anderen, da Lernen und Lernfähigkeit als Kriterium für Intelligenz und Lernen und Lernfähigkeit nichtbiologischer Systeme als Kriterium für künstliche Intelligenz zu Zentralproblemen kybernetischer Fragestellungen werden.

Die Affinität zur Kybernetik beruht nicht allein auf gemeinsamen theoretischen Voraussetzungen; sie besteht auch praktisch, da der Algorithmus, der die selbstlernende Grammatik realisiert, durch ein Computerprogramm realisiert wird.

Im folgenden Abschnitt werden die Komponenten der selbstlernenden Grammatik als Teil des Systems Sprache betrachtet.

2. Sprache

Ich betrachte Sprache als System mit drei Gliederungen. Unter System verstehe ich mit Stettner 1980: 12 eine "abgegrenzte Anordnung von aufeinander einwirkenden Gebilden". Ich nenne die aufeinander einwirkenden Gebilde *Gliederung*.[1] Die untere Gliederung heißt *parole*. Die untere Gliederung wird von der mittleren Gliederung erzeugt oder analysiert. Aufgabe der mittleren Gliederung ist die Steuerung der Analyse oder der Produktion der *parole*. Die mittlere Gliederung heißt *Regelwerk*. Die mittlere Gliederung wird durch die obere Gliederung gesteuert. Die obere Gliederung erzeugt, verändert oder tilgt die Information des Regelwerks. Die obere Gliederung heißt *Steuerwerk*. Das Steuerwerk ist zurückgekoppelt an die parole. Es interveniert im Regelwerk, wenn dies seiner Aufgabe, die Erzeugung oder Analyse der parole zu steuern, nicht gewachsen ist oder wenn sich die Möglichkeit ergibt, die Steuerungsinstruktionen für die Erzeugung oder Analyse der unteren Gliederung ökonomischer zu gestalten. Somit unterliegen die Aktionen des Regelwerks der dauernden Kontrolle des Steuerwerks; die obere Gliederung erzeugt für das Regelwerk Hypothesen, deren Erfolg sie durch Rückkoppelung an die parole mißt. Das Schema illustriert das dreistufige System Sprache:

1 *Gliederung* wird hier anders als bei Martinet 1970 verstanden. Martinet versteht unter Gliederung die Möglichkeit der Kombinatorik sprachlicher Einheiten, nicht jedoch die (abstrakte) Syntax der Kombinatorik; hier wird in zweifacher Weise eine abstrakte Syntax geschrieben: die der parole im Regelwerk und die des Regelwerks im Steuerwerk.

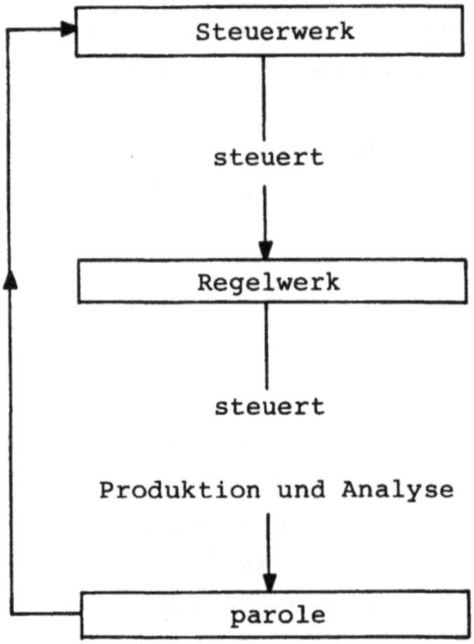

Das hier skizzierte System Sprache unterscheidet sich durch Einführung der Gliederung Steuerwerk von herkömmlichen formalen Beschreibungen von Sprache (etwa in Grammatiken des Chomskyschen Typs).

Herkömmliche formale Beschreibungen kennen lediglich zwei Ebenen (parole bzw. Performanz und Grammatik bzw. Kompetenz). Grammatik ist dabei ein starres Regelsystem, das mit Hilfe rekursiver Regeln unendliche Mengen von Sätzen erzeugen bzw. analysieren kann. Eine Menge Eigenschaften bedürfen bei diesen Beschreibungen einer sozusagen hardwaremäßig fundierten Erklärung, etwa Spracherwerb mit Rückgriff auf ideae innatae. Schwierigkeiten bereitet auch die Erklärung sprachlichen Wandels und die Möglichkeit der Kommunikation von Sprechern verschiedener Idiolektsysteme.

Im Rahmen dieser Modelle ist Sprache lediglich ein System, Sprechnachrichten zur Gewinnung von Information zu decodieren oder Information in Sprechnachrichten zu codieren. Die Abbildungsvorschrift, die Sprechen auf Information oder Information auf Sprechen abbildet, heißt *Grammatik* oder *Kompetenz*. Löst man sich von natürlicher Sprache, so kann eine solche Vorschrift abgekürzt auch *Code* genannt werden (Bauer, Goos 1973: 28).

Die hier skizzierte Betrachtung faßt Sprache jedoch nicht lediglich als Code, realisierbar durch Regelwerk und parole, sondern beinhaltet darüber hinaus die Möglichkeit der Erzeugung, Veränderung und Tilgung von Code in Abhängigkeit an das Sprechereignis. Durch Einführung des Steuerwerks wird das Regelwerk flexibel, es vermag sich unterschiedlichen Sprechsituationen und -ereignissen anzupassen. Sprache wird somit zu einem hochdynamischen, selbstoptimierenden, individuellen Problemlösungsalgorithmus. Sprachlicher Wandel ist ein Adaptionsprozeß an sprachliche Situationen, die Ergebnis des Änderungsbemühens des Steuerwerks im Regelwerk sind.

Die hier vorgeschlagene Betrachtung von Sprache als dreigliedriges System zieht auch Konsequenz aus der praktischen Erfahrung der Widrigkeiten, die natürliche Sprachen Beschreibungen im Rahmen zweigliedriger Sprachbeschreibungen bereiten. Vollständige Beschreibungen natürlicher Sprachen scheinen nicht realisierbar zu sein; darunter leiden die praktischen Anwendungen zweigliedriger Systeme, z.B. in der automatischen Übersetzung. Beobachtet man das Verhalten von Sprachwissenschaftlern, die mit zweigliedrigen Systemen hantieren, so stellt man fest, daß die Aufgabe des Steuerwerks in einem dreigliedrigen System in zweigliedrigen vom Sprachwissenschaftler übernommen wird. Das Spiel von Hypothesenerzeugung, -verifikation oder -falsifikation und -veränderung findet also nicht nur in der Sprache der Sprecher statt, sondern auch in der Wissenschaftspraxis des Sprachwissenschaftlers. Die Beschreibung von Sprache in einem dreistufigen System automatisiert dann die Praxis des Sprachwissenschaftlers oder einen Teil davon; in den Mittelpunkt seiner Tätigkeit rücken die allgemeinen Voraussetzungen, die ihn bei der Konstruktion des Steuerwerks leiten.

Dreifache Gliederung findet sich häufig in hochdynamischen selbststeuernden und rückgekoppelten Systemen. In einer Rechenanlage werden die Daten durch ein Programm manipuliert, das seinerseits durch ein Betriebssystem gesteuert wird.

In biologischen Systemen steuert ein genetischer Code Enzyme, die den Stoffwechsel regulieren. In beiden Systemen gibt es Rückkopplungen zur Außenwelt; der Entwicklungsstand eines Systems läßt sich am Grad der Veränderbarkeit der Steuerungseinrichtungen ermessen; gerade weitentwickelte Systeme verfügen über einen hohen Grad an softwaremäßiger Steuerung.

Dreifache Gliederung scheint somit kennzeichnend für hochdynamische Systeme zu sein.

3. Erzeugung generativ-phonologischer Grammatiken

Die skizzierten Betrachtungen über Sprache werden an einem Teilgebiet der Sprachwissenschaft, der Morphophonologie, angewendet.

Die selbstlernende Grammatik zur Erzeugung generativer Phonologien enthält die Komponente Steuerwerk und Regelwerk. Phonetisch transkribierte Texte mit zugehörigen Strukturbeschreibungen bilden die parole, mit der die Komponenten Regelwerk und Steuerwerk konfrontiert werden. Damit stehen der selbstlernenden Grammatik die gleichen Informationen zur Verfügung, die ein Sprachwissenschaftler, der eine generative Phonologie manuell erstellt, besitzt. Das Textkorpus stellt also die parole (im Rahmen unseres Systems) oder, allgemeiner für selbstlernende Systeme, die Umwelt dar. Im Surselvischen findet sich z.B. folgender Beispielsatz

/núspaterléin/ 'wir schwätzen',

der in maschinenlesbarer Transkription und mit zugehöriger Strukturbeschreibung dieses Aussehen hat:

```
NNUDSSPPAATTEARRLLEEJJNN
(S(NP(N PPEPP )N)NP(VP(V(STMM SCHWAETZ)STMM(TMPS MEPPPA)TMPS)V)VP)S
```

Die Erzeugung generativer Phonologien aus Eingabetextkorpora[2] vollzieht sich in zwei Schritten. Im ersten erzeugt die selbstlernende Grammatik aus dem Textkorpus Mengen ungerichteter Graphen. Jeder Graph entspricht einem Lexikoneintrag. Die zu einem Lexikoneintrag gehörigen Moneme bilden die Knoten des Graphen. Die Kanten symbolisieren die Veränderungen zwischen den (allomorphen) Formen eines Lexikoneintrags. Identische Kanten verschiedener Graphen weisen auf gleiche phonologische Prozesse hin und werden in Kantenmengen zusammengefaßt. Je zwei Knoten können durch mehrere Kanten verbunden sein.

---

2 Die Textkorpora stammen aus Sprachaufnahmen, die ich in den Jahren zwischen 1976 und 1980 im nördlichen und mittleren Griechenland und in der Surselva während mehrerer Monate durchführte. Die Notation erfolgt in broad transcription. Zur Kontrolle wurden die Aufnahmen, wenn möglich, auf Tonband festgehalten.

Im zweiten Schritt werden die ungerichteten Graphen mit mehreren Kanten auf ungerichtete Graphen mit einer Kante zwischen zwei Knoten abgebildet. Diese ungerichteten Graphen werden auf Baumstrukturen abgebildet. Ein aromunisches Beispiel erläutert das Verfahren. Im aromunischen Textkorpus finden sich folgende Allomorphe von /pótu/ 'können' (das Blank markiert die Morphemgrenze):

/pót u/ 'ich kann'
/poát e/ 'er kann'
/put ém/ 'wir können'
/póts i/ 'du kannst'

Der Graph erfaßt die Beziehungen zwischen den Allomorphen:

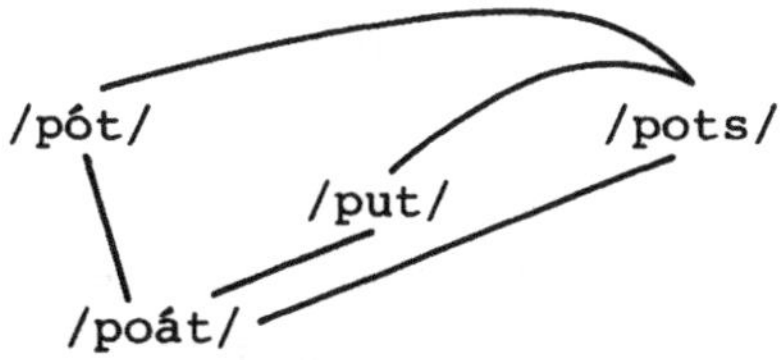

Der Graph wird auf vereinfachte ungerichtete Graphen abgedildet:

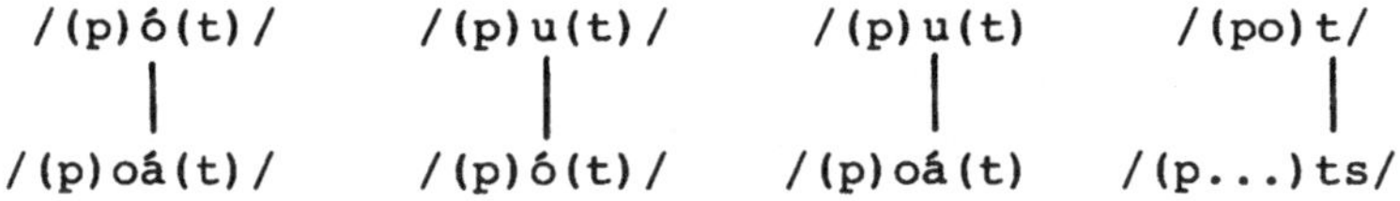

Die vereinfachten ungerichteten Graphen werden auf zwei Baumstrukturen abgebildet, deren Kanten generativ-phonologische Regeln repräsentieren:

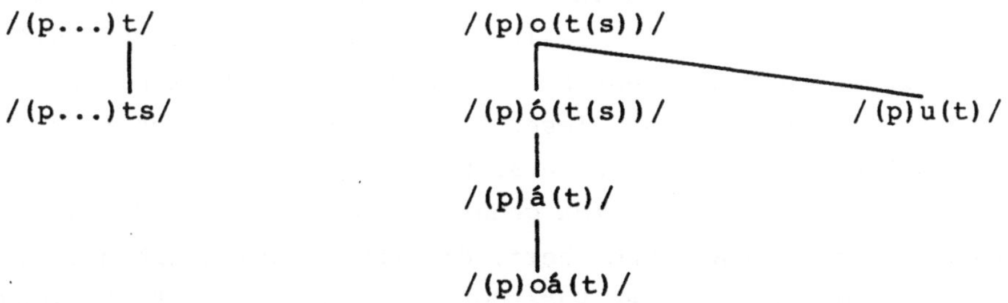

Die selbstlernende Grammatik ordnet bei ihrem ersten Schritt den phonetischen Ketten des Eingabetextes Matrizes mit phonetischen Merkmalen nach Chomsky, Halle 1968 zu. Die Segmente des Eingabetextes werden durch diese Matrizes eindeutig, aber nicht redundanzfrei beschrieben; die Matrizes sind ja universal konzipiert. Zur Aufwandsminimierung werden die Matrizes redundanzfrei gemacht. Den Merkmalen wird eine Ordnung unterstellt; beginnend beim ersten Merkmal wird geprüft, ob das jeweilige Merkmal unter Berücksichtigung der ihm vorangehenden das ihm zugeordnete Zeichen im Vergleich mit allen anderen Zeichen distinguiert oder nicht. Distinktive Merkmale bleiben erhalten, nicht distinktive werden getilgt. Die semantischen Einträge der Strukturbeschreibungen werden bei der Eingabe des Textkorpus in einem Lexikon abgespeichert. Die Suche der Allomorphe eines Lexikoneintrags beginnt bei den Lexikoneinträgen mit der höchsten Frequenz. In den phonetischen Ketten der Sätze des Eingabekorpus werden identische oder ähnliche Segmentmatrizes entsprechender Distribution gesucht. Segmentmatrizes sind ähnlich, wenn die Summe der unterschiedlich spezifizierten Merkmale gering ist. Liegt die Summe der unterschiedlich spezifizierten Merkmale unter einem variabel einstellbaren, zunächst niedrigen Schwellwert, so wird die Suche identischer oder ähnlicher Allomorphe nach rechts und nach links in den phonetischen Ketten fortgesetzt. Sind die Segmente nicht identisch, sondern nur ähnlich, so werden die unterschiedlichen Merkmale durch die Verknüpfung der Antivalenz ermittelt und als potentieller Prozeß (ungerichtete Kante im Graphen) abgespeichert. Die Suche nach Allomorphen verläuft also in einem Paradigma, das zu einem Lexikoneintrag gehört. Die Suche wird abgebrochen, wenn die Summe der unterschiedlich spezifizierten Merkmale über einem Abbruchsschwellwert liegt. Für diesen Fall gibt es zwei Möglichkeiten: Falls das Ende der die Allomorphe bildenden Ketten erreicht ist, so sollte die Summe der unterschiedlich spezifizierten Merkmale sehr hoch sein und jenseits eines Eintragschwellwertes liegen. Ist dieser Eintragschwellwert überschritten, so gelten die letzten untersuchten Segmentmatrizes als nicht mehr zu den allomorphen Formen gehörig. Die Position der allomorphen Ketten wird abgespeichert, die Knoten des Graphen somit gesichert. Die allomorphen Veränderungen bilden die Kantenmengen des Graphen. Liegt die Summe der unterschiedlich spezifizierten Merkmale zwischen Abbruchschwellwert und Eintragschwellwert, so wird die Suche abgebrochen, da Anfang und Ende der allomorphen Segmentmatrixketten nicht mit Sicherheit festgelegt werden kann und falsche Einträge vermieden werden sollen.

Nach Abbruch der Suche geht das System zum nächstfrequenten Lexikoneintrag über. Das Verfahren wird so lange iteriert, bis alle Lexikoneinträge identifiziert sind. Die Festsetzung des Abbruchschwellwertes wird zur Optimierung des Suchverfahrens variabel gehandhabt. Die Suche beginnt mit einem niedrigen Schwellwert. Der optimale Wert wird durch das System bestimmt. Es ist der Wert, der zur höchsten Trefferquote und zu den wenigsten Fehlern führt.

Das Suchverfahren beginnt mit einfachen Formen und erzeugt auf diese Weise Identifikationsinseln in den phonischen Eingabeketten. Die Zahl der offenstehenden Möglichkeiten der Entscheidung bei der Identifikation wird dadurch eingeschränkt. Die Information des Eingabekorpus nimmt ab. Das System lernt im Sinne von Cube 1971 durch Redundanzerzeugung.

Sehr unregelmäßige Allomorphe oder Suppletivformen können erst identifiziert werden, wenn sie beidseitig von bereits erkannten Formen eingeschlossen werden. Gleiches gilt für Lexikoneinträge, die nur einmal im Eingabekorpus vorkommen.

Das System ist nicht gegen falsche Identifikationen gewappnet. Aber es ist in der Lage, sich selbst zu korrigieren. Eine Identifikation wird in Frage gestellt, wenn eine alternative Identifikation speicherplatzsparender und suchstrategisch günstiger ist. Die falsche Identifikation wird dann samt den Prozeßveränderungen zwischen den Segmenten der beteiligten Ketten getilgt.

Für jede Hypothesenkorrektur merkt sich das System den Weg, der zur neuen Hypothese geführt hat. Dadurch kann vermieden werden, daß sich zwei Hypothesen endlos lange gegenseitig zerstören, ohne daß der Suchprozeß zu einem Ende gelangt.

Hier kann nur ein Teil der Fähigkeiten skizziert werden, die das System in seinem ersten Teil in die Lage versetzen, Textkorpora auf ungerichtete Graphen abzubilden. Lernen vollzieht sich dabei durch Informationsabbau in den Textkorpora und Redundanzerzeugung im Regelwerk, durch Adaptation und Selbstkorrektur und durch Lernen am Erfolg (maximale Redundanzerzeugung durch Ermittlung von erfolgreichen Hypothesetypen).

Die vom ersten Teil erzeugten ungerichteten Graphen werden vom zweiten Teil zunächst in Graphen mit je einer Kante zwischen zwei Knoten abgebildet. Diese Graphen werden dann in Baumgraphen transformiert. Die Kanten der Baumgraphen stellen die Beziehungen zwischen den allomorphen Formen dar. Es handelt sich meist um phonologische Prozesse. Baumgraphen sind Graphen mit mindestens einem Knoten. Zu einem Knoten gibt es keine hinführende Kante. Zu den anderen Knoten gibt es nur jeweils eine hinführende Kante (vgl. Skizze S.253). Der Knoten, zu dem keine Kante führt, heißt *Wurzel*. Im zweiten Teil des Algorithmus zur Realisierung der selbstlernenden Grammatik werden die Beziehungen zwischen den Knoten der Baumstruktur als phonologische Prozesse, Suppletivformprozesse oder Klassifikationsprozesse klassifiziert.

Zur Ermittlung der phonologischen Prozesse wird in einem ersten Schritt einer der Knoten des ungerichteten Graphen hypothetisch als Tiefenstruktur, der andere als Oberflächenstruktur angesetzt. Dann werden alle Segmente, die dem angenommenen Tiefenstruktursegment identisch sind, mit Kontexten gesammelt. Alle diese binär spezifizierten Matrizes werden durch Antivalenz mit der Kontextmatrix der Oberflächenstruktur logisch verknüpft. Das Ergebnis der Verknüpfung liefert den logischen Wert 'wahr' für jene Merkmale des Oberflächenkontexts, die die Veränderung des zugrundeliegenden Segments in das Oberflächensegment bewirken. Die bewirkenden Merkmale des Kontexts implizieren die Wertebelegung in der Matrix des Oberflächensegments (vgl. dazu die Beschreibung in Braun 1974 und die algebraische Formulierung in Braun 1971).

Die Kosten des Prozesses ergeben sich aus der Zahl der bewirkenden Merkmale, der bewirkenden Kontexte (bei alternativen Regeln), der Ausnahmen und des Anwendungsbereichs.

Im zweiten Schritt wird das gleiche Verfahren angewendet. Nur werden jetzt Oberflächen- und Tiefenstruktur ausgetauscht. Von den beiden Regelhypothesen wird jene akzeptiert, die geringere Kosten verursacht.

Besondere Probleme ergeben sich, wenn hypothetische Tiefen- und Oberflächensegmente oder deren Kontexte in phonologische Prozesse verwickelt sind. Von benachbarten und aufeinander einwirkenden Prozessen werden jene zuerst in das Regelwerk übernommen, die die geringsten Kosten machen. Führen zwei Prozesse zu einem gleichen Oberflächensegment, so ist der teurere Prozeß zu tilgen, da in Baumstrukturen kein Knoten mehr als eine hinführende Kante besitzen darf.

Wirken bereits erkannte und im Regelwerk als Regeln etablierte Prozesse auf die Tiefen- und Oberflächenstrukturen ein, so werden die beiden oben beschriebenen Schritte zur Regelerzeugung in Halbschritte unterteilt, wobei im ersten Halbschritt die Regelerzeugung ohne Berücksichtigung bereits erkannter Prozesse durchgeführt wird und im zweiten Halbschritt erkannte Regeln berücksichtigt werden. Im ersten Fall spielt die Regelordnung keine Rolle, im zweiten wird sie vermerkt. Da Regelordnungen als weniger natürlich als nicht geordnete Regeln gelten, erhöhen sich für Regelordnungen die Kosten. Aufwand und somit - in technischer Realisierung - der Speicherplatzbedarf bei Berücksichtigung der Regelordnung sind aber oft niedriger als die der Regel ohne Berücksichtigung der Regelordnung, da für erstere die Zahl der Ausnahmen, der bewirkenden Kontexte und der bewirkenden Merkmale geringer ist.

Falls die Kosten für phonologische Prozesse sehr hoch sind, wird geprüft, ob die phonologische Prozesse repräsentierenden Kanten des Graphen Knoten verbinden, die Suppletivformen sind oder die Morpheme sind, deren Stämme unterschiedlichen (Konjugations- oder Deklinations-)Klassen angehören. Im letzteren Fall impliziert die Klassenzugehörigkeit des Stammes die Form des Morphems.

Scheiden diese Möglichkeiten aus, so kann der Algorithmus jene Formen, die sehr hohe Kosten verursachen, als positive oder negative Ausnahmen bestimmen.

Die Prinzipien der Regelerzeugung lassen sich auch für die Erzeugung der Akzentuierungsregeln anwenden. Damit wiederholt der letzte Teil des Algorithmus' jene Schritte, die oben zur Erzeugung der Prozeßregeln führten.

Das folgende surselvische Beispiel führt eine Regel auf, die vortoniges /u/ in /a/ ändert. Die Regel setzt eine Akzentuierungsregel voraus. Die Regel findet Anwendung in Morphemen wie /nûs dumand éin/ 'wir fragen' vs. /iéu damónd el/ 'ich frage'. Als Tiefenstruktur wird vom Algorithmus /damánd/ erkannt.

Eine spätere Regel wandelt /á/ in /ó/. Da dem Drucker der Datenverarbeitungsanlage keine phonetischen Sonderzeichen zur Verfügung stehen, werden phonetische Zeichen durch einen memnotechnischen Bigrammcode dargestellt; das Beispiel stammt aus einen noch unvollständigen Testkorpus. Es vermittelt einen Eindruck über das Format der von der Rechenanlage erzeugten Regeln:

```
I=============================================================I
I                                                             I
I        PROZESSREGELN                                        I
I                                                             I
I        ANZAHL DER REGELN 12                                 I
I                                                             I
I                                                             I
I=============================================================I
I                                                             I
I        UNGEORDNETE PROZESSREGELN                            I
I                                                             I
I=============================================================I
I                                                             I
I-------------------------------------------------------------I
I                                                             I
I        REGEL  1             REGELNUMMER  2                  I
I                                                             I
I   SLB    +              SLB    +                            I
I   DEEP   -              DEEP   +                            I
I   BACK   +  ====>       BACK   +                            I
I   ROUND  +              ROUND  -              SEGM    +  +  I
I   STRESS -              STRESS -   /   -----  STRESS     +  I
I        AUSDRUCK TIEFENSTRUKTUR    OBERFLÄCHENSTRUKTUR       I
I                                                             I
I                                                             I
I           DD UA MM AD NN DD          DD AA MM OE NN DD      I
I   SEGM   - +  +  +  +  +  +  -  -    +  +  +  +  +  +  -    I
I   SLB    + -  +  -  +  -  -  -  +    -  +  -  +  -  -  -    I
I   SON    + -  +  +  +  +  -  +  +    -  +  +  +  +  -  +    I
I   CNS    + +  -  +  -  +  +  +  +    +  -  +  -  +  +  +    I
I   ANT    + +  -  +  -  +  +  -  +    +  -  +  -  +  +  -    I
I   COR    - +  -  -  -  +  +  -  -    +  -  -  -  +  +  -    I
I   DEEP   + -  -  -  +  -  -  +  +    -  +  -  +  -  -  +    I
I   BACK   + -  +  -  +  -  -  +  +    -  +  -  +  -  -  +    I
I   ROUND  - -  +  -  -  -  -  -  -    -  -  -  +  -  -  -    I
I   DL.RL. - -  +  -  +  -  -  -  -    -  +  -  +  -  -  -    I
I   VOIC   - +  +  +  +  +  +  -  -    +  +  +  +  +  +  -    I
I   STRESS - -  -  -  +  -  -  -  -    -  -  -  +  -  -  -    I
I                                                             I
I.............................................................I
```

4. Ausblick

Der letzte Abschnitt sucht Prinzipien selbstlernender generativ-phonologischer Grammatiken auf selbstlernende Grammatiken zu Erzeugung syntaktischer und semantischer Beschreibungen zu übertragen. Ausgangspunkt der Überlegungen sind Segmente, die als Bündel binär spezifizierter Merkmale und Regeln, die als Implikationen der Merkmale eines Segmentes aus dem Kontext dargestellt werden. Die Merkmalsbündel, die auf Segmente abgebildet werden, sind das Resultat einer Abbildung sprachuniversal konzipierter Merkmale auf sprachspezifische. Ich habe die Abbildungsvorschrift in Abschnitt 2 als Distinktivierung beschrieben. Diese Distinktivierung könnte dahingehend verändert werden, daß die Merkmale in den Segmente abbildenden Merkmalsbündeln nach ihrer distinktiven Kraft, d.h. nach der Häufigkeit, mit der sie in einem Phonemsystem Oppositionen ausdrükken, geordnet werden. Die Ermittlung der Merkmale, die eine Segmentveränderung bewirken (der implizierenden Merkmale), kann dadurch vereinfacht werden, da Merkmale großer distinktiver Kraft stärkeren Einfluß auf Segmentveränderungen haben.

Das Verfahren kann dahingehend verändert werden, daß die binären Spezifikationswerte weniger Merkmale spezifizieren als - rein strukturalistisch - oppositionelle Systeme beschreiben. Die Art der Opposition würde bei geeigneten Verfahren eine untergeordnete Rolle spielen. Damit würde das Problem der Relevanz artikulatorisch-auditiver Merkmale für die Perzeption - in der Tat scheinen, wie Arbeiten der automatischen Sprachanalyse zeigen, diese Merkmale nicht jene Bedeutung zu haben, die ihr Phonologen beimessen - an Bedeutung verlieren.

Interessanter jedoch sind Verfahren dieser Art für semantische und syntaktische Beschreibung. Der Status semantischer Merkmale in semantischen Beschreibungen ist insofern problematisch, als sprachliche Zeichen zur Beschreibung sprachlicher Zeichen eingesetzt werden. Verfahren, die auf die Nennung von Merkmalen verzichten, sind dieser Problematik nicht ausgesetzt. In diesen Verfahren untersucht eine selbstlernende Grammatik unterschiedliche Zeichenketten in gleichen Kontexten (die jeweilige Kontextlänge wird von der sich optimierenden Grammatik gewählt). Der weniger frequenten Kette wird der binäre Wert 'L' zugeordnet, der frequenteren der Wert 'O'. Dieses Verfahren wird für alle Ketten eines Textkorpus durchgeführt. Innerhalb der entstehenden Merkmalsbündel werden Oppositionen nach ihrer distinkten Frequenz fallend angeordnet. Um die Merkmalsmengen zu minimieren - als Anwendung eines Ökonomieprinzips -, werden die Merkmale, die durch den Kontext impliziert werden, getilgt. Tilgungen können, da sich durch sie die zahlenmäßigen oppositionellen Relationen ändern, zu Umstrukturierungen in der Merkmalsfolge führen. Implikationen sind - wie bei prozeßphonologischen Regeln - Hinweise auf Anordnung und Abhängigkeit sprachlicher Ketten. Daraus lassen sich syntaktische Regeln ableiten. Syntax wird als Implikationsstruktur über paradigmatisch ermittelten und gekennzeichneten Einheiten verstanden. Die Spezifikation dieser Einheiten und somit auch die von ihnen ausgehenden Implikationen unterliegen der dauernden Kontrolle des übergeordneten steuernden Systems; auch hier ist Sprache nicht lediglich ein Code, sondern auch eine Anleitung zur Codekonstruktion.

Literatur

Bauer, Friedrich L., Goos, Gerhard. ²1973. Informatik. Eine einführende Übersicht. Berlin, Heidelberg, New York.

Braun, Stephan. 1971. Eigenschaften strukturierter Symbole in formalen Sprachen. Technische Universität München (Masch. Habil.).

- 1974. Arithmetische Linguistik. Stuttgart, Berlin, Köln, Mainz.

Chomsky, Noam, Halle, Morris. 1968. The Sound Patterns of English. New York, Evanston, London.

v. Cube, Felix. ³1971. Kybernetische Grundlagen des Lernens und Lehrens. Stuttgart.

Grimmer, Gernot. 1969. Biochemie. Eine Einführung für Naturwissenschaftler und Mediziner. Mannheim, Wien, Zürich.

Martinet, André. ⁴1970. Grundzüge der Allgemeinen Sprachwissenschaft. Stuttgart, Berlin, Köln, Mainz.

Menzel, Wolfram. 1970. Theorie der Lernsysteme. Heidelberg, Berlin, New York.

Monod, Jacques. ³1977. Zufall und Notwendigkeit. Philosophische Fragen der modernen Biologie. München.

Stetter, Franz. 1981. Softwaretechnologie. Mannheim, Wien, Zürich.

ZUR SILBENSTRUKTUR DER DEUTSCHEN STANDARDSPRACHE

Theo Vennemann
Universität München

Für William G. Moulton zur Erinnerung
an das Sommersemester 1982 in München

1. Ziele

Ich möchte in diesem Vortrag einige Regularitäten der deutschen Standardsprache bestimmen, die mit der Silbenstruktur zusammenhängen.[1] Es geht mir dabei nicht um eine theoretische Diskussion - ob der Silbenbegriff definierbar sei, ob er nützlich sei, ob Silben phonetische oder phonologische Entitäten seien, ob es sie überhaupt gebe; über alle diese mühsamen und müßigen Diskussionen setze ich mich hinweg und schreite schnell zur Tat: Ich stelle phonologische Regeln für die deutsche Standardsprache auf, in denen der Silbenbegriff vorkommt.

Die Sprache, die ich mit diesen Regeln beschreibe, ist meine eigene. Dies widerspricht nicht dem Titel des Vortrags und dem eingangs Gesagten; denn ich bin nativer Sprecher einer Ausprägung der deutschen Standardsprache. Diese Ausprägung ist in lautlicher Hinsicht beinahe identisch mit der kodifizierten Norm bzw. Quasinorm, z.B. des Aussprachedudens und des Siebs. Abweichungen betreffen vor allem Feinheiten der Silbenstruktur. Nun ist zwar gerade die Silbenstruktur der Standardsprache als solche nicht durch explizite Normen oder Quasinormen geregelt; aber sie ist aus Akzentmarkierungen und einigen Feinheiten der in den als normativ maßgeblich betrachteten Werken angegebenen Lautung zu erschließen. Ich werde darauf zurückkommen. Jedenfalls verstehe ich die angegebenen Regeln als Hypothesen über die Standardsprache, und als solche werden sie hier vorgestellt.

In manchen Fällen kann ich meine Regeln mit allerlei Evidenz rechtfertigen. In anderen Fällen beschreibe ich die Lautstrukturen

---

1 Angelika Lutz und Robert W. Murray habe ich für ihre Durchsicht des Manuskripts und eine Reihe von Hinweisen zu danken. William G. Moulton hat das Manuskript in einem langen Brief kommentiert, wofür ich ihm sehr herzlich danke. Die meisten seiner Hinweise verwende ich in den folgenden Fußnoten, die mit nur einer Ausnahme auf seinen Brief zurückgehen.

einfach, wie sie mir erscheinen (berufe ich mich also auf meine "Intuition", meine "muttersprachliche Kompetenz" oder wie man sonst noch sagt). Allerdings erscheinen einem - erscheinen jedenfalls mir - die Lautstrukturen nicht immer eindeutig, und manchmal um so weniger, je länger man über sie nachdenkt, je öfter und langsamer man sie im Munde zergehen läßt. Es gibt klare Fälle, über die sich kaum ein Disput führen läßt; so wird jeder native Sprecher, der die Fragestellung begreift, *Wodka* als [vɔt.kɑ] syllabifizieren wollen und nicht als [vɔ.tkɑ], [vɔtk.ɑ], [vɔt.tkɑ], [vɔṫkɑ] oder noch anders. Es gibt andere Fälle, bei denen man durchaus in Zweifel geraten kann. Gehört, um nur ein Beispiel zu nennen, das erste [s] in *erstens* [e:rstn̩s] zur ersten oder zur zweiten Silbe oder zu beiden, [e:rs.tn̩s], [e:r.stn̩s] oder [e:rŝtn̩s] - vielleicht auch [e:rsṫn̩s]? In solchen Fällen wird man nach Anhaltspunkten suchen oder, finden sich keine, dezisionistisch verfahren müssen. Vor allem in solchen Fällen, aber natürlich auch in allen übrigen Fällen interessiere ich mich für gegenteilige Meinungen, andere Intuititionen, doch noch gefundene oder zusätzliche Argumente. Der schönste Erfolg für meinen Vortrag wäre es, wenn er eine Diskussion über die Silbenstruktur der deutschen Standardsprache auslösen würde, die die Probleme für normative Entscheidungen reif machte. Die jetzigen Angaben im Ausspracheduden, sofern sie nicht ohnehin unsinnig oder falsch sind, genügen jedenfalls nicht, und das räumt die Redaktion auch ein. ("Die Regeln erheben keinen Anspruch auf Vollständigkeit" - und das, obwohl "die lautliche Silbengrenze ein wesentlicher Teil der Lautform eines Wortes" ist, 1. Aufl. S. 37, 2. Aufl. S. 56.)

2. Theoretischer Rahmen

Ich mache hier nur ganz wenige theoretische Annahmen. Diese decken sich zumeist mit traditionellen Auffassungen, wenn auch nicht mit denen der generativen Phonologie in ihren verschiedenen Ausprägungen (Transformationsgrammatik, Natürliche Phonologie, Foleys Ansatz).

Das phonologische System einer Sprachausprägung umfaßt vier Teilsysteme: das wortphonologische System, das intonatorische

System, das Sandhisystem und das realisationsphonologische System. Von diesen spielen das zweite und dritte im jetzigen Zusammenhang keine Rolle. Realisationsphonologische Regularitäten sind ganz wesentlich auch Silbenstrukturregularitäten; vgl. z.B. die Explizitform [baɪ̯s.i:n.dɔχ] von *Beiß ihn doch!* und die realisationsphonologische Variante [baɪ̯.sn̩.dɔχ]. Aber da realisationsphonologische Regularitäten an Explizitformen ansetzen und diese u.a. wortphonologische Strukturen enthalten, sind zunächst diese zu klären; dies gilt, wie allgemein, so auch im Bereich der Silbenstruktur. Ich beschränke mich hier weitgehend auf die Silbenstruktur des W o r t e s. Mein Vortrag ist also in erster Linie ein Beitrag zur Wortphonologie der deutschen Standardsprache. Die wenigen realisationsphonologischen Betrachtungen dienen vor allem der Verdeutlichung und Abgrenzung.

Ich nehme nur eine einzige lautliche "Ebene" an, auf die alle wortphonologischen Regeln Bezug nehmen. Dies entspricht der Tradition, nicht freilich bestimmten Ausformungen des Strukturalismus, die zwei lautliche "Ebenen" annehmen, eine phonemische und eine phonetische, und der generativen Phonologie der Transformationsgrammatik (z.B. Chomsky und Halle 1968), die - außer der Ebene der lexikalischen Repräsentation - drei Ebenen der Repräsentation von Lautlichem annehmen, die der syntaktisch motivierten Oberflächenstrukturen, die der phonologisch motivierten Oberflächenstrukturen (systematisch phonemische Ebene) und die systematisch phonetische Ebene.

Wortphonologische Regeln nehmen nur auf lautliche Elemente von Wörtern Bezug - und zwar per definitionem. Regeln, die auf nicht-lautliche Elemente wie Morpheme, Morphemgrenzen, syntaktische Kategorien, Bedeutungen, Stilebenen Bezug nehmen, sind - ebenfalls per definitionem - Regeln anderer Sorten, z.B. morphologische Regeln. Auch in diesem Punkt stimmen die hier gemachten Annahmen mit der Tradition überein, dazu mit den meisten strukturalistischen Richtungen - freilich nicht mit Pikes Position und nicht mit der transformationalistischen Phonologie von Chomsky und Halle 1968 und der Natürlichen Phonologie.

Andererseits berücksichtige ich auf meiner einen wortphonologischen Ebene Suprasegmentalia als potentiell kontrastierende Elemente, wiederum, wie ich glaube, im Einklang mit der Tradition, aber gegen die meisten neueren Richtungen und, wie mir scheint, in dem Maße, wie ich es tue, auch im Gegensatz zu allen anderen Positionen. Die Suprasegmentalia, die ich berücksichtige, sind - außer der tonalen Struktur, die für das Standarddeutsche keine Rolle spielt (wohl aber z.B. für rheinische Dialekte) - die Akzentstruktur und die Silbenstruktur, letztere unter Einschluß der Position der Nuklearität. Damit ist der Einsicht Rechnung getragen, daß sich zwei phonologische Wortformen mit gleicher Sprachlautfolge immer noch unterscheiden können, nämlich durch den Akzent (z.B. *úmfahren* vs. *umfáhren*, *Ténor* vs. *Tenór*) und durch die Silbenstruktur, und dort sogar auf drei verschiedene Weisen:

1. durch die Zahl der Silben;
2. bei gleicher Silbenzahl: durch die Position der Silbengrenzen;
3. bei gleicher Silbenzahl und gleicher Position der Silbengrenzen: durch die Position der Nuklearität in den einzelnen Silben.

Die Erscheinung in 1 ist aus dem Englischen gut bekannt; z.B. unterscheiden sich die Wörter *lightening* 'erleichternd' und *lightning* 'Blitz' bei gleicher Sprachlautfolge, [laɪtnɪŋ], dadurch, daß das erste Wort dreisilbig ist, das zweite zweisilbig. Moulton (1962: 14) drückt den Unterschied in seiner Transkription dadurch (und nur dadurch) aus, daß er in *lightening* ein silbisches [n̩] ansetzt, in *lightning* ein unsilbisches [n]. Dieses Verfahren ist insofern ungünstig, als es die Auffassung nahelegt, ein Unterschied im *n*-Laut sei für den Unterschied in der Silbenzahl verantwortlich, während ich meine, daß es gerade umgekehrt ist: Der primäre Unterschied besteht in der verschiedenen syllabischen Strukturierung, und zu dieser gehört einerseits die unterschiedliche Silbenzahl, andererseits die Nuklearität des *n* im einen Fall, seine Marginalität im anderen Fall.[2] - Andere Paare dieser Art sind *coddling* 'hätschelnd' vs. *codling* 'junger Kabeljau', *cycling* 'radfahrend' vs. *cycling* 'Radfahren', *piddling* 'urinierend' vs. *piddling* 'trivial, nutzlos' (vgl. auch Jones 1966: 135f.).[3] Im Deutschen haben wir

---

2 In seinem Brief pflichtet Moulton dieser modifizierten Analyse bei.

3 Moulton bestätigt diesen Unterschied in allen Beispielpaaren für seine eigene Aussprache, betont aber, daß viele Amerikaner solche Beispiele zwei-

Vergleichbares; z.B. ist *Knäuel* [knɔy̯l̩] zweisilbig, der Stamm in *Geheul* [-hɔy̯l] einsilbig, und entsprechend in *Pollen* vs. *Köln*, *Barren* vs. *Farn*, *Barrel* vs. *Kerl*, *wieher* vs. *wir*, *Maher* vs. *Maar*, *Herren* vs. *Herrn*. Wie die Beispiele zeigen, ist Nuklearität hier nicht an das Vorausgehen einer morphologischen Grenze gebunden, auch nicht nach Liquiden, Vokalen und Halbvokalen, wie dies Höhle und Vater (1978: 174, 175) irrtümlich meinen.

Auch die Erscheinung in 2 ist aus dem Englischen bekannt, am besten aus Hocketts (1955: 52, 1956: 54) berühmtem Minimaltripel *night rate* 'Nachttaxe' vs. *nitrate* 'Nitrat' vs. *dye trade* 'Farbenhandel' (oder *Nye trait* 'ein Zug von Nye'), wo nach Hockett gleiche Sprachlaut- und Akzentstruktur vorliegt, aber verschiedene Position eines Juncture-Phonems (1956: 54f.) oder eben, wie ich meine, verschiedene Position einer Silbengrenze, nämlich nach bzw. in bzw. vor dem ersten *t*. In Fergusons *bedroom*-Problem (Hyman 1975: 190, vgl. auch Jones 1966: §509) liegt bei *bedroom* 'Schlafzimmer' die Silbengrenze im [d], bei *bedroom* 'Bettenstellfläche' nach ihm: [bɛḋrum] vs. [bɛd.rum]. Indem bei [bɛḋrum] die zweite Silbe mit *dr* beginnt, kann die bekannte Palatalisierung alveolarer Verschlüsse vor *r* in Anfangsrändern Anwendung finden: [bɛǰrum]. Entsprechend kann im Deutschen eine Sprachlautfolge [...V:klɪç] syllabisch kontrastierend als [...V:k.lɪç] oder als [...V:.klɪç] erscheinen, z.B. *täglich* [tä:k.lɪç] (nicht [tä:.klɪç]) vs. *eklig* [e:.klɪç] (nicht [e:k.lɪç]); und eine Folge [...V̆klɪç] kann als [...V̆k.lɪç] oder als [...V̆k̇lɪç] erscheinen, z.B. in *schicklich* [ʃɪk.lɪç] vs. *pricklig* [prɪk̇lɪç] (letzteres eine realisationsphonologische Variante von *prickelig*).

Beispiele für die Erscheinung 3 sind nicht geläufig, vielleicht weil man nicht nach ihnen gesucht hat. Ich glaube, sie lassen sich finden. In manchen stark "*r*-haltigen" Dialekten des Englischen heißt es einerseits *apron* [ei̯pr̩n] 'Schürze', *macron* [mei̯kr̩n] (Längezeichen über Vokalen), anderseits *acorn* [ei̯kr̩n] 'Eichel', *lantern* [læntr̩n] 'Laterne'. Entsprechend finden wir im Deutschen *eklen*

---

silbig sprächen. Die "Dialektgrenzen" laufen offenbar im Einzelfall mitten durch die Familie Moulton; denn als sie früher ein Auto der Marke *Rambler* besaß, sprach William G. diesen Namen dreisilbig aus, während die übrigen Familienmitglieder ihn zweisilbig sprachen und sich über William G.'s Aussprache lustig machten. – Für meine Zwecke genügt natürlich das Vorkommen dieses Kontrasts in einschlägigen Idiolekten.

[e:kln̩] vs. *ekeln* [e:kl̩n], *obren* [o:brn̩] vs. *erobern* [-o:br̩n], *lockren* [lɔkrn̩] vs. *lockern* [lɔkr̩n]. Die Silbengrenzen liegen in allen drei Beispielpaaren an derselben Stelle: [e:.kln], [o:.brn], [lɔ.krn]. Insbesondere ist also die Basis der zweiten Silbe innerhalb jedes Paars dieselbe: [kln], [brn], [krn]. Der einzige Unterschied steckt in der Position der Nuklearität: [kln̩] vs. [kl̩n], [brn̩] vs. [br̩n], [krn̩] vs. [kr̩n]. - Im Frühgotischen gab es die ererbte Folge [i̯u] im Anfang erster Wortsilben. Dann entwickelte sich *e* generell zu *i*; dadurch entstand aus ererbtem *eu̯* ein neues *iu̯*. In ersten Silben kontrastierten nun [i̯u] und [iu̯]: *i̯uk* 'Joch' vs. *iu̯p* 'aufwärts'. Im pränuklearen Silbenrand - oder wie ich sage: im Anfangsrand - wurden dann Vokale (wie ja später auch im Deutschen) vermutlich zu Reibelauten gestärkt, insbesondere also der Vokal [i] zum Reibelaut [j]. So steht im Gotischen *juk* neben *iup*. (Falls, wie manche annehmen, diese Stärkung nicht stattfand, so signalisiert *j* einfach marginales, *i* nukleares [i]; umso besser für mein Beispiel.) - Im Frühisländischen entwickelte sich *ea* zu *ja*, *eu* zu *ju*, usw. Man spricht hier von einer Akzentverschiebung in Diphthongen (vgl. Gordon 1962: §§45-48). Aber das kann nicht richtig sein, denn Akzentuiertheit ist eine Eigenschaft von Silben in Wörtern (und auch, eventuell nach sandhi- und realisationsphonologischen Modifikationen, in komplexeren Ausdrükken), aber sowohl in vorisländisch +*leuǥan* als auch in isländisch *ljúga* [ljūǥa] 'lügen' ist ja die erste der beiden Silben betont. Außerdem finden dieselben Veränderungen auch in Einsilblern statt.[4] Was sich verändert hat, ist die Position der Nuklearität, z.B. +*ea̯* > +*e̯a* > *i̯a* (> *ja*). Einhergehende Veränderungen (z.B. die Verschiebung der Quantität bei +*eu̯* > +*ēu̯* > +*e̯ū* > *i̯ū* (> *jū*) sind lediglich Begleiterscheinungen des grundlegenden Vorgangs, der Verschiebung der Nuklearität. Auch die Sprachveränderung deutet also auf die phonologische Relevanz der Nukleusposition.

---

4 Moulton erinnert hier an das deutsche Beispiel mhd. *ie* (wohl [ie̯]), nhd. *je* (aus [i̯e]).

3. Genaueres zur Silbenphonologie

Wie man gesehen hat, stelle ich mir eine phonologische Wortform für die Zwecke dieses Vortrags als ein Paar vor. Das erste Element des Paars ist eine Folge von *plazierten Silben*; das zweite Element des Paars ist eine *prosodische Struktur*, die - dies ist allein für unsere Zwecke wichtig - die Position der *Akzente* enthält. Eine plazierte Silbe besteht aus einer plazierten *Basis* und einer Angabe der *Position des Nukleus*. Ich mache für die Zwecke dieses Vortrags die Annahme, ein Nukleus bestehe stets aus genau einem Sprachlaut; vielleicht sollte man diese Annahme generell machen. Dann genügt als Angabe der Position des Nukleus eine Zahl, nämlich die Platznummer des nuklearen Sprachlauts.

Nehmen wir als ein erstes Beispiel die phonologische Wortform des Wortes *Wodka*. Die Basis der ersten plazierten Silbe ist <v, ɔ, t>. Das Fehlen einer Platznummer teilt mit, daß die Platznummer des ersten Sprachlauts in der Basis 1 ist; man könnte auch $_1$<v, ɔ, t> schreiben. Nuklear ist offenbar das [ɔ]; der Nukleus hat also die Platznummer 2. Somit ist die erste plazierte Silbe das Paar <<v, ɔ, t>, 2>. Die zweite plazierte Silbe ist ganz entsprechend <$_4$<k, ɑ>, 5>. Nennen wir die Abfolge der plazierten Silben einer phonologischen Wortform die *Silbenfolge* der Wortform. Dann ist die Silbenfolge der phonologischen Wortform von *Wodka* die Folge <<<v, ɔ, t>, 2>, <$_4$<k, ɑ>, 5>>. Eigentlich sollte ich sie als die - mengentheoretisch einfachere - Menge {<<v, ɔ, t>, 2>, <$_4$<k, ɑ>, 5>} auffassen; ich betrachte sie aber lieber gleich als eine Folge, um bequem von der ersten, zweiten usw. plazierten Silbe einer phonologischen Wortform sprechen zu können. Ein wichtiger Unterschied besteht insofern nicht, als man aus solchen speziellen Mengen die Folge gewinnen kann; das Umgekehrte gilt ohnehin.

Spricht man von einer *Silbe* - im Gegensatz zu einer plazierten Silbe -, so sieht man einfach von den Platznummern ab. Anders gesagt: man bezieht das Gebilde auf die Platznummer 1. So sagt man z.B., daß die zweite Silbe von *Wodka* und die dritte Silbe von *Kamtschatka* identisch seien, obwohl die plazierte letzte

Silbe von *Wodka* $\langle_4\langle k, \alpha\rangle, 5\rangle$ ist, die von *Kamtschatka* $\langle_8\langle k, \alpha\rangle, 9\rangle$. Die letzte Silbe ist eben in beiden Fällen $\langle\langle k, \alpha\rangle, 2\rangle$, d.i. $\langle_1\langle k, \alpha\rangle, 2\rangle$.

Auf der Basis einer Silbe S definiert die Nuklearitätsangabe außer dem Nukleus von S (NU_S) einen Abschnitt vor dem Nukleus, den Anfangsrand von S (AR_S), und einen Abschnitt nach dem Nukleus, den Endrand von S (ER_S); und entsprechend bei plazierten Silben. Ist z.B. $S = \langle\langle k, \alpha\rangle, 2\rangle$, so ist $NU_S = {}_2\langle \alpha\rangle$, $AR_S = \langle k\rangle$, und $ER_S = \emptyset$ ($\emptyset$ ist die leere Menge). Ist $S = \langle_4\langle k, \alpha\rangle, 5\rangle$, so ist $NU_S = {}_5\langle \alpha\rangle$, $AR_S = {}_4\langle k\rangle$, $ER_S = \emptyset$. Bei der einen (plazierten) Silbe S der phonologischen Wortform von *Obst* ist $AR_S = \emptyset$, $NU_S = \langle o{:}\rangle$, $ER_S = {}_2\langle p, s, t\rangle$. Während bei gegebenem S AR_S und $ER_S = \emptyset$ sein können, ist NU_S niemals $= \emptyset$.

Um Platz zu sparen und um die Notation traditionellen Transkriptionen anzupassen, schreibe ich statt ${}_n\langle x, y, z, \ldots\rangle$, wenn x, y, z, ... Sprachlaute sind, auch einfach ${}_n[xyz\ldots]$. Statt ${}_4\langle k, \alpha\rangle$ schreibe ich also auch ${}_4$[kɑ], statt ${}_1$[vɔt] auch einfach [vɔt].

Betrachten wir nun eine Silbenfolge F und eine plazierte Silbe S in F. Wir betrachten AR_S und ER_S.

1. Fall für AR_S: S ist die erste plazierte Silbe in F. Dann heißt AR_S ein freier Anfangsrand (von S in F).

2. Fall für AR_S: S ist nicht die erste plazierte Silbe in F. Sei S' die S in F unmittelbar vorangehende plazierte Silbe.

1. Unterfall: Die Basis von S' und die Basis von S haben kein gemeinsames Element (kurz: $BA_{S'} \cap BA_S = \emptyset$). Dann heißt AR_S ebenfalls ein freier Anfangsrand (von S in F).

2. Unterfall: Die Basis von S' und die Basis von S haben ein gemeinsames Element ($BA_{S'} \cap BA_S \neq \emptyset$). Dann heißt AR_S ein gebundener Anfangsrand (von S in F).

1. Fall für ER_S: S ist die letzte plazierte Silbe in F. Dann heißt ER_S ein freier Endrand (von S in F).

2. Fall für ER_S: S ist nicht die letzte plazierte Silbe in F. Sei S' die S in F unmittelbar folgende plazierte Silbe.

1. Unterfall: Die Basis von S und die Basis von S' haben kein gemeinsames Element (kurz: $BA_S \cap BA_{S'} = \emptyset$). Dann heißt ER_S ebenfalls ein f r e i e r E n d r a n d (von S in F).

2. Unterfall: Die Basis von S und die Basis von S' haben ein gemeinsames Element ($BA_S \cap BA_{S'} \neq \emptyset$). Dann heißt ER_S ein g e b u n d e n e r E n d r a n d (von S in F).

Ist AR_S ein freier Anfangsrand (von S in F), so heißt AR_S ein K o p f (in F). Ist ER_S ein freier Endrand (von S in F), so heißt ER_S eine K o d a (in F). Ist AR_S ein Kopf und ER_S eine Koda (in F), so heißt S eine f r e i e S i l b e (in F). Sind alle plazierten Silben von F frei, so heißt F eine f r e i e S i l b e n f o l g e. Manche Sprachen - die meisten, wie ich glaube - erlauben nur freie Silbenfolgen, so das Französische; aber Standardausprägungen des Englischen und das Standarddeutsche gehören nicht dazu.

Seien nun S und S' plazierte Silben in F derart, daß S S' in F unmittelbar vorangeht und daß die Basen von S und S' ein Element gemeinsam haben ($BA_S \cap BA_{S'} \neq \emptyset$). Dann heißt das Überschneidungsstück der beiden Basen (d.i. $BA_S \cap BA_{S'}$) ein G e l e n k (in F). (Manchmal spricht man im Falle $BA_S \cap BA_{S'} = \emptyset$ auch von einem l e e r e n G e l e n k). Z.B. hat die Silbenfolge von deutsch *Wodka* kein Gelenk (oder ein leeres Gelenk), denn [vɔt] $\cap$ $_4$[kɑ] = $\emptyset$. Hingegen hat die Silbenfolge von englisch *nitrate* nach Hockett das Gelenk $_4$[t], denn die Basis der ersten plazierten Silbe ist [nait], die der zweiten ist $_4$[treit], und [nait] $\cap$ $_4$[treit] = $_4$[t].

Es ist wohl klar, daß nur marginale Elemente in Gelenken vorkommen können, niemals nukleare. Genauer und darüber hinaus: Sind S und S' zwei plazierte Silben in einer Silbenfolge F, geht S S' in F unmittelbar voran und ist G ein von S und S' in F gebildetes (nicht-leeres) Gelenk, so gilt:

1a. $G \subset ER_S$
1b. $G \subset AR_{S'}$
2a. $ER_S \neq \emptyset$
2b. $AR_{S'} \neq \emptyset$
3a. ER_S ist nicht frei (in F)
3b. $AR_{S'}$ ist nicht frei (in F)
4a. S ist nicht frei (in F)
4b. S' ist nicht frei (in F)
5. F ist nicht frei

Betrachten wir das Beispiel *nitrate* mit der Silbenfolge F = <S, S'> = <<[nait], 2>, <$_4$[treit], 6>>. Es ist dann $_4$[t] ein von S und S' in F gebildetes Gelenk, und die oben numerierten generellen Beziehungen sind wie folgt erfüllt:

1a. $_4$[t] ⊂ $_3$[it]
1b. $_4$[t] ⊂ $_4$[tr]
2a. $_3$[it] ≠ ∅
2b. $_4$[tr] ≠ ∅
3.-5. sind wegen des Gelenks $_4$[t] erfüllt[5]

---

5 Ich habe in diesem und dem vorigen Abschnitt (und auch im folgenden), um an eine bekannte Analyse anknüpfen zu können, den Begriff des Gelenks einheitlich mit Hocketts Beispiel *nitrate* illustriert. Das war vielleicht in didaktischer Hinsicht recht geschickt, ist aber im übrigen aus zwei Gründen mißlich. Erstens hätte ich, um den Eindruck zu vermeiden, Gelenke gebe es zwar im Englischen, aber wohl nicht im Deutschen, gleich mit einem deutschen Wort illustrieren können, z.B. *Mappe* mit der Silbenfolge <<[map], 2>, <$_3$[pə], 4>> und somit dem Gelenk $_3$[p]. Zweitens weist mich Moulton darauf hin, daß Hockett nach verbreiteter Auffassung mit der ambisyllabischen Deutung des $_4$[t] in *nitrate* unrecht habe, indem Gelenke im Englischen (wie im Deutschen, s.u.) nur nach bestimmten einfachen Vokalen (den "gedeckten Vokalen" oder "checked vowels" wie in *pit, pet, pat, pot, putt, put*) vorkämen, nicht aber nach den übrigen Vokalen einschließlich der Diphthonge (den "ungedeckten" Vokalen oder "free vowels" wie in *see, say, spa, saw, so, too, sir* (in der *r*-losen Aussprache), *buy, boy, bough*). Gelenke habe man daher nach dieser "allgemeinen Annahme" z.B. in *citric* und *metric*, aber nicht in *matrix* und *nitrate*. Ich wäre also mit einem sicheren Beispiel wie *citric* mit der Silbenfolge (nach Moultons Transkription [sɪtrɪk]) <<[sɪt], 2>, <$_3$[trɪk], 5>> und dem Gelenk $_3$[t] besser gefahren. Im übrigen hängt allerdings im obigen Zusammenhang nichts davon ab, solange das Phänomen des Gelenks selbst bestätigt bleibt. - Die interessanten Konsequenzen für die Analyse von Hocketts Minimaltripel *night rate / nitrate / Nye trait* sowie für die des

4. Notation für Silbenstruktur

Ich habe oben bereits die Abkürzung ${}_{n}[xyz\ldots]$ für ${}_{n}\langle x, y, z, \ldots\rangle$ mit Sprachlauten x, y, z, ... eingeführt. Einige weitere notationelle Konventionen sollen hier folgen. Wie man sieht, haben sie alle außer dem rein abkürzenden Zweck auch den Sinn, die Notation der traditionellen anzunähern. Umgekehrt kann man das Verfahren auch als eine mengentheoretische Explikation der traditionellen Notation betrachten.

Eine plazierte Silbe ist ein Paar $\langle {}_{n}[xyz\ldots], \mathrm{m}\rangle$, wo die x, y, z, ... Sprachlaute sind und wo n die Platznummer des ersten Sprachlauts, m die Platznummer des nuklearen Sprachlauts angibt (m ≥ n). Ich führe nun die Abkürzung ein, die Position des nuklearen Sprachlauts dadurch anzugeben, daß ich ihn an seinem Platz mit einem daruntergesetzten Strich markiere. Ist z.B. m = n + 1, so ist ${}_{n}[x\underset{ı}{y}z\ldots] = \langle {}_{n}[xzy\ldots], \mathrm{m}\rangle$. Allgemeiner:

> Ist in einer plazierten Silbe $\langle {}_{n}[\ldots y\ldots], \mathrm{m}\rangle$ die Platznummer von y gleich m, so ist ${}_{n}[\ldots\underset{ı}{y}\ldots] = \langle {}_{n}[\ldots y\ldots], \mathrm{m}\rangle$.

Die durch diese Konvention erzielten Einsparungen sind evident. Z.B. wird $\langle\langle$[vɔt], 2$\rangle$, $\langle {}_{4}$[kɑ], 5$\rangle\rangle$ zu $\langle$[vɔ̩t], ${}_{4}$[kɑ̩]$\rangle$ und $\langle\langle$[nait], 2$\rangle$, $\langle {}_{4}$[treit], 6$\rangle\rangle$ zu $\langle$[na̩it], ${}_{4}$[tre̩it]$\rangle$.

Ich habe bisher noch keine Gelegenheit gehabt, von S i l b e n g r e n z e n zu sprechen. Das hat seinen Grund: Silbengrenzen sind nach der hier skizzierten Theorie keine phonologischen Entitäten. Im allgemeinen kommen Grenzen dadurch zustande, daß Entitäten einschlägiger Art aneinanderstoßen. Grenzen führen also nur eine parasitäre Existenz. So auch in der Linguistik und insbesondere in der Phonologie. Die Silbenfolge $\langle$[vɔ̩t], ${}_{4}$[kɑ̩]$\rangle$ enthält zwei plazierte Silben, deren Basen bei ${}_{3}$[t] und ${}_{4}$[k] aneinanderstoßen. Man sagt darum, in der phonologischen Wortform von *Wodka* verlaufe oder liege zwischen ${}_{3}$[t] und ${}_{4}$[k] eine Silbengrenze. Für diese parasitäre Entität habe ich 1968 in meiner Dissertation das Zeichen "\$" (oder "\$\$") eingeführt; es erfreut sich seither solcher Beliebtheit, daß man es in New Yorker Juweliergeschäften in

bekannten Flapping in Beispielen wie *writer* / *rider* (mit ${}_{4}$[ɾ]) will ich hier nicht abhandeln, da Moulton mir zu den englischen Gelenken inzwischen einen neuen langen Brief geschrieben hat, so daß wir hier auf eine gesonderte Abhandlung aus kompetentester Feder hoffen dürfen.

Gold und Brillianten gearbeitet zum Verkauf anbietet. Hiermit kürze ich nun wie folgt ab: <[vɔ̩t$kɑ̩]>, und die spitzen Klammern lasse ich, wenn in ihrem Innern die Konfiguration "], ₙ[" nicht mehr vorkommt, ebenfalls weg, also [vɔ̩t$kɑ̩].

Wie aber nun, wenn Silbenbasen gar nicht "aneinanderstoßen", sondern "überlappen", nämlich bei Vorliegen eines Gelenks, z.B. bei *nitrate*? Ein Gelenk rechnet man traditionell beiden überlappenden Silbenbasen zu; man nennt ein Gelenk a m b i s y l l a b i s c h und sagt auch, die Silbengrenze verlaufe oder liege i n i h m. Für diesen Fall habe ich in dem Aufsatz "On the theory of syllabic phonology" die Konvention eingeführt, das Silbengrenzenzeichen über das Gelenk zu setzen. Damit kann man auch im Überlappungsfall abkürzen: [na̩i$tre̩it]. - Da das Silbengrenzenzeichen "$" typographisch oft unbequem ist, verwende ich in der Darstellung von Silbenfolgen oft den Punkt, also [vɔ̩t.kɑ̩] bzw. [na̩iṫre̩it]. In der abgekürzten Notation von Regeln und in Fällen, wo es auf Deutlichkeit ankommt (z.B. an der Wandtafel), bleibt das Zeichen "$" aber sehr bequem.

Schließlich führe ich noch die folgenden Abkürzungen ein, die die Unterscheidung von Vokalen und Konsonanten in der phonologischen Theorie voraussetzen. Vokale werden bevorzugt nuklear, Konsonanten bevorzugt marginal verwendet, und in manchen Sprachen ist dies sogar ausschließlich so. Man kann sich darum viele Striche sparen, wenn man die Konvention einführt, nukleare Vokale - oder eigentlich: vokalische Nuklei - unbezeichnet zu lassen und stattdessen marginale Vokale zu bezeichnen, nämlich mit dem Zeichen für die sog. Halbvokale (nichts anderes sind ja die Halbvokale als Vokale in einer Rolle, die bevorzugt den Konsonanten zukommt). Es ist also [vɔt.kɑ] = [vɔ̩t.kɑ̩] und [nai̯ṫrei̯t] = [na̩iṫre̩it]. (Die Ersparnis scheint gering; aber das liegt nur an der Häufung der Diphthonge in den Beispielen. Wer wirklich aufs Sparen aus ist, kann die Konvention treffen, daß die Marginalität eines Vokals neben einem tieferen Nukleusvokal derselben Silbe unbezeichnet bleiben darf, also [naiṫreit] = [nai̯ṫrei̯t], da [a] und [e] tiefer sind als [i].)

Zu allerletzt noch ein Wort zur abgekürzten Mitteilung der prosodischen Struktur. Es ist bequem und auch üblich, die prosodische Struktur durch Diakritika an der Silbenfolge mitzuteilen. Insbesondere werden Akzente, die natürlich eigentlich ganzen plazierten Silben zugeordnet sind, üblicherweise am Nukleus markiert (oder auch vor der plazierten Silbe, was wegen der Gelenke vielleicht nicht so günstig ist, vgl. zu *ottonisch* "[ɔṫó:.nɪʃ]" mit "[ɔ'ṫo:.nɪʃ]").[6] Davon möchte ich natürlich auch Gebrauch machen. Angenommen, die prosodische Struktur von *Wodka* sei <<1, 0>, ∅>, wo das erste Element des Paars mitteilt, daß die erste plazierte Silbe akzentuiert, die zweite unakzentuiert ist, und das zweite Element mitteilt, daß die tonale Struktur (wie stets in der deutschen Standardsprache, die ja keine Tonsprache ist) leer ist. Dann ist [vɔ́t.kɑ] = <[vɔt.kɑ], <<1, 0>, ∅>>.

Den praktischen Wert dieser Abkürzungen erkennt man am besten, wenn ich zum Schluß die phonologische Wortform von *Wodka* abgekürzt und explizit nebeneinanderstelle (wobei zu bedenken ist, daß die Namen der einzelnen Sprachlaute ja ihrerseits bereits Abkürzungen sind, nämlich für Bezeichnungen von Mengen von Merkmalspezifikationen): [vɔ́t.kɑ] = <<<<v, ɔ, t>, 2>, $<_4$<k, ɑ>, 5>>, <<1, 0>, ∅>>.

5. Die Sprachlaute der deutschen Standardsprache

Die Vokale sind in Übersicht 1 dargestellt, die Konsonanten in Übersicht 2. Ein paar Punkte bedürfen einer kurzen Erläuterung.

Die gespannten Vokale treten sowohl lang als auch kurz auf: Die langen Varianten erscheinen unter Akzent, die kurzen sonst. (Probleme, die bei bestimmten Suffixen auftreten mögen, verfolge ich hier nicht.) Jedenfalls glaube ich nicht, daß Länge bei den gespannten Vokalen Kontrast bildet, daß es also im Standarddeutschen z.B. zwei verschiedene gespannte *o*-Sprachlaute, [o] und [o:], gebe; für den nativen Sprecher des Standarddeutschen sind meines Erachtens die sechs *o*-Laute in *Motor, Motoren, motorisiert* Vorkommnisse eines und desselben Sprachlauts. Wenn ich gleichwohl die Länge notiere, z.B. [mó:.tor mo.tó:.rn̩ mo.to.ri.zí:rt] oder (bei *Tenor*) [té:.nor] vs. [te.nó:r], so dient dies nur dem praktischen Zweck, meine Tran-

6 Moulton befürwortet die Notation [oṫó:.nɪʃ] gegenüber [ɔ'ṫo:.nɪʃ]. Er schreibt: "Die IPA-Zeichen ['] (hauptbetont) und [ˌ] (nebenbetont) sind zu verwerfen, weil sie gleichzeitig Wortbetonung u n d Silbenstruktur angeben." Viel besser sei es, verschiedene Zeichen für Wortbetonung und Silbenstruktur zu verwenden. In meinem Referat ist einheitlich die unterscheidende Notation verwendet, freilich mit den üblichen Abkürzungen, wo die betreffenden Aspekte nicht zur Debatte stehen.

GESPANNTE	vorn		zentral	hinten
	nicht-rund	rund		
hoch	i	y		u
mittel, geschlossen	e	ø		o
mittel, offen	ä			
tief			ɑ	

UNGESPANNTE	vorn		zentral	hinten
	nicht-rund	rund		
hoch	ɪ	ʏ		ʊ
mittel, geschlossen			ə	
mittel, offen	ɛ	œ		ɔ
tief			a	

ÜBERSICHT 1. Die Vokale der deutschen Standardsprache.

	bilabial	labiodental	alveolar	alveopalatal	palatal	velar	uvular	glottal
Plosive								
stimmlos	p		t			k		
stimmhaft	b		d			g		
Frikative								
stimmlos		f	s	ʃ	ç		χ	
stimmhaft		v	z	ʒ	j			
Nasale	m		n			ŋ		
Liquiden			l				r	
Hauchlaut								h

ÜBERSICHT 2. Die Konsonanten der deutschen Standardsprache.

skriptionen nicht weiter als nötig von denen des Ausspracheduden s und des Siebs zu entfernen. Eigentlich müßte ich [mó.tor mo.tó.rn̩ mo.to.ri.zírt] bzw. [tê.nor] und [te.nór] schreiben.

Kurzes gespanntes [ä] und [ɑ] fallen, wie ich meine, nicht mit ungespanntem [ɛ] bzw. [a] zusammen, jedenfalls nicht in explizitester Sprechweise: Es heißt nicht, wie im Ausspracheduden, *Anämie* [anɛ'mi:], sondern [ɑnä'mi:], nämlich [ɑ.nä.'mi:] oder, wie ich schreibe, [ɑ.nä.mí:]. Eine Aussprache mit [a] und [ɛ] ist nur in g e s c h l o s s e n e n S i l b e n - Silben mit nicht-leerem Endrand - möglich, im vorliegenden Fall vor Gelenk. Es heißt aber nicht [anɛmí:].

Die verengenden Diphthonge [aɪ̯ aʊ̯ ɔʏ̯] fasse ich als Abfolgen von nuklearem und marginalem Vokal auf. Daß andere verengende Diphthonge nicht vorkommen, ist durch die phonotaktischen Regeln auszudrücken, die andere solche Abfolgen ausschließen.

Mein *r*-Laut ist uvular; ich könnte also auch [ʀ] schreiben. Alveolares *r* ist ebenfalls zugelassen. Phonetiker behaupten, das *r* laute in verschieden Positionen verschieden. Das mag schon sein, für mich als Sprecher dieser Sprache sind die orthographisch durch "*r*" mitgeteilten Entitäten in *rot*, *Kram*, *Haare*, *harre*, *Bar*, *Bart*, *Hammer*, *Hammers* derselbe Sprachlaut, eben [r]: [ro:t, krɑ:m, hɑ:.rə, harə, bɑ:r, bɑ:rt, hamr̩, hamr̩s]. (Ich erlaube mir, Akzentzeichen wegzulassen, wo sie keine Rolle spielen.) Für mich als Sprecher ist also das "vokalisierte *r*" nichts als ein [r], und auch das "silbische *r*" ist nichts als ein [r], eben ein nukleares [r̩], gerade wie "silbische *l*, *m*, *n*" nichts anderes als [l m n] sind, eben nukleare [l̩ m̩ n̩].[7] (Man erkennt übrigens an den Beispielen und an

---

7 An dieser Identifikation der standarddeutschen *r*-Laute haben Thomas Becker (im Gespräch) und William Moulton (in seinem Brief) Anstoß genommen; sie möchten zwei *r*-Laute ansetzen, [r] und [ɐ] (konsonantisches und "vokalisiertes" *r*). Es steht dann wohl Ansicht gegen Ansicht. Moulton sieht den Fall als Parallele zu den beiden *ch*-Lauten, ich nicht, und zwar aus Gründen, die ich etwas weiter unten angebe. - Moulton meint übrigens, daß meine Analysen des *r*- und *ch*-Lautes mit der Eigenschaft meiner wortphonologischen Theorie zusammenhingen, nur eine einzige lautliche Ebene anzusetzen und nicht die zwei strukturalistischen Ebenen Phonem und Allophon. Das trifft nur bedingt zu. Wenn ich der Meinung wäre, daß die phonetisch verschiedenen *r*-Varianten auch für den nativen Sprecher verschiedene Entitäten seines Sprachsystems seien, so würde ich verschiedene Sprachlaute ansetzen. Die Tatsache, daß diese *r*-Varianten nicht kontrastieren, würde sich in den phonologischen Regeln ausdrücken, z.B. "[r] ist von Nuklei und Kodas ausgeschlossen" und "[ɐ] ist von Köpfen und Gelenken ausgeschlossen". Regeln,

dieser letzten Bemerkung, daß ich für die standardsprachliche Wortphonologie nuklearisierte Sonorlaute, eben [r̩ l̩ m̩ n̩], annehme. Varianten mit [ər əl əm ən] gehören meines Erachtens einer "Überlautung" - Diktat u.ä. - an, gehören also in das Gebiet der Realisationsphonologie. Dies ist - mit einer Reihe von systematischen Ausnahmen, S. 32-37, die ich nicht akzeptiere - auch die Auffassung der 2. Auflage des Aussprachedudens, allerdings nicht die der 1. Auflage und nicht die des Siebs.)

Die Affrikaten [pf ts tʃ dʒ] fasse ich als Abfolgen von Plosiv und Frikativ auf. Daß andere Affrikaten nicht vorkommen, ist wiederum durch die phonotaktischen Regeln auszurücken.

Manchmal wird [h] als Frikativ aufgefaßt. Ich finde es bequem, für alle Obstruenten (Plosive und Frikative) einen (oralen) Artikulationsort annehmen zu können.[8]

Von einem glottalen Verschlußlaut ist mir übrigens als Sprecher nichts bekannt. Im Ausspracheduden wird [ʔ] (1. Aufl., S. 31, 33) bzw. [|] (2. Aufl., S. 11, 14, 41) als Konsonant geführt. In der 1. Auflage ist über sein reguläres Vorkommen nichts gesagt; er soll

---

die auf solche Weise die komplementäre Distribution von Sprachlauten zum Ausdruck bringen, erlauben es mir, bei Vorliegen weiterer Umstände (z.B. phonetischer Ähnlichkeit) die betreffenden Sprachlaute zu Mengen zusammenzufassen, z.B. {r,ɐ}, und solche Mengen 'Phoneme' zu nennen. Meine Theorie zwingt mich aber nicht dazu - und entschärft oder eliminiert damit die bekannten Probleme der strukturalistischen Phonemtheorie, die solche Entscheidungen zwingend vorschreibt, z.B. ob im Standarddeutschen [χ] und [ç] ein Phonem darstellen oder zwei, ob im amerikanischen Englisch der Westküste [ɾ] ein Allophon von /t/ oder /d/ sei, ob im Isländischen [ð] ein Allophon von /þ/ oder /d/ sei usw. Meine wortphonologische Theorie mit nur einer einzigen Ebene ist nicht eine beliebig gewählte Alternative zum Transformationalismus oder phonematischen Strukturalismus. Ich betrachte die Theorien mit mehreren Ebenen als falsch. (Vgl. zu einigen Kritikpunkten Vennemann und Jacobs 1982: 30-47.) Meine Theorie ist also u.a. durch immanente Aporien der Mehr-Ebenen-Theorie motiviert, zu denen auch Moultons gehört. - Im übrigen finde ich mich mit meiner Auffassung, daß das Standarddeutsche nur einen einzigen *r*-Sprachlaut besitze, auch in guter Gesellschaft, denn ich teile sie mit Jespersen, der z.B. *Vaterland* als [fɑ·trlant] transkribiert, gerade wie *hatten* als [hɑtn] (1926: §13.21); ich würde [fɑ:.tr̩.lant] bzw. [hatn̩] schreiben.

8 Moulton meint, daß /h/ zudem auch nicht glottal sei, indem es glottal nur ausgesprochen werden k ö n n e, aber nicht immer tatsächlich ausgesprochen werde; /h/ sei "'nicht-lokalisiert', Pikes 'Rohrlaut'". Mir ist das völlig recht, wird doch dadurch noch deutlicher, daß der *h*-Sprachlaut kein Frikativ ist, sondern eine Sonderrolle spielt. Von den stimmlosen Frikativen, zu denen er sonst gehören müßte, unterscheidet er sich z.B. dadurch, daß er nur im Silbenkopf vorkommt, z.B. in *Hals*, *Alkohol*, und dort übrigens stets allein.

in *Verein* [fɛr'ˀaɪn] vorkommen, in *einsam* ['aɪnza:m] aber nicht, obwohl doch die zweite Silbe von *Verein* und die erste Silbe von *einsam* identisch sind, nämlich [aɪ̯n]. In der zweiten Auflage (S. 11) heißt es zu "|": "Stimmritzenverschlußlaut ('Knacklaut') im Deutschen, z.B. beạcht! [bə'|axt]; wird vor Vokal am Wortanfang weggelassen, z.B. Ạst [ast], eigentlich: [|ast]." Ferner (S. 40): "Der Stimmritzenverschlußlaut [|] ist kein eigentliches Konsonantenphonem, sondern ein Grenzsignal. Er signalisiert vor Vokal den Wortanfang und die Fuge in Präfixbildungen und zusammengesetzten Wörtern, z.B. ạnekeln ['|an|e:kl̩n], beạchten [bə'|axtn̩]. Unabhängig davon kann er auch zwischen Vokalen vor einem betonten Vokal auftreten, z.B. Thea̲ter [te'|a:tɐ]; dieses Auftreten wird im Wörterverzeichnis (dort: [te'a:tɐ]) und auch sonst in diesem Buch nicht berücksichtigt." Diese geheimnisvollen Passagen - Wird der L a u t weggelassen oder nur das Z e i c h e n ? Gibt es uneigentliche Phoneme? Wieso sind die Vorkommensumgebungen dieses Lautes unabhängig voneinander? - sollten wohl nur eine Verlegenheit verbergen. Man war einmal entschlossen, Silbenstruktur nicht zu markieren ("Eine vollständige Kennzeichnung der lautlichen Silbengrenzen würde die Lautschrift unleserlich machen", 1. Aufl., S. 37; "Eine durchgehende Kennzeichnung der lautlichen Silbengrenzen würde die Lautschrift schwer leserlich machen", 2. Aufl., S. 56). Aber das Akzentzeichen allein genügte nicht, z.B. in *unausstehlich* [ʊnˀaʊs'ʃte:lɪç] bzw. [ʊn|aʊs'ʃte:lɪç]. In dieser Notlage wurde einfach "ˀ" bzw. "|" als Diakritikon zur Bezeichnung der Silbengrenze eingesetzt. Die Größe der Verlegenheit zeigt sich auch darin, daß das Zeichen "|" offenbar beim Siebs geborgt wurde, wo der "harte Stimmeinsatz" auch bei Neueinsatz mit Vokal nicht als verbindlich gilt (S. 51) und wo es ausdrücklich heißt: "| vor einem Vokal zeigt an, daß dieser eine eigene Silbe beginnt. Er darf mit vorangehendem Vokal nicht zu einem Diphthong vereinigt, sondern soll mit Neueinsatz gesprochen werden: *beenden* [bə|'ɛndən]. [Man beachte die sinnvolle Reihenfolge von "|" und "'". T.V.] In nichtdeutschen Wörtern aber darf der Vokal nach | keinesfalls mit Sprengeinsatz gesprochen werden: *Hiatus* [hi|'a:tʊs]" (S. 26). Sobald die Dudenredaktion sich entschließt, Silbenstruktur - zumindest im potentiellen Kontrastfall - anzuzeigen, wird das Gespenst des Stimmritzenverschlußlauts schnell verschwinden, vor allem da die Aussprachelehrer vor dem "rauhen Vokaleinsatz", "Knacklaut", "Glottisschlag" usw. ohnehin warnen. Was die Dudenredaktion meint, ist [fɛr.'aɪn], [ʊn.aʊs.'ʃte:.lɪç].

Über Beziehungen zwischen [ç] und [χ] ist oft geschrieben worden. Mir stellt sich der Zusammenhang wie folgt dar. Wenn [ç] unmittelbar auf einen zentralen oder hinteren Vokal folgt und wenn [χ] unmittelbar auf einen vorderen Vokal oder einen Konsonanten folgt, dann koinzidiert die Silbengrenze, die in diesem Fall immer unmittelbar vor [ç] bzw. [χ] liegt, mit einer morphologischen Grenze. Es zeigen also z.B. *riechen* [ri:.çn̩], *mulchen* [mʊl.çn̩], *Aachen* [ɑ:.χn̩], *Kuchen* [ku:.χn̩] den phonologisch "normalen" Fall, während in *Kuhchen* [ku:.çn̩] vor dem [ç] eine morphologische Grenze liegen muß, was ja auch in der Tat der Fall ist; [χ] kommt außer nach hinterem Vokal ohnehin allenfalls im Stammanlaut vor, könnte also intern nur am Anfang von Komposita erscheinen und bestätigt somit die Regel. Man beachte, daß diese Regel keine phonologische ist, da in ihr auf etwas Nichtphonologisches Bezug genommen ist. Jedenfalls sind [ç] und [χ] im Rahmen dieser Theorie zwei verschiedene Sprachlaute, auch wenn man manchmal salopp vom *ch*-Laut spricht. Daß hier zwei verschiedene Sprachlaute vorliegen, erkennt man auch an der sinnvollen Frage: "Wird *Chuzpe* mit dem *ich*-Laut oder mit dem *ach*-Laut gesprochen?" D.h.: Sagt man [çʊts.pə] oder [χʊts.pə]? (Es heißt [χʊts.pə], aber z.B. [çɑ́:.rɪs.mɑ]). Man vergleiche hiermit die sinnlose Frage "Wird *Rowno* mit vokalisiertem oder nicht-vokalisiertem *r*-Laut gesprochen?" (Es gibt eben im Standarddeutschen n u r e i n e n Sprachlaut [r].)[9]

---

9 Vgl. auch oben Fn. 7. - Übrigens meint Moulton, daß der nicht-palatale *ch*-Laut nicht uvular sei, indem manche Sprecher, die /r/ in der Koda vor /t/ als stimmlosen uvularen Frikativ aussprächen, gleichwohl zwischen *wachten* und *warten* unterschieden. Mir soll das recht sein, da im Zusammenhang meiner Betrachtungen weiter nichts davon abhängt. Wenn Moulton allerdings ohne Einschränkung behauptet, daß der nicht-palatale *ch*-Laut velar sei, dann muß ich, indem er die Charakterisierung des *k*- und *g*-Sprachlauts als velar hinnimmt, entschieden widersprechen; jedenfalls ist in meiner eigenen Aussprache der Artikulationsort des *ch*-Lauts in *flach, doch, Ruch* viel weiter hinten als in *Flak, Dock, Ruck*. Auch hiermit - wenn auch nicht nur hiermit - hängt es sicherlich zusammen, daß der Unterschied der *ch*-Laute in *ich* und *ach* dem nativen Sprecher viel sinnfälliger ist als derjenige der *k*-Laute in *hick* und *hack*. Übrigens hängt von der Klassifikation des nicht-palatalen *ch*-Sprachlauts als entweder velar oder uvular im Zusammenhang meines Referats weiter nichts ab. - Moulton weist übrigens darauf hin, daß der palatale *ch*-Laut [ç] und das Phonem /j/ "paradigmatisch verschieden" seien, indem bei [ç] Friktion obligatorisch sei, bei [j] hingegen fakultativ (und im Süden

Daß [p t k] manchmal behaucht sein sollen und manchmal nicht, daß [b d g] manchmal stimmhaft sein sollen und manchmal stimmlos, das ist mir als nativem Sprecher ganz unbegreiflich, selbst wenn ich es mir mit einem Blatt Papier vor dem Mund oder dem Betasten der Kehle gerade bewiesen habe.[10]

Damit ist für meine gegenwärtigen Ziele genug über die einzelnen Sprachlaute gesagt. Auf die interessante und schwierige Frage, ob das Standarddeutsche noch weitere Sprachlaute besitze, z.B. nasale Vokale ([ã] in *Chance*, [ɛ̃] in *Teint*, [œ̃] in *Parfum*, [ɔ̃] in *Balkon*), möchte ich mich hier nicht einlassen.

6. Phonotaktik

In den folgenden Abschnitte werde ich einiges zur Wortphonologie der deutschen Standardsprache sagen, das über die Besprechung der einzelnen Sprachlaute hinausgeht, also Silbenstruktur und Akzent einbegreift - eben zur Phonotaktik. Da ich in diesem weiten Gebiet nicht alles behandeln kann, greife ich mir vier besonders interessante Kapitel heraus: die Auslautverhärtung (in 7), die Bindung ungespannter Vollvokale an geschlossene Silben (in 8), die Rolle der konsonantischen Stärke bei der Silbenbildung (in 9) und den Zusammenhang zwischen Silbenstruktur und morphologischer Struktur (in 10).

verpönt), und daß sie "syntagmatisch verschieden" seien, indem [ç] vor Vokal, vor Konsonant und vor der Wortgrenze erscheine, aber /j/ nur vor Vokal. Seines Erachtens sei "/j/ ein Gleitlaut mit (im Norden) fakultativer Friktion". Nun, für mich ist Friktion in [j] obligatorisch, und nur diese unterscheidet [j] von marginalem [i̯], z.B. in *Jonas* [jo:.nas] vs. *ionisch* [i̯o:.nɪʃ] (so der Ausspracheduden, 2. Aufl., wenn auch nicht der Siebs). Und daß [j] und [ç] verschieden distribuiert sind, muß man wohl hinnehmen. Das gilt z.B. auch für [v] und [f] und sogar für [b] und [p] (z.B. ?#pn, vgl. *Pneu*, aber *#bn). Daß, worauf Moulton ebenfalls hinweist, [j] und [ç] nicht wie [b] und [p] (*liebe* [li:.bə]: *lieb* [li:p]) oder [v] und [f] (*Motive* [mo.ti:.və]: *Motiv* [mo.ti:f]) alternieren, beruht nur auf einem historischen Zufall; müßte man zu einem entlehnten Pluralnomen *Krieje* [kri:.jə] einen Singular ohne *-e* bilden, so lautete er sicherlich [kri:ç]. Und zwingt uns den Versmaß, *Boje* und *Koje* zu apokopieren, so reimen wir am Ende auch [bo:ç] auf [ko:ç], aber gewiß nicht *[bo:i̯] auf *[ko:i̯]. Insofern steht [j] (wie auch [v]) doch ganz anders im System als [h], vgl. oben Fn. 8.

10 Damit soll nicht gesagt sein, daß die Aspiration für eine korrekte Aussprache nicht wesentlich wäre; zurecht weist Moulton darauf hin, daß eine unaspirierte Realisierung von /p t k/ in den deutschen Wörtern *passe*, *Tasse*, *Kasse* - etwa durch einen Deutsch lernenden Niederländer oder Franzosen

7. Die Auslautverhärtung

Die Auslautverhärtung ist in Vennemann 1978: 178-180, Bartsch und Vennemann 1980: 74f., 1982: 58 schon ausführlich behandelt. Ich kann mich darum hier kurz fassen. Die Regel besagt, daß Obstruenten (Plosive und Frikative) in einer Koda stets stimmlos sind. Bei den folgenden Beispielen sollte man sich vergegenwärtigen, daß die Stimmlosigkeit nicht selbstverständlich ist, indem es paradigmatisch verwandte Formen mit stimmhaften Obstruenten in der relevanten Position gibt.

Am Wortende: *Lob* [lo:p], [lo:pt], *Rad* [rɑ:t], *Tag* [tɑ:k], *Motiv* [mo.ti:f], *Gras* [grɑ:s]; *jagt* [jɑ:kt], *Jagd* [jɑ:kt] (vgl. *jagen* [jɑ:.gn̩], *Jagden*[jɑ:k.dn̩]).

Im Wortinnern: *löblich* [lø:p.lɪç], *Gelübde* [gə.lʏp.də], *lobte* [lo:p.tə], *Abdomen* [ap.dó.mɛn], *Charybdis* [ça.rʏ́p.dɪs]; usw. Ferner *Ablativ* [ab̩lɑ.tif] oder aber [ap.lɑ.tif], *Adlatus* [ad̩lɑ:.tʊs] oder aber [at.lɑ:.tʊs].

8. Vorkommensbeschränkungen für ungespannte Vollvokale

Ungespannte Vollvokale, das sind alle ungespannten Vokale außer [ə], können nur in geschlossenen Silben vorkommen, d.h. in Silben mit nicht-leerem Endrand.[11] Für gespannte Vokale gibt es keine vergleichbare Beschränkung.

Der Ausspracheduden schreibt Falsches, wenn es dort heißt (1. Aufl., Regel 10, S. 37 sowie - unverändert, nur mit anderer Reihenfolge der Beispiele - 2. Aufl., Regel 7, S. 57): "In der Folge Vokal + Konsonant + Vokal liegt die Silbengrenze zwischen dem ersten Vokal und dem folgenden Konsonanten. B e i s p i e l e : Ahle ['a:-lə], Wasser ['va-sər], Maße ['ma:-sə], machen [ma-xən], Hecke ['hɛ-kə], lange [la-ŋə]." Es muß [vás̩r̩ máχn̩ hɛ́kə láŋə] (und [ɑ́:.lə mɑ́:.sə]) heißen. Hierin - wenn auch in vielem anderem

- keineswegs dem Standard entsprache. Ich will nur sagen, daß für den nativen Sprecher des Standarddeutschen der stark aspirierte *p*-Laut in *paaren*, der schwach aspirierte *p*-Laut in *sparen* und der unaspirierte *p*-Laut in *hoppen*, *klappt*, *ebbt* und *lebt* denselben Sprachlaut instantiieren.

11 Die ungespannten Vollvokale heißen auch 'gedeckt' (englisch 'checked'), vgl. oben Fn.5. Moulton schreibt mir zu obiger Stelle: "Ungespannte Vollvokale sind syntagmatisch g e d e c k t." Meine Theorie expliziert diese Sprechweise.

nicht - stimme ich mit Ortmann (1980: xxxviii) überein.

Besonders interessant sind in diesem Zusammenhang die stimmhaften Gelenkobstruenten, z.B. in *Ebbe, Robbe, schrubben; Kladde, Paddel, Kuddelmuddel; Egge, Roggen, meschugge; sowjetisch.* Betrachten wir als Beispiel *Ebbe*. Die Sprachlautfolge ist <ɛ, b, ə>. Der erste Vokal ist ein ungespannter Vokal; also muß die erste Silbe geschlossen sein: [ɛb]. Allerdings kann diese Silbe keine Koda haben, denn stimmhafte Obstruenten sind in Kodas durch die Auslautverhärtung ausgeschlossen. Folglich haben wir es mit einem Gelenk zu tun: [ɛḃə]. Entsprechend bei [klaḋə], [me.ʃʊ́ġə], [zɔv̇jɛ́ṫɪʃ]. Für [z] weiß ich kein Beispiel. Realisationsphonologisch kenne ich [dʊżl̩] neben [dʊṡl̩] (*Dussel*) und [maż̇ɔχ́ɪst] neben [mɑ.zɔχ́ɪst].[12]

Im Standarddeutschen können Gelenke - anders als im Englischen[13] - nur unmittelbar nach ungespannten vollvokalischen Nuklei vorkommen. Nach gespannten Vokalen und nach dazwischentretenden marginalen Sprachlauten - also auch nach Diphthongen - sind sie nicht zugelassen, z.B. *[mi:ṫə], *[miṫə], *[hɔy̯ṫə].

Fragen wir noch, welche Sprachlaute überhaupt in Gelenken vorkommen können. Zunächst einmal: alle Konsonanten außer [ʒ], [j] und [h] (und vielleicht [z], s.o.).

---

12 Moulton hat seine bevorzugte Informantin (norddeutscher Herkunft) gefragt, wie sie die folgenden Wörter ausspreche: (1) *Dussel, dusselig, quasseln, Fussel*; (2) *Wuschelkopf, nuscheln*. Sie meinte: mit stimmlosen oder mit stimmhaften Sibilanten. Nach seiner eigenen Beobachtung über viele Jahre hinweg spricht sie sie aber normalerweise n u r mit stimmhaften Sibilanten. Ich glaube, es verhält sich so, daß viele norddeutsche Sprecher bereits die Varianten mit sonorierten Sibilanten lexikalisiert haben und nun - aufgrund gebildeten Wissens - die ehemals lexikalischen Grundformen realisationsphonologisch erzeugen, wenn die Sprechsituation dies nahelegt; also ein Fall von Regelumkehrung. Ausspracheduden und Siebs tragen dieser Entwicklung noch nicht Rechnung; sie haben nur die Varianten mit [s] bzw. [ʃ]. Die wort- oder realisationsphonologischen [żl̩]-Sprecher haben offenbar die Aufnahme von *puzzle* als [pażl̩] möglich gemacht - so jedenfalls der Ausspracheduden in der 2. Auflage (nämlich als ['pazl̩], daneben auch ['pasl̩] und englisch [pʌzl]; Siebs nur ['pʌzl]). - Auffällig ist, daß alle Beispiele stammhaftes [l] enthalten und der Alltagssprache angehören. Offenbar ist hier [ṡl̩] (aus [ṡəl]) am frühesten fest und die realisationsphonologische Assimilation [ṡl̩] → [żl̩] am frühesten üblich und weithin dominant geworden, indem [l] der sonorste Konsonant ist, der im Nukleus (im Gegensatz zu [r]) seine konsonantische Qualität gänzlich bewahrt.

13 Diese Parenthese entfällt, wenn Moulton gegenüber Hockett recht hat, vgl. oben Fn. 5.

[p t k]: *Kappe, Matte, Hacke*
[b d g]: s.o.
[f s ʃ ç χ]: *Affe, Messe, Asche, Sichel, Kachel*
[v (z)]: s.o.
[m n ŋ]: *Amme, Panne, Angel*
[l r]: *Falle, Karre*

[ʒ j h] haben noch etwas anderes gemeinsam: Sie können nur in Anfangsrändern vorkommen; [h] nur allein, nämlich als einziges Element im Silbenkopf; [ʒ] außerdem nach [d]; [j] als einziger Kopfkonsonant oder nach Gelenk: *hohl* [ho:l], *Uhu* [ú:.hu], *Alkohol* [ál.ko.ho:l]; *Genie* [ʒe.ní:], *Garage* [ga.rá:.ʒə], *Dschungel* [dʒʊŋ̇l̩], *Gin* [dʒɪn], *Budget* [bʏḋʒé:]; *Jahr* [jɑ:r], *Boje* [bo:.jə], *Plejaden* [ple.já:.dn̩], *brillant* [brɪl.jánt], *Anja* [án.ja], *Sowjet* [zóv̇jɛt]. Bei stimmlosen Obstruenten wird wohl Gelenkbildung gemieden, da [j] hier leicht [ç] würde: *Matjes-* [mat.jəs]. Das wäre in einer eigenen Regel festzuhalten. *Fjord* [fjɔrt] (Duden) halte ich für problematisch; wohl eher [fi̯ɔrt] (Siebs).

Können nur Konsonanten in Gelenken vorkommen? Es scheint mir, daß auch die drei hohen ungespannten Vokale als Gelenke vorkommen. Denn betrachten wir die Wörter *Feier, Bauer, Feuer*. Hier sind die ersten Silben [faɪ̯ baʊ̯ fɔʏ̯]. Aber sind die zweiten Silben [r̩]? Ich glaube, sie sind [ɪ̯r̩ ʊ̯r̩ ʏ̯r̩]. Entsprechend scheint mir die zweite Silbe in *Haie* [ɪ̯ə], in *grauem* [ʊ̯m̩], in *freuen* [ʏ̯n̩], in *Knäuel* [ʏ̯l̩]. Ich glaube also, die Silbenstruktur ist beziehentlich [faɪ̯̇r̩ baʊ̯̇r̩ foʏ̯̇r̩ haɪ̯̇ə graʊ̯̇m̩ frɔʏ̯̇n̩ knɔʏ̯̇l̩]. - Diese Auffassung steht im Einklang mit den folgenden vier Vergleichspunkten: 1. daß ungespannte Vollvokale nur in geschlossenen Silben vorkommen, 2. daß Gelenke nur nach ungespannten Vollvokalen vorkommen, 3. daß die Diphthonge [aɪ̯ aʊ̯ ɔʏ̯] tautosyllabisch sind und 4. daß universell ein einzelnes marginales Element zwischen zwei Nuklei innerhalb eines Morphems bevorzugt - wenn nicht sogar ausnahmslos - zur Silbe des zweiten Nukleus gehört oder aber ambisyllabisch ist, jedenfalls nicht ganz zur Silbe des ersten Nukleus gehört.

9. Konsonantische Stärke und Silbenstruktur

In diesem Abschnitt möchte ich nun in einige Einzelheiten des Silbenbaus und der Silbenverkettung eindringen. Um nicht mit einer langen Liste disparater Fakten zu langweilen, möchte ich als organisierendes Prinzip eine Orientierung aller Fakten auf den Begriff der konsonantischen Stärke (CS) vornehmen. Die Stärkehierarchie (CS-Hierarchie) für die Sprachlaute der deutschen Standardsprache lege ich wie in Übersicht 3 fest. Die Hierarchisierung der Klassen ist universell bevorzugt, die der Elemente innerhalb der Klassen stimmt gut mit entsprechenden für andere Sprachen vorgeschlagenen Skalen überein (vgl. z.B. Zwicky 1972: 277 für das Englische, Vennemann 1972: 6 für das Isländische, Hankamer und Aissen 1974: 137 für das Pāli, Hooper 1976: 208 für das Spanische).[14] Die meisten der hier festgelegten Hierarchisierungen werden unten herangezogen und damit, insofern sie gewöhnlich mehrere Fakten zugleich erhellen, ihrerseits gerechtfertigt.

Für den Silbenbau und die Silbenverkettung gelten die folgenden universellen Präferenzgesetze:

1. ALLGEMEINES SILBENBAUGESETZ: Die bevorzugte Silbe ist so gebaut, daß die CS im Anfangsrand und im Endrand zum Nukleus hin monoton abnimmt und im Nukleus ihr Minimum erreicht.
2. ALLGEMEINES RANDGESETZ: Ein zum Nukleus hin monoton abnehmender Rand ist bevorzugt, wenn die CS-Differenzen benachbarter Sprachlaute des Randes groß sind.
3. ANFANGSRANDGESETZ: Der bevorzugte Anfangsrand enthält genau einen Sprachlaut, und zwar einen mit großer CS.
4. NUKLEUSGESETZ: Der bevorzugte Nukleus enthält einen Sprachlaut mit kleiner CS.
5. ENDRANDGESETZ: Der bevorzugte Endrand ist leer. (Implementation: möglichst geringe CS u n d möglichst geringe Sonorität.[15])

---

14 Moulton weist darauf hin, daß das Konzept der konsonantischen Stärke zumindest in der Variante als Sonoritätsskala oder, wie er selbst sie nennt, die "Dimension von maximal konsonantisch bis maximal vokalisch" viel älter ist. Das ist richtig. Die schönste und ausführlichste Darstellung aus älterer Zeit, die ich kenne, ist Jespersen [1]1904: §§192-209, [4]1926: §§13.1-8 mit besonderer Anwendung auf Fragen der Silbenstruktur.

15 Die erstgenannte Implementation findet man z.B. in Klingenhebens Gesetz

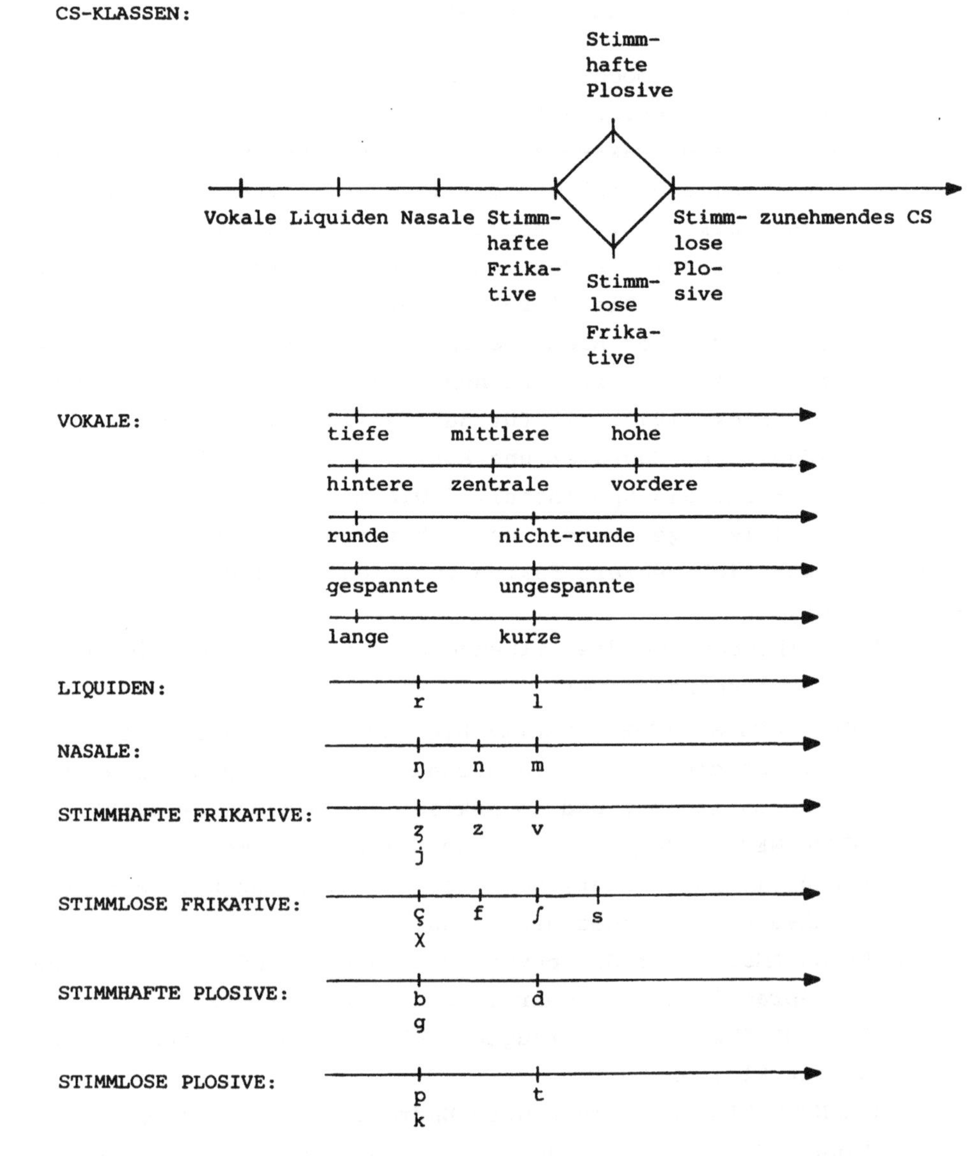

ÜBERSICHT 3. CS-Hierarchien für die Sprachlaute der deutschen Standardsprache.

(für das Haussa), dem zufolge in der Koda alle Vorderzungenkonsonanten zum schwächsten Vorderzungenkonsonanten, [r], und alle labialen und alle velaren Konsonanten zum schwächsten labialen bzw. velaren Laut, [u̯], wurden; daß es von [Vr$^{\$}$] und [Vu̯$^{\$}$] zum gänzlichen Verlust der Koda nur ein kleiner Schritt ist, zeigen z.B. die bekannten Monophthongierungen in Ausprägungen

6. SILBENKONTAKTGESETZ: Ein Kontakt einer Koda und eines Kopfes ist bevorzugt, wenn die CS-Differenz des ersten Kopfsprachlauts und des letzten Kodasprachlauts groß ist.

Diese Präferenzgesetze muß man bei der Beziehung der Lautgesetze auf die CS-Hierarchien im Gedächtnis behalten; ich weise selten ausdrücklich auf sie hin.

Ich habe bei den sechs Gesetzen "bevorzugt" geschrieben. Gemeint ist in jedem Fall 'umso mehr bevorzugt, je ...'.

Diese generellen Präferenzgesetze können durch allerlei Sonderregelungen lokal aufgehoben werden: Affinitäten zwischen homorganen und homophonatorischen Obstruenten, Abstoßungen zwischen alveolaren Verschlußlauten und nachfolgendem [n] oder [l], u.a. Die genaue Ausführung einer Präferenztheorie in diesem Bereich wird sicherlich noch viel Arbeit erfordern. Aber schon in ihrer jetzigen, rudimentären Gestalt hat die Theorie eine große erklärende Kraft, wie sich auch im Folgenden erweisen wird.

Ich werde nun so verfahren, daß ich einzelne Stärkebeziehungen herausgreife und Asymmetrien der Silbenstruktur auf sie beziehe. Anders formuliert: Einzelne Silbenstrukturgesetze werden relativ zu der Präferenztheorie e r k l ä r t . Der Kürze halber teile ich 'hat geringere CS als' durch $<_{CS}$ und, da eine andere Ordnungsrelation hier nicht zur Debatte steht, durch < mit (man lese "ist schwächer als"). - Im übrigen benutze ich eine - wie ich hoffe - anschauliche Notation, die mir lange Sätze erspart. "V" steht für 'Vokal', "C" für 'Konsonant'. Die Angabe zweier Silbengrenzen meint zugleich, daß zwischen ihnen keine weitere Silbengrenze vorkommt. Z.B. ist die erste der Regeln für [r] und [l],

---

des Niederdeutschen und Englischen. Der Pfad zur leeren Koda verläuft hier offenbar über konsonantische Schwächung bis zur Assimilation an den nuklearen Vokal: [VC\$] > [Vc\$] > [V_c\$], wo c eine geschwächte Entsprechung des Kodakonsonanten C und V_c eine (evtl. lange) "c-haltige" Entsprechung zum Nukleusvokal (oder auch z.B. einfach V selbst oder gelängtes V) ist. Die zweite Implementation findet man z.B. in der Geschichte des Chinesischen, wo Verschlußlaute in der Koda zunächst stimmlos wurden (bei Verlagerung des Kontrasts stimmhaft vs. stimmlos in die tonale Struktur der Silbe) und dann über den glottalen Verschlußlaut zu Null wurden: D > T > ʔ > Null, so wie in spanischen Dialekten [s] über [h] zu Null geht. Hier verläuft der Pfad zur leeren Koda offenbar über die Schwächung der phonatorischen und artikulatorischen Identität des Kodakonsonanten. - Die Auslautverhärtung des Standarddeutschen ist eine Kodaschwächung entlang dem zweiten Pfad.

*$...Vlr...$, so zu lesen: Eine Abfolge von [l] und [r] in einem Endrand ist unzulässig.

E < I (I: ein hoher Vokal; E: ein nicht-hoher Vokal)

1. Nicht-hohe Vokale sind von marginalem Vorkommen ausgeschlossen. Hingegen kommen hohe Vokale marginal vor: die ungespannten im Endrand (bei Diphthongen), von den gespannten [i] im Kopf nach [ts] und [z] vortonig vor von [i], [ɪ] verschiedenem Vokal, z.B. *Nation* [nɑ.tsi̯ó:n], *Aktion* [ak.tsió:n], *Illusion* [ɪlu.zi̯ó:n]. Eine Verteilung auf zwei Silben, wie sie der Ausspracheduden in der 1. Auflage durch [natsi'o:n], [aktsi'o:n], [ɪluzi'o:n] vorschrieb, ist sicher unzulässig. Allerdings geht die 2. Auflage viel zu weit in die entgegengesetzte Richtung: *Podium* ['po:di̯ʊm], *Grobian* ['gro:bi̯a:n], *Petronius* [pe'tro:ni̯ʊs], *eventuell* [evɛn'tu̯ɛl], *sexuell* [zɛ'ksu̯ɛl] als Explizitformen anzugeben halte ich für falsch, *Ferien* ['fe:ri̯ən], *Libyen* ['li:by̯ən] und *loyal* [lo̯a'ja:l] für schier unaussprechbar. Hier trifft meines Erachtens der Siebs in allen Fällen das Richtige.

2. Realisationsphonologisch können hohe gespannte Vokale bereits marginalisiert werden, wenn nicht-hohe dies nicht können. Z.B. sind *Ideal* [i.de.ɑ:l] und *Idiom* [i.di̯o:m] verträglich, [i.de̯ɑ:l] (oder [i.di̯ɑ:l]) und [i.di.o:m] nicht. *Beduine* [be.du̯i:.nə], *eventuell* [e.vɛn.tu̯ɛl], *Eventualität* [e.vɛn.tu̯ɑ.li.tä:t], *Linguist* [lɪŋ.gu̯ɪst] treten sehr leicht auf; *Zoroaster* [tso:.ro̯as.tr̩], *Odoaker* [o.do̯ɑ:.kr̩] wären eher ungewöhnlich.

Hi < Vo (Vo: ein vorderer Vokal, Hi: ein hinterer Vokal)

1. [i] wird vortonig vor von [i] verschiedenem Vokal leicht marginal, z.T. sogar obligatorisch. Hingegen hat [u] viel mehr Widerstandskraft und wird nie obligatorisch marginal, vgl. z.B. *Fusion* [fu.zi̯ó:n] vs. *usuell* [u.zu.ɛ̂l], *radial* [rɑ.di.ɑ́:l]

→ [rɑ.di̯á:l] vs. *graduell* [grɑ.du.ɛ́l] →? [grɑ.du̯ɛ́l] (trotz Duden).[16]

V < L (L: eine Liquida)

1. Liquiden sind - wie alle Konsonanten - im Nukleus einer akzentuierten Silbe unzulässig. Hingegen sind Vokale in dieser Position normal.

2. Als einziger Sprachlaut in einem wortinitialen Anfangsrand sind Vokale unzulässig. (Historisch wurden [i] und [u] hier zu [j] bzw. [v] gestärkt.) Hingegen sind [r] und [l] in dieser Position normal. - Nur der Duden hat in Fremdwörtern hier [i̯], z.B. in *ionisch*; der Siebs hat nur [i|'o:nɪʃ] und ['jo:nɪʃ].

[r] < [l]

1. *\$...Vlr...\$
Hingegen ist \$...Vrl...\$ zulässig: *Kerl, quirlt.*

2. *\$...VV̯r...\$
Hingegen ist \$...VV̯l...\$ zulässig: *feil, faulst, verbeult.*

3. *\$...l̩r...\$
Hingegen scheint \$...r̩l...\$ zumindest nicht völlig ausgeschlossen, vgl. *Annerl, Kasperl.*

4. *\$...l\$rə...#
Jedenfalls scheint mir diese Verbindung nur als realisationsphonologische Variante vorzukommen, z.B. *hellre* zu *hellere.* (Die Verbindung \$...l\$r...\$ ist nicht generell ausgeschlossen, vgl. *Alraune.* "#" meint eine Silbengrenze am Wortanfang bzw. -ende. Man könnte sonst Komposita wie *Eilretour* o.dgl. kon-

16 Moulton hat bei seiner Informantin auch die realisationsphonologische Marginalisierung des [u] in *Januar* und *Situation* beobachtet, also - bei Übertragung in meine Notation - [jánu.ɑr] → [jánu̯ɑr], [zi.tu.ɑ.tsi̯ó:n] → [zi.tu̯ɑ.tsi̯ó:n]. In beiden Fällen schreibt der Ausspracheduden in der 2. Auflage die Reduktion vor, was ich zwar als konsequent erkenne, aber für falsch halte.

struieren.) - Hingegen ist $^{\$}$...r$^{\$}$l...$^{\$}$ normal, z.B. *Perle*. Man vergleiche auch *Erle* mit *Eller*.

5. *$^{\#}$vl...$^{\$}$
Man müßte schon *Wladimir* und *Wladiwostok* als (phonologisch) gute deutsche Wörter betrachten, um $^{\#}$vl...$^{\$}$ zuzulassen. - Hingegen ist $^{\#}$vr...$^{\$}$ normal: *Wrack*, *wringen*.

6. Ohne daß man eine Regel aufstellen könnte, sei immerhin erwähnt, daß $^{\$}$...Vrn...$^{\$}$ häufig ist (*Kern*, *Korn*, *Farn*, *Bernd*, *lernt*), während mir zu $^{\$}$...Vln...$^{\$}$ nur Namen wie *Köln*, *Solln* einfallen.

[l] < N (N: ein Nasal)

1. *$^{\$}$...VNl...$^{\$}$, *$^{\$}$...N̩l...$^{\$}$
Hingegen ist $^{\$}$...Vln...$^{\$}$ möglich (vgl. *Köln(s))*, und $^{\$}$...Vlm...$^{\$}$ und $^{\$}$...l̩n...$^{\$}$ sind normal: *Alm*, *Helm(s)*, *qualmst*, *angeln(d)*. - Auf die besondere Rolle von [ŋ] komme ich noch zurück.

2. *$^{\#}$bN...$^{\$}$
Hingegen ist $^{\#}$bl...$^{\$}$ normal: *blau*, *Blei*. Wegen der Transitivität der $<_{CS}$-Relation erwartet man, daß auch $^{\#}$br...$^{\$}$ normal ist; und so ist es auch: *Brei*, *Braut*.

3. *$^{\#}$CCN...$^{\$}$
Für $^{\#}$CCl...$^{\$}$ haben wir immerhin $^{\#}$ʃpl...$^{\$}$ und $^{\#}$skl...$^{\$}$: *spleißen*, *Sklerose*; für das hiernach erwartete $^{\#}$CCr...$^{\$}$ *sprießen*, *Skrupel*.
Wegen der Transitivität der $<_{CS}$-Relation gilt mit [r] < [l] und [l] < N auch [r] < N, also L < N (L: eine Liquida). Diese CS-Beziehung zeigt sich auch in der folgenden Regel:

4. *$^{\$}$...N̩N...$^{\$}$
Hingegen ist $^{\$}$...L̩N...$^{\$}$ normal: *Masern* [mɑː.zr̩n], *rodeln* [roː.dl̩n] und zumindest realisationsphonologisch *sicherm* [zɪçr̩m] sowie - schwieriger als bei [r], wohl wegen [r] < [l] - *heikelm* [haɪ̯.kl̩m], *eitelm* [aɪ̯.tl̩m] (meistens *heiklem*

[haɪ̯.klm̩], *eitlem* [aɪ̯.tlm̩] - für mich [aɪ̯t.lm̩], da in meiner Sprache die Gruppe [tl] im Anfangsrand unzulässig ist).

Diese Beziehung ist von erheblicher Bedeutung für die deutsche Morphologie, nämlich für Formen mit suffigiertem Nasal und ihre Paradigmen. Z.B. heißt es bei Stämmen auf Liquida *segeln* [ze:.gl̩n], *hobeln* [ho:.bl̩n], *weigern* [vaɪ̯.gr̩n] mit nuklearem Stammausgang, bei Stämmen auf Nasal hingegen *regnen* [re:.gnn̩], *ebnen* [e:.bnn̩], *atmen* [ɑ:t.mn̩] mit marginalem Stammausgang - offenbar weil *[re:gn̩n], *[ɑ:.tm̩n] gegen die hier besprochene Regularität anlaufen. Entlang der L/N-Grenze scheiden sich dann auch die übrigen Formen der Paradigmen, z.B. *segelt* [ze:gl̩t], *weigert* [vaɪ̯.gr̩t] vs. *regnet* [re:.gnət], *atmet* [ɑ:t.mət], obwohl phonologisch gegen [re:.gn̩t] (vgl. *regend*) gar nichts und gegen [ɑ:.tm̩t] nicht viel einzuwenden wäre. Die Stämme auf Nasal bleiben sozusagen mononuklear, auch wenn die Umgebung einer Binuklearität günstig ist. Historisch liegt hier sicher Systemzang vor, synchronisch eine morphologische Regularität. Der Unterschied bleibt auch vor vokalischem Suffix erhalten: *segele*, *hobele*, *weigere* vs. *regne*, *ebne*, *atme* (**regene*, **ebene* - trotz dem Nomen *Ebene* und der Adjektivform *ebene* -, **ateme*). Nicht hiermit zu verwechseln sind die Formen *segle*, *hoble*, *weigre*: Hier handelt es sich um realisationsphonologische Varianten, die durch Assimilation und Synkope aus den wortphonologischen Grundformen abgeleitet werden, die ihrerseits aufgrund einer leicht zu formulierenden morphophonologischen Regularität ein [ə] im Stamm haben: [ze:.gə.lə] → [ze:.gl̩.lə] → [ze:.glə], [ho:.bə.lə] → [ho:.bl̩.lə] → [ho:.blə], [vaɪ̯.gə.rə] → [vaɪ̯.gr̩.rə] → [vaɪ̯.grə], [e:.bə.nə] → [e:.bn̩.nə] → [e:.bnə]. Synkope ist definiert als Verlust von interner Nuklearität und tritt bevorzugt nach akzentuierter Silbe und in homorganischer Umgebung auf. Alternativ kann bei Verbformen der 1. Pers. Sing. Präs. Ind. auch die Nuklearität der nachfolgenden Silbe aufgegeben werden (Apokope): [ze:.gə.lə] → [ze:.gl̩], [ho:.bə.lə] → [ho:.bl̩], [vaɪ̯.gə.rə] → [vaɪ.gr̩]; entsprechend bei Adjektivformen mit nasalem Suffix: [an.də.rn̩] → [an.dr̩n],[17] [haɪ̯.kə.ln̩] → [haɪ̯.kl̩n], allerdings nie bei nasalem Stammausgang, denn das

17 Nach Vollvokal übrigens mit nicht-nuklearem [r], z.B. [ʃtu.di:.rn̩] → [ʃtu.di:rn], worauf mich Moulton hinweist (der aber natürlich mit [ɐ̯] transkribiert).

$...N̩N...$-Verbot gilt auch realisationsphonologisch: [e:.bə.nəm] → [e:.bnm̩], *[e:.bn̩m]. - Wie nicht anders zu erwarten, sind manche dieser realisationsphonologischen Varianten für einige Sprecher alternative oder einzige wortphonologische Grundformen. Dies scheint vor allem bei Stämmen mit stimmlosem Plosiv plus [l] der Fall. (Interessante Beobachtungen zum realisationsphonologischen Material im Bereich der nuklearen Sonanten sind in Höhle und Vater 1978 angestellt. Wegen der großen Unterschiede im theoretischen Rahmen gehe ich auf diesen Aufsatz hier nicht weiter ein. - Zu vergleichen ist auch Isačenko 1974.)

[n] < [m]

1. Über $...ln...$ vs. $...lm...$ habe ich schon gesprochen.

2. *#gm...$
   Süddeutsche Namen wie *Gmünd* lasse ich einmal außer Acht. - #gn...$ ist normal: *Gnom, Gnade*.

[ŋ] spielt in der deutschen Phonotaktik eine Sonderrolle, die ich in meinem Aufsatz "The German velar nasal" (1970) in Anlehnung an Isačenko 1963 einmal ausführlich beschrieben habe; z.B.:

1. *$ŋ...$
   Hingegen sind $n...$ und $m...$ normal. In Gelenken ist übrigens auch [ŋ] normal, z.B. *Zange* [tsaŋ̇ə].

2. *$...V̄ŋ...$ (V̄: ein gespannter Vokal)
   Hingegen sind $...V̄m...$ und $...V̄n...$ normal: *Lehm(s), schonst, Mond*.

3. *$...VV̑ŋ...$
   Aber vgl. *Keim, kaum, träumt, Bein, Clown, neun*. - $...VV̑ŋ$ entsteht allerdings realisationsphonologisch aus $...VV̑n$ vor velarem Anlaut, z.B. *Einkauf* [aɪ̑n.kaʊ̑f] → [aɪ̑ŋ.kaʊ̑f]. - Wie zu erwarten, sind mit Vokalen auch alle stärkeren Sprachlaute von der Position $...V\_\_\_ŋ...$ verbannt. Insbesondere gilt *$...Vrŋ...$ und *$...Vlŋ...$.

Ich schließe hieraus vorsichtig auf eine inhärente Schwäche von [ŋ]. Man muß aber auch die besondere Geschichte von [ŋ] in Rechnung stellen (Penzl 1968); denn nicht alle Besonderheiten von [ŋ] lassen sich mit Bezug auf die CS plausibel machen; vielleicht schon $^{*\$}$ŋ...$^{\$}$ nicht (denn $^{\$}$l...$^{\$}$ ist ja möglich, und Liquiden sind generell schwächer als Nasale), und erst recht nicht $^{*\$}$ʃŋ...$^{\$}$ (vgl. *schmücken, schnell*).

N < Ob (Ob: ein Obstruent)

1. $^{*\$}$...VObN...$^{\$}$
   Hingegen ist $^{\$}$...VNOb...$^{\$}$ mit zahlreichen Verbindungen normal, allerdings wegen der Auslautverhärtung nur mit stimmlosen Obstruenten: *komm(s)t, Gans, kenn(s)t, eng(s)t.*

2. $^{*\$}$NOb...$^{\$}$
   Für $^{\$}$ObN...$^{\$}$ haben wir $^{\$}$ʃm...$^{\$}$, $^{\$}$ʃn...$^{\$}$, $^{\$}$gn...$^{\$}$, $^{\$}$kn...$^{\$}$ (*Knie*) sowie - je nachdem wie liberal man sein möchte - eventuell $^{\$}$pn...$^{\$}$ (*Pneu*) und $^{\$}$tm...$^{\$}$ (*Tmesis*).

Übrigens gilt, wie nach der CS zu erwarten, mit $^{*\$}$NOb...$^{\$}$ auch $^{*\$}$LOb...$^{\$}$ und $^{*\$}$VOb...$^{\$}$.

3. $^{*\$}$...O̩b...$^{\$}$
   Das vielzitierte *pst* ist ja bekanntlich kein Wort der deutschen Sprache. - $^{\$}$...N̩...$^{\$}$ kommt als $^{\$}$...m̩...$^{\$}$ und $^{\$}$...n̩...$^{\$}$ vor, wenn auch nur in unakzentuierten Silben (denn *hm* ist kein Wort der deutschen Sprache): *Atem, Regen*. Allerdings gilt $^{*\$}$...ŋ̩...$^{\$}$; nukleares [ŋ] entsteht nur realisationsphonologisch aus nuklearem [n] nach und vor velarem (oralem oder nasalem) Verschluß: [hɑːkŋ̩], [reːgŋ̩], [hɛŋŋ̩], [eːrŋ̩gast].

Es ist nicht ungewöhnlich, daß realisationsphonologisch Strukturen eingeführt werden, die wortphonologisch ausgeschlossen sind. Dies ist vielmehr ein bekanntes Vehikel der Sprachveränderung: Sprachlernende Kinder müssen ihre wortphonologischen Formen aus dem ganzen realisationsphonologischen Spektrum gewinnen; und da im häuslichen Kreis und unter Jugendlichen starke realisationsphonologische

Reduktion gewöhnlich ist, gehört die Wortphonologisierung (Lexikalisierung) realisationsphonologischer Varianten zu den Hauptmechanismen phonologischen Sprachwandels. Das Entsprechende gilt auch in anderen realisationsgrammatikalischen Bereichen, z.B. bei der zunehmenden Umdeutung von ehemals realisationssyntaktischen Ausklammerungsstrukturen in syntaktische Grundstrukturen.

[j], [ʒ] < [z]

1. *$jCV...$, *ʒCV...$
   Hingegen ist zwar nicht #zCV...$ (*#zCV...$!), aber immerhin $...$zCV...$ belegbar, wenn auch mit erheblichen Einschränkungen. (Ich glaube, die voranstehende Silbe muß akzentuiert sein und darf nicht stärker als auf [m] enden, und der Konsonant nach dem [z] darf nicht stärker als [n] sein.) Beispiele: *unsre* [ún.zrə], *unsrigen* [ún.zrɪ.gn̩], *hänsle* [hɛ́n.zlə], *Posner* [pó:.znr̩], *Pilsner* [píl.znr̩].

In meiner eigenen Sprache ist [n] in der fraglichen Position schon zu stark; für mich heißt es [pó:s.nr̩]. - Es ist übrigens zweifelhaft, ob die fraglichen Formen sämtlich wortphonologische Formen der deutschen Standardsprache sind. In jedem Falle bleibt das CS-relevante Faktum bestehen, daß [j] und [ʒ] unter keinen Umständen in der fraglichen Position auftreten können: ein [bó:.jrə], [rú:.ʒlə] o.dgl. scheint mir nicht sprechbar. (Auch *Hedschra* halte ich nicht für ein Gegenbeispiel.)

[z] < [v]

1. *#zC...$
   Hingegen ist #vr...$ normal (s.o.).

Vielleicht kann man hier auch das Faktum erwähnen, daß [v] nach stimmlosen Plosiven und Frikativen seine Identität behauptet, während *$Cz...$ gilt, so daß nach stimmlosen Plosiven "statt [z]" nur [s] auftreten kann: *Qualm* [kvalm], *Schwank* [ʃvaŋk], *zwei* [tsvaɪ̯], aber z.B. *Psalm* [psalm], *[pzalm]. - Daß "vor [... v ...] ... im Inneren einfacher Wörter eine Silbengrenze" sei, ist eine der falschen Regeln des Ausspracheduden (1. Aufl., Regel 12, S. 38, 2. Aufl., Regel 10, S. 57), desgleichen daß "zwischen einem stimmlosen Verschlußlaut ... und folgendem [... v ...] ... im Wortinneren eine Silbengrenze" liege (1. Aufl., Regel 7, S. 37, 2. Aufl., Regel 8, S. 57); der Duden selbst transkribiert ja *Frequenz* [fre'kvɛnts].

Z < D (Z: ein stimmhafter Frikativ; D: ein stimmhafter Plosiv)

1. $^{*\#}$Zl...$^{\$}$

   A fortiori gilt $^{*\#}$ZN...$^{\$}$. Hingegen ist $^{\#}$BN...$^{\$}$ und somit erwartungsgemäß auch $^{\#}$Bl...$^{\$}$ demonstrierbar: *Gnade, Glanz, Blitz.*

Allerdings gilt, wie in vielen anderen Sprachen auch, $^{*\#}$dl...$^{\$}$, $^{*\#}$dn...$^{\$}$, desgleichen $^{*\#}$tl...$^{\$}$, $^{*\#}$tn...$^{\$}$.

Z < S (S: ein stimmloser Frikativ)

1. $^{\#}$Sl...$^{\$}$ läßt sich immerhin mit $^{\#}$fl...$^{\$}$ und $^{\#}$ʃl...$^{\$}$ demonstrieren, und ja sogar $^{\#}$ʃm...$^{\$}$, $^{\#}$ʃn...$^{\$}$, $^{\#}$ʃv...$^{\$}$, $^{\#}$ʃp...$^{\$}$, $^{\#}$ʃt...$^{\$}$ und $^{\#}$sk...$^{\$}$.

[ç], [χ] < [f]

1. $^{*\#}$çC...$^{\$}$, $^{*\#}$χC...$^{\$}$

   $^{\#}$ç...$^{\$}$ und $^{\#}$χ...$^{\$}$ kommen nur in entlehnten Wörtern und Namen vor. Es ist aber nicht gleichgültig, daß einige Wörter mit $^{\#}$çV...$^{\$}$ heimisch geworden sind (*China, Chirurg, Chemie, Chile, Chitin*), aber keine mit $^{\#}$çC...$^{\$}$ (z.B. *Chlamydien*). Vgl. auch *Christus, chromatisch, chronisch,* allerdings auch *Chor*, alle mit [k] trotz *ch.* Hingegen sind $^{\#}$fr...$^{\$}$ und $^{\#}$fl...$^{\$}$ normal: *froh, Fluß.*

[f] < [ʃ]

1. $^{*\#}$fN...$^{\$}$

   A fortiori gilt $^{*\#}$fOb...$^{\$}$. Hingegen erscheint [ʃ] wortanlautend vor [m n] und sogar vor [v] und [p t].

[f] < [s]

1. *$...LNf...$
   Hingegen ist $...LNs...$ demonstrierbar mit $...rNs...$ (*Harms, härmst, Kerns, lernst*) und $...lms...$ (*Qualms*), vielleicht auch mit $...lns...$ (*Kölns*).

2. *$...Vsf...$
   Hingegen ist $...Vfs...$ normal: *Riffs, kaufst.*

3. *$fs...$
   Hingegen ist $sf...$ immerhin möglich: *Sphinx, Sphäre.*

Im übrigen ist [s] bekanntlich sehr merkwürdig. Anlautend wurde es durch [z] und [ʃ] ersetzt (außer in [ts]). Nur durch Entlehnung kommt es allmählich wieder dorthin: *Skat, Ski* (neben *Schi*), *Skelett, Sklerose;* manchmal *Stil* [sti:l] neben [ʃti:l]; *Sex* [sɛks] neben [zɛks], *Service* [sœr.vɪs] neben [z-]. Das Folgende ist darum auch nur zögernd behauptet:

[ʃ] < [s]

1. *$...Vsʃ...$
   Hingegen ist $...Vʃs...$ normal: *Tischs* (neben *Tisches*, aber vgl. *Nachtischs*, ?*Nachtisches*), *naschst* [naʃst] (daneben [naʃt]). Entsprechend gilt *$...VCsʃ...$, während $...VCʃs...$ mit einer Reihe von Konsonanten ganz normal ist.

D < T (T: ein stimmloser Plosiv)

1. $bOb...$, *$gOb...$

   Nur $dOb...$ ist mit $dʒ...$ demonstrierbar (*Dschungel, Dschunke, Gin*). Über *#gOb...$ kann man verhandeln, wenn vertreten wird, *Gwendolin(e)* sei deutsch und sei mit [gv] zu sprechen. - Hingegen ist $TOb...$ vielfach demonstrierbar, nämlich mit [pf ps (pʃ) ts tʃ kv ks]: *Pferd, Psychologie, (Pschorr), Zeit, Tschechе, Quirl, Xylophon.*

Das CV-Verhältnis der stimmlosen Frikative und Plosive ist im

Deutschen wegen der Nebensilben - wozu später ein Exkurs - nur schwer zu bestimmen. Hier stelle ich einstweilen ohne Demonstration eine These auf und wende mich dann den Relationen unter den stimmlosen Verschlußlauten zu.

S < T

[p], [k] < [t]

1. *$...Vtp...$, *$...Vtk...$
   Hingegen sind $...Vpt...$ und $...Vkt...$ normal: *Abt(s)*, *klappt*, *Akt(s)*, *packt*. - Ich betrachte übrigens die vom Ausspracheduden angegebenen Lautungen *röntg!* [rœntk] und *röntgt* [rœntkt] nicht als Gegenbeispiele, finde diese Angabe vielmehr unhaltbar, nämlich die Lautungen unaussprechbar. Man muß von der Konstruktion solcher Formen (zu normalem *röntgen* [rœ́nt.gn̩]) abraten oder etwas Sprechbares angeben, z.B. [rœn(t)ç], [rœn(t)çt], vielleicht danach auch *röntgen* [rœ́n(t).çn̩] neben *Röntgen* [rœ́nt.gn̩].

2. *$...V͜VNp...$, *$...V͜VNk...$
   Hingegen ist $...V͜VNt...$ mit [m] und [n] demonstrierbar: *reimt*, *anberaumt*, *säumt*, *Feind*, *staunt*, *Freund*.[18]

Mit den Vokalen sind erwartungsgemäß auch alle stärkeren Sprachlaute von den Positionen $...V\_\_Np...$ und $...V\_\_Nk...$ ausgeschlossen, während immerhin $...VLNt...$ mit [rm rn lm] demonstrierbar ist: *erbarmt*, *umgarnt*, *Bernd(s)*.

3. *$...V͜Vsp...$, *$...V͜Vsk...$
   Hingegen ist $...V͜Vst$ normal: *leihst*, *vereist*, *baust*, *verlaust*, *betreust*.

Mit den Vokalen sind erwartungsgemäß auch alle stärkeren Sprachlaute von den Positionen $...V\_\_sp...$ und $...V\_\_sk...$ ausge-

---

18 Der Name *Heink* [haɪ̯ŋk], auf den Moulton hinweist, spricht - wie er natürlich weiß - nicht dagegen; vielmehr zeigt schon die bloße Form, daß es sich allenfalls um einen Eigennamen handeln kann.

schlossen, während immerhin $^{\$}...VCst...^{\$}$ aus allen in Kodas zugelassenen konsonantischen CS-Klassen demonstrierbar ist.

4. $^{*\$}...VrSp...^{\$}$, $^{*\$}...VrSk...^{\$}$ (S: ein stimmloser Reibelaut)
   Hingegen ist $^{\$}...VrSt...^{\$}$ mit S = [ç f ʃ s] demonstrierbar (nicht mit [χ] wegen generellem $^{*\$}...C\chi...^{\$}$): *horcht, schlürft, herrscht, Karst(s)*.

Mit [r] sind erwartungsgemäß auch alle stärkeren Sprachlaute von den Positionen $^{\$}...V\_\_\_Sp...^{\$}$ und $^{\$}...V\_\_\_Sk...^{\$}$ ausgeschlossen. Hingegen ist $^{\$}...VCSt...^{\$}$ wiederum vielfältig demonstrierbar, z.B. *mulcht, Brunft, Wanst, hüpft, hopst*.

5. Schließlich kann man noch erwähnen, daß schon bloßes $^{\$}...Vsp...^{\$}$, $^{\$}...Vsk...^{\$}$ auf Namen beschränkt zu sein scheint (*Hosp, LISP, Rask*). Hingegen ist nicht nur $^{\$}...Vst...^{\$}$ normal (*Ast(s), frißt*), sondern es bildet gerade [st] die längsten Kodas mit monoton steigender CS überhaupt, z.B. *scheinst* [ʃaɪ̯nst], *faulst* [faʊ̯lst], *Ernst* [ɛrnst], *darfst* [darfst].

Exkurs

Nebensilben

Nach dem allgemeinen Silbenbaugesetz hat die bevorzugte Silbe - sofern sie nicht die ideale Gestalt CV hat - zumindest "Trogform":

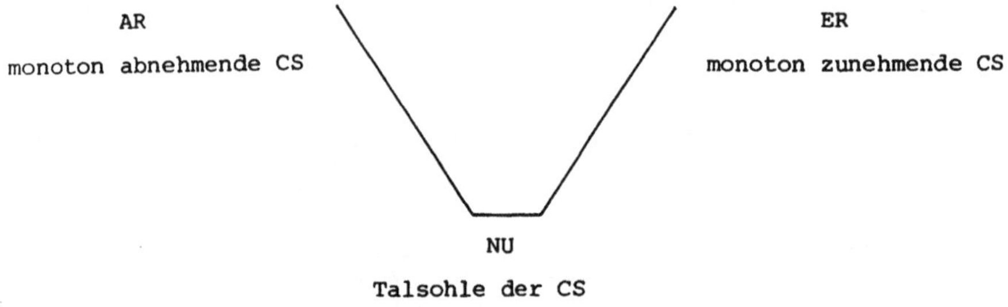

Von diesem bevorzugten Bau weichen die Silben der deutschen Standardsprache nur geringfügig ab; wir haben:

im Anfangsrand:

[ʃ] vor [p t]: *Spiel, Stiel*
[s] vor [k] : *Skandal*
vielleicht [s] vor [p t]: *Spezies, Stil, Szene*

im Endrand:

[f] nach [p]: *Topf*
[ʃ] nach [p t (k)]: *hübsch, Matsch, Glucksch* (?)
[s] nach [p t k]: *Klops, Blitz, Klecks*

Das ergibt "Tröge mit Henkeln",

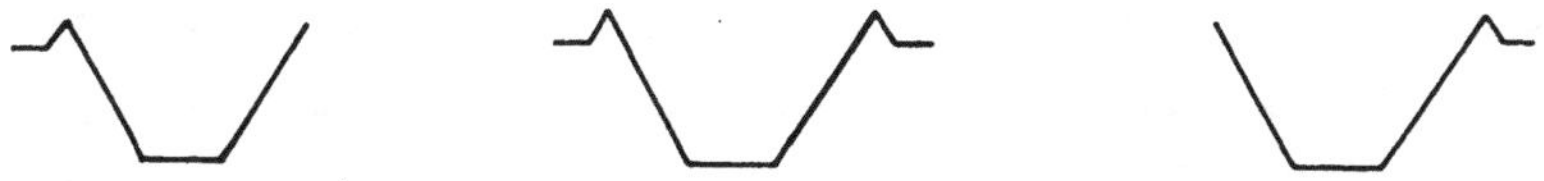

auch solche mit "verlängertem Henkel", wie sich noch zeigen wird:

Sievers (1901: §534) spricht hier von N e b e n s i l b e n. Die Berechtigung dieses Terminus leuchtet einerseits sofort ein, wenn man daran denkt, daß solche Nebensilben sich durchaus in "richtige" Silben entwickeln können, nämlich sprachgeschichtlich, z.B. in den romanischen Sprachen (Sievers 1901: §536), vgl. spätlateinisch *schola* [skɔ́.la], spanisch [es.ku̯é.la]; daß Nebensilben als wenig bevorzugt auch eliminiert werden können, so in der heutigen französischen Umgangssprache, z.B. *traitre* [.trɛ.trə.] > [.trɛtr.] > [.trɛt.], *table* [.ta.blə.] > [.tabl.] > [.tab.]; daß Nebensilben aber auch zur Erleichterung komplizierter Ränder überhaupt erst gebildet oder "verbessert" werden können, z.B. Färöisch +$...Vskt$ > $...Vkst$ (*raskt* [rakst]) und griechisch im Silbenanlaut pt > ft, kt > çt, fθ > ft, çθ > çt, z.B. πτερό [fte.ró] 'Flügel', κτίζω [çtí.zo] 'ich baue', φθηνός [fti.nós] 'billig', χθές [çtes] 'gestern'. Auch der Umstand, daß in der germanischen Metrik $sV...$, $su̯...$, $sLV...$, $sNV...$ untereinander staben, aber $sp...$, $st...$, $sk...$ nur jeweils mit sich selbst, findet mit dem Konzept der Nebensilben eine Erklärung. Schließlich unterstreicht die Behandlung in Lehnvorgängen den quasisyllabischen Charakter der Nebensilben, z.B. englisch *steam*, französisch *station*, italienisch *spirito*, türkisch *istim*, *istasyon*, *ispirto* 'Alkohol'.

Andererseits handelt es sich eben doch nicht um reguläre Silben, denn z.B. das Wort *Stups* [ʃtʊps] ist zweifellos einsilbig und keineswegs dreisilbig. Darum spreche ich vorsichtiger einerseits vom Silbenrumpf - im Beispiel [tʊp] -, andererseits von Appendices, die ich durch "/" abtrenne und deren Quasinuklei ich durch "⊤" bezeichne, wenn denn einmal bezeichnet werden muß, also z.B. [ʃ̩/tʊp/s̩]. Einen Appendix vor dem Silbenrumpf nenne ich einen Präpendix, einen Appendix nach dem Silbenrumpf einen Suppendix; eine Silbe ohne Appendices heißt eine Rumpfsilbe. - Übrigens muß man wohl die Abtrennung der Appendices durch "/" von der quasisyllabischen appendikalen Gliederung der Silbe unterscheiden; die appendikalen Quasisilbengrenze bezeichne ich durch "-". So gesehen ist *Stups* als [ʃ̩-tʊp̄s̩] zu transkribieren (mit $_4$[p] als appendikalem Quasigelenk).

Die Berücksichtigung von Appendices hat neben dem illustrierten Vorzug, in anderen sprachwissenschaftlichen Disziplinen nützlich zu sein, auch beschreibungspraktische Vorteile. Man beschreibt zunächst den Bau der Rumpfsilben; das ist wegen der Troggestalt leicht und übersichtlich (so hat im Standarddeutschen ein Rumpfanfangsrand am Wortanfang marximal zwei plazierte Sprachlaute, z.B. *Pracht*, sonst maximal drei, z.B. *Aktion* [ak.tsi̯o:n], und ein Rumpfendrand maximal vier, z.B. *Ernst*. Dann beschreibt man die Appendices, und das ist wegen ihres einfachen Baus ebenfalls schnell gemacht; so ist die Beschreibung der Präpendices oben schon geleistet, und für die Suppendices braucht man zum Obigen nur noch das Folgende hinzuzufügen:

[s] nach [f̩]:	*Topfs* [tɔp/f̩s]
[s] nach [ʃ̩]:	*Matschs* [mat/ʃ̩s]
[t] nach [f̩(s) ʃ̩(s) s̩]:	*klopf(s)t* [klop/f̩(s)t], *klatsch(s)t* [klat/ʃ̩(s)t], *jetzt* [jɛt/s̩t]

Zudem muß man einige Verbindungsbeschränkungen für Silbenrümpfe und Suppendizes angeben; denn nach schweren Rumpfendrändern kommen bestimmte Suppendices nicht vor oder werden, wo eine Alternative zur Verfügung steht, vermieden, z.B. ?*Ernsts* (*Ernstes* bzw. *von Ernst*). - Übrigens muß man in die Suppendixbauregeln für [s] und [t] eine Rekursionsbremse einbauen: [s] nach [t]: [t/$\underset{\top}{s}$]; [t] nach [$\underset{\top}{s}$]: [t/$\underset{\top}{s}$t]; [s] nach [t]: [t/$\underset{\top}{s}$t$\underset{\top}{s}$]; usw. Schon dies ist wohl nur mit enklitischem *'s* möglich: *blitzt's* [blɪt$\underset{\top}{s}$-t$\underset{\top}{s}$]. Generell ist ein zweiter Suppendix kritisch: ?*Herbsts* [hɛr-p$\underset{\top}{s}$-t$\underset{\top}{s}$]; bevorzugt wird *Herbstes* [hɛr-p$\underset{\top}{s}^{\$}$təs].

In allen Fällen muß man in Beschreibungen durch Listen oder Erzeugungsregeln eine Schließungsklausel anbringen ("nur die folgenden" oder "sonst keine"); andernfalls haben die Listen nur Beispielcharakter und stellen keine generalisierenden Hypothesen dar. Also: Andere als die hier in Listen oder durch Erzeugungsregeln (nebst Beschränkungen) angegebenen Appendices hat das Standarddeutsche nicht.

10. Zusammenhang zwischen Silbenstruktur und morphologischer Struktur

In diesem Abschnitt würde ich gern den phonologischen Hauptsatz der standarddeutschen Silbentrennung aufstellen. Aber es gibt ihn nicht, und zwar aus zwei Gründen. Erstens werden in der hier skizzierten Theorie Silben gar nicht getrennt; sie s i n d ja getrennt (selbst im Falle der Verbindung durch ein Gelenk). Es könnte also nur um die Frage gehen, unter welchen Bedingungen zwei Silben in einer Silbenfolge verbunden sein können. Zweitens kann es auch gar keine Regel von der durch das Stichwort "Silbentrennung" signalisierten Art geben. Denn würde man von einer solchen Regel nicht erwarten, daß sie besagt, wo in einer internuklearen Sprachlautfolge bei gegebenen phonologischen Bedingungen (z.B. Art der Nuklei, Akzent) die Silbengrenze liege? Tatsächlich haben wir in Abschnitt 2 schon gesehen, daß es eine solche generelle phonologische Regel nicht geben kann, denn z.B. eine Sprachlautabfolge [...V:klɪç], wo der erste Vokal zu einer akzentuierten Silbe gehört und der zweite zu einer unakzentuierten, kann sowohl als [...V́:$^{\$}$klɪç] erscheinen, nämlich in *eklig*, wie auch als [...V́:k$^{\$}$lɪç], nämlich in *täglich*.

Was man aber dennoch tun kann, ist zweierlei. Erstens kann man Regeln angeben, die besagen, wo eine Silbengrenze unter keinen Umständen liegen kann. Eine solche Regel haben wir bereits bei der Behandlung der Gelenke in Abschnitt 8 gesehen; ich wiederhole sie hier in der bequemen Schreibweise des Abschnitts 9:

*$^{\$}$...V̆$^{\$}$ (für ungespannte Vollvokale V̆)

Es muß auf einen ungespannten Vollvokal in derselben Silbe stets noch ein Sprachlaut folgen - und sei es nur innerhalb eines Gelenks. Damit ist für die große Gruppe von Strukturen der Gestalt ...V̆X... eine Gliederung als ...V̆$^{\$}$X... ausgeschlossen.

Zweitens aber kann man, wie mir scheint, für das Standarddeutsche eine Regel aufstellen, die besagt, wo die Silbengrenze liegt, w e n n e s d i e m o r p h o l o g i s c h e S t r u k t u r n i c h t a n d e r s v e r l a n g t und wenn nicht bestimmte phonologische Sonderregelungen gelten. Ich glaube, die Sache verhält sich so. Sei ein C S - G i p f e l definiert als ein plazierter Sprachlaut, für den gilt, daß weder sein unmittelbarer Vorgänger noch sein unmittelbarer Nachfolger zu einer höheren CS-Klasse gehört als er selbst; z.B. sind in *klappt* [klapt] <k>, $_4$<p> und $_5$<t> CS-Gipfel, nicht aber $_2$<l> und $_3$<a>. Dann gilt: Der letzte CS-Gipfel einer internuklearen Sprachlautabfolge beginnt die Basis der zweiten Silbe.

Schauen wir, wie das funktioniert. Ist die internukleare Abfolge leer, gibt es kein Verteilungsproblem: *sehen* [ze:.n̩], *Hiob* [hi:.ɔp], *Natrium* [... .tri.ʊm], *Theater* [te.ɑ:. ...]. Ein einzelner internuklearer Sprachlaut eröffnet die zweite Silbe (als Gelenk oder Kopf): *Motto* [mɔṫo], *Feuer* [fɔẏr̩], *Roman* [ro.mɑ́:n]. Bei zwei internuklearen Sprachlauten müssen wir zwei Fälle unterscheiden. 1. Der zweite plazierte Sprachlaut bildet einen CS-Gipfel: *heute* [hɔʏ̑.tə], *Erde* [e:r.də], *Wespe* [vɛs.pə], *Weste* [vɛs.tə], *Wodka* [vɔt.kɑ], *Aktant* [ak.tant], *Erle* [ɛr.lə], *Alraune* [al.rɑ́ʊ̑. ...], *Omnibus* [ɔm.ni. ...] - es scheint zu stimmen. 2. Der zweite plazierte Sprachlaut bildet keinen CS-Gipfel, so daß der erste plazierte Sprachlaut zugleich der einzige und somit letzte

CS-Gipfel ist: *Kobra* [ko:.brɑ], *Iglu* [i:.glu] oder [ɪ̇glu], *regnen* [re:.gn̩n], *Magnet* [mɑ.gne:t], *Adler* [ɑ:.dlr̩], *Redner* [re:.dnr̩], *flözen* [flö:.tsn̩], *Bazillus* [bɑ.tsɪl ...], *hetzen* [hɛtsn̩], *hüpfen* [hʏpfn̩], *hopsen* [hɔpsn̩] - es scheint zu stimmen. Eigentlich müßten wir einen dritten Fall betrachten, nämlich den, der durch spezielle Verbote geregelt ist. Z.B. gilt für den Ausspracheduden offenbar *$...ṡmV...$, denn er transkribiert [ɔs'mo:zə], nicht [ɔ'smo:zə]; entsprechend *$...ṫm...$, vgl. *Kadmium* ['katmiʊm] (mit Auslautverhärtung, also [kát.mi.ʊm]); *$...ḋm...$, vgl. *widmen* ['vɪtmən] (ebenfalls entgegen der Schreibung mit stimmlosem Ausgang, also [vɪ́t.mn̩]); *$...ṫlV...$, vgl. *Athlet* [at'le:t], nicht [a'tle:t], also [at.lé:t]; *$...ṗnV...$, vgl. *Hypnose* [hʏp'no:zə], nicht [hʏ'pno:zə], also [hʏp.nó:.zə]. Für meine Sprache gelten übrigens in einigen Fällen weitergehende Verbote als für die Dudenredaktion. Denn wo der Duden vor [l] und [n] im Kopf nur [t] auszuschließen scheint (für [tl] habe ich es gezeigt, für [tn] vermute ich es aufgrund der CS--Relation zwischen [l] und [n]), und nur nach unakzentuierter Silbe, denn Vokallänge in *Pentathlon* [pɛnt'a:tlɔn] und *Ätna* ['ɛ:tna] lassen auf [pɛnt.ɑ́:.tlɔn] bzw. [ǽ:.tnɑ] schließen, sind für mich alveolare Verschlüsse hier generell ausgeschlossen, also auch [d] und auch nach Akzent: Z.B. *Adler*, Duden ['a:dlɐ], also wohl [ɑ́:.dlr̩], ich [ɑ́:t.lr̩]; *Redner*, Duden ['re:dnɐ], also wohl [re:.dnr̩], ich [ré:t.nr̩], *Ätna*, Duden ['ɛ:tna] (neben ['ɛtna]), also wohl [ǽ:.tnɑ], ich nur [ǽ:t.n ɑ]. - Aber dieser dritte Fall braucht uns weder hier noch im Folgenden zu interessieren. Wir studieren ja die Frage, wie sich die Gruppen verteilen, wenn keine spezielle Regelung getroffen ist.

Bei drei oder mehr internuklearen Sprachlauten wird die Demonstration schwieriger; hier sind einige ausgewählte Beispiele (ich hebe jeweils den letzten CS-Gipfel durch Unterstreichung hervor): *Ernte* [ɛrn.t̲ə], *erster* [e:rs.t̲r̩], *welkte* [vɛlk.t̲ə], *letzter* [lɛts.t̲r̩], *hüpfte* [hʏpf.t̲ə], *Handlung* [han.d̲lʊŋ], *Ordner* [ɔr.d̲nr̩], *Lustrum* [lʊs.t̲rʊm], *Nation* [nɑ.t̲si̯o:n]; *feinste* [faɪ̯ns.t̲ə], *heizte* [haɪ̯ts.t̲ə], *Reizker* [raɪ̯ts.k̲r̩], *Kaution* [kaʊ̯.t̲si̯o:n].

Aber gibt es nicht Ausnahmen? *Täglich* [tä:k̲.lɪç] neben *eklig* [e:.k̲lɪç], *handlich* [hant.lɪç] neben *Handlung* [han.dlʊŋ] (für mich übrigens wegen der genannten Einschränkung [hant.lʊŋ]), *Kaufladen* [kaʊ̯f̲.lɑ:dn̩], ja sogar *Verein* [fɛr̲.aɪ̯n], *Fundort* [fʊnt̲.ɔrt], *Weltall* [vɛlt̲.al]! Die Antwort ist einfach genug: Diese Abweichungen sind durch die morphologische Struktur der Wörter bestimmt.

Damit kann ich aber nun doch einen Hauptsatz angeben, zwar nicht als eine phonologische Regel, aber als eine morphologische:

MORPHOSYLLABISCHER HAUPTSATZ FÜR DIE DEUTSCHE STANDARDSPRACHE:

Liegt bei einer internuklearen Sprachlautabfolge die Silbengrenze nicht unmittelbar vor oder in dem letzten CS-Gipfel, obwohl dies nach den phonologischen Regeln zulässig wäre, so koinzidiert die Silbengrenze mit einer morphologischen Grenze.

Nach dieser Regel zeigt also z.B. *eklig* [eː.k̲lɪç] die "phonologisch normale" Syllabifizierung bei der Gruppe [kl] an, indem diese durch keine phonologische Regel ausgeschlossen ist. Da *täglich* [täː.k̲.lɪç] die "phonologisch normale" Syllabifizierung nicht aufweist, muß bei der Silbengrenze eine morphologische Grenze liegen. Und so ist es ja in der Tat.

Übrigens ist die logische Struktur des Hauptsatzes zu beachten. Die Regel erlaubt es, aus "phonologisch anomaler" Syllabifizierung auf morphologische Grenzen zu schließen. Sie sagt nichts über die Umkehrung. Diese gilt selbstverständlich nicht. Z.B. liegt in *eklig* wohl unzweifelhaft eine morphologische Grenze vor, denn es handelt sich um ein *ig*-Derivat zu *Ekel*: *ekl+ig*. Aber deswegen heißt es noch lange nicht [eː.kl̩.ɪç]. Zwar gibt es auch ein "umgekehrtes" Gegenstück zum morphosyllabischen Hauptsatz, aber er braucht zusätzliche Voraussetzungen: Die morphologische Grenze muß eine Kompositumsgrenze sein, oder die zweite morphologische Konstituente muß mit einem marginalen Konsonanten beginnen.

12. Schluß

Ich habe in diesem Vortrag die Grundzüge einer Silbenphonologie der deutschen Standardsprache entwickelt. Zahlreiche Einzelregeln sind aufgestellt und durch Herstellung einer Beziehung zur konsonantischen Stärke der Sprachlaute (CS) erklärt worden, genauer: zu einer universellen Präferenztheorie für Silbenstruktur, die auf dem Begriff der CS basiert. Besonderes Augenmerk habe ich auf das Phänomen der Ambisyllabitität - die Gelenke - gewendet; den Nebensilben wurde ein Exkurs gewidmet.

Meine Theorie hat bestimmt große Mängel. Erstens enthält sie wahrscheinlich Fehler. Die wird man ausmerzen können. Zweitens bedeutet sie nur einen Anfang: e i n i g e Regeln habe ich aufgestellt, bei weitem nicht alle. Was ich eigentlich möchte, ist, eine Diskussion und Forschungstätigkeit einzuleiten, die diese Theorie allmählich verbessert - oder meinetwegen auch eine ganz neue Theorie mit ähnlicher Zielsetzung schafft -, bis wir am Ende eine so weit ausgereifte phonologische Theorie für die deutsche Standardsprache besitzen, daß auch ein zuverlässiges normatives Aussprachewörterbuch mit Angaben zur Silbenstruktur und mit einem richtigen und verständlichen Regelteil möglich wird.

Literatur

Bartsch, Renate, und Theo Vennemann. 1980. "Sprachtheorie." In: Hans Peter Althaus et al. (Hrsg.), *Lexikon der Germanistischen Linguistik*, 2. Aufl., Tübingen (Max Niemeyer), 57-82.

Bartsch, Renate, und Theo Vennemann. 1982. *Grundzüge der Sprachtheorie: Eine linguistische Einführung*. Tübingen (Max Niemeyer).

Chomsky, Noam, und Morris Halle. 1968. *The sound pattern of English*. New York (Harper and Row).

Donegan, Patricia Jane, und David Stampe. 1979. "The study of Natural Phonology." In: Daniel A. Dinnsen (Hrsg.), *Current approaches to phonological theory*, Bloomington (Indiana University Press), 126-173.

Duden Aussprachewörterbuch: Wörterbuch der deutschen Standardaussprache. Bearbeitet von Max Mangold et al. 1. Aufl. 1962; 2., völlig neu bearbeitete und erweiterte Aufl. 1974. Mannheim (Bibliographisches Institut).

Foley, James. 1977. *Foundations of theoretical phonology*. Cambridge (Cambridge University Press).

Gordon, E.V. 1962. *An introduction to Old Norse*. Korr. Nachdruck der 2. Aufl. 1957 von A.R. Taylor. Oxford (Clarendon Press).

Hankamer, Jorge, und Judith Aissen. 1974. "The sonority hierarchy." In: Anthony Bruck et al. (Hrsg.), *Papers from the Parasession on natural phonology*, Chicago (Chicago Linguistic Society), 131-145.

Hockett, Charles F. 1955. *A manual of phonology* (= Indiana University Publications in Anthropology and Linguistics, memoir 11). Baltimore (Waverly Press).

Hockett, Charles F. 1956. *A course in modern linguistics*. New York (Macmillan).

Höhle, Tilman N., und Heinz Vater. 1978. "Derivational constraints und die silbischen Konsonanten im Deutschen." In: Henrik Birnbaum (Hrsg.), *Studia linguistica: A.V. Issatschenko a collegis amicisque oblata*, London (Peter de Ridder), 169-186.

Hooper, Joan Bybee. 1976. *An introduction to Natural Generative phonology*. New York (Academic Press).

Hyman, Larry M. 1975. *Phonology: Theory and Analysis*. New York (Holt, Rinehart and Winston).

Isačenko, Alexander V. 1963. "Der phonologische Status des velaren Nasals im Deutschen." In: *Zeitschrift für Phonetik und Kommunikationsforschung* 16. 77-84.

- 1974. "Das 'Schwa mobile' und 'Schwa constans' im Deutschen." In: Ulrich Engel und Paul Grebe (Hrsg.), *Sprachsystem und Sprachgebrauch: Festschrift für Hugo Moser zum 65. Geburtstag* (= Sprache der Gegenwart, 33), Düsseldorf (Schwann), 142-171.

Jespersen, Otto. 1904. *Lehrbuch der Phonetik*. Ab ²1912 unverändert. ⁴1926. Leipzig (B.G. Teubner).

Jones, Daniel. 1966. *The pronunciation of English*. 4. Aufl. Cambridge (Cambridge University Press).

Moulton, William G. 1962. *The sounds of Englisch and German*. Chicago (University of Chicago Press).

Ortmann, Wolf Dieter. 1980. *Sprechsilben im Deutschen: Typen, Häufigkeiten, Übungsbeispiele, rechnersortiert anhand von 7995 hochfrequenten Wortformen der KAEDING-Zählung*. München (Goethe-Institut).

Penzl, Herbert. 1968. "The history of the third nasal phoneme of Modern German." In: *PMLA* 83. 340-346.

Pike, Kenneth L. 1947. "Grammatical prerequisites to phonemic analysis." In: *Word* 3. 155-172.

- 1952. "More on grammatical prerequisites." In: *Word* 8. 106-121.

Siebs: Deutsche Aussprache: Reine und gemäßigte Hochlautung mit Aussprachewörterbuch. Hrsg. von Helmut de Boor et al. 19. Aufl. 1969. Berlin (Walter de Gruyter).

Sievers, Eduard. 1901. *Grundzüge der Phonetik zur Einführung in das Studium der Lautlehre der indogermanischen Sprachen*. 5. Aufl. Nachdruck Hildesheim (Georg Olms), 1976.

Vennemann, Theo. 1968. *German phonology* (Diss. University of California, Los Angeles). Ann Arbor, Michigan (University Microfilms).

- 1970. "The German velar nasal: A case for abstract phonology." In: *Phonetica* 22. 65-81.

- 1972. "On the theory of syllabic phonology." In: *Linguistische Berichte* 18. 1-18.

- 1978. "Universal syllabic phonology." In: *Theoretical Linguistics* 5. 175-215.

Vennemann, Theo, und Joachim Jacobs. 1982. *Sprache und Grammatik: Grundprobleme der linguistischen Sprachbeschreibung*. Darmstadt (Wissenschaftliche Buchgesellschaft).

Zwicky, Arnold M. 1972. "Note on a phonological hierarchy in English." In: Robert P. Stockwell und Ronald K.S. Macaulay (Hrsg.), *Linguistic change and generative theory*, Bloomington (Indiana University Press), 275-301.

Bei Fragen zur Produktsicherheit wenden Sie sich bitte an:
If you have any questions regarding product safety,
please contact:

Walter de Gruyter GmbH
Genthiner Straße 13
10785 Berlin
productsafety@degruyterbrill.com